进口涂料有害物质检验技术及监管

程欲晓　主编

東華大學出版社·上海

图书在版编目（CIP）数据

进口涂料有害物质检验技术及监管 / 程欲晓主编. —上海：东华大学出版社，2017.11
ISBN 978-7-5669-1302-9

Ⅰ. ①进… Ⅱ. ①程… Ⅲ. ①①涂料—有害物质—检测—研究—中国②涂料—有害物质—监管制度—研究—中国
Ⅳ. ①TQ630.7

中国版本图书馆 CIP 数据核字（2017）第 266471 号

责任编辑：竺海娟
封面设计：魏依东

进口涂料有害物质检验技术及监管
Jinkou Tuliao Youhai Wuzhi Jianyan Jishu Ji Jianguan
程欲晓　主编

出　　　版：东华大学出版社（上海市延安西路 1882 号　邮政编码：200051）
本 社 网 址：http://www.dhupress.net
天猫旗舰店：http://dhdx.tmall.com
营 销 中 心：021-62193056　62373056　62379558
印　　　刷：常熟大宏印刷有限公司
开　　　本：787 mm×1092 mm　1/16
印　　　张：13
字　　　数：331 千字
版　　　次：2017 年 11 月第 1 版
印　　　次：2017 年 11 月第 1 次印刷
书　　　号：ISBN 978-7-5669-1302-9
定　　　价：65.00 元

前　言

涂料一般由成膜物、分散介质、颜填料及助剂组成。成膜物通常为合成树脂，将所有涂料组分黏结在一起形成整体、均一的涂层；分散介质主要作用于分散成膜基料，有助于施工和改善涂膜的性能；颜料分为着色颜料及填料，对涂料起到着色作用；助剂对基料形成涂膜的过程与耐久性起着重要的作用。涂料产品通过上述成分的组合，从而实现保护作用、装饰作用、功能作用三方面的功能，被广泛应用于建筑、车辆、金属制品等行业。

随着科技进步和生活水平的提高，人们对涂料的功能提出了更多的要求。为了获得这些功能，在制造涂料产品时，通常需要添加各种助剂、溶剂，这样就容易引入一些有毒害物质。这些有害物质在使用过程中会不断缓慢释放出来，对环境卫生、身体健康造成严重影响。欧美等发达国家针对涂料中有害物质制定了严格的法律法规。我国也出台了相应法规，但与发达国家相比，总的来说我国的相对宽松。随着我国对环境保护的日益重视，必须加强对涂料安全、环保、卫生的管控。

此外，中国是世界涂料第一生产大国，但并不是涂料第一强国。中国出口产品在单价、质量上与国外进口产品存在较大差距。中国涂料企业与外国竞争对手的差距，不仅仅在于企业品牌影响力、知名度、售后服务，同样在技术上、产品质量上落后较多，一些有害物质的控制难以满足发达国家的要求。

本书基于作者长期在涂料有害物质检测的丰富经验及科研成果，系统总结了涂料中有害物质的种类及危害、各个国家对于有害物质的法规及限量，重点阐述各种有害物质的分析技术，从涂料样品前处理技术、检测仪器、检测方法进行了深入的分析与比较，最后对我国进口涂料的检验监管存在的问题进行探讨，并提出了检验监管意见。本书适合于消费者、检验机构、涂料生产企业、监管机构等各个层面的人员参考和借鉴。

本书由程欲晓主编，金樱华、顾中怡、张继东、马明、马腾洲、邵敏、杨娟、赵波、强音参与编写，最后由程欲晓统稿、定稿。此外，要感谢吴晓红、李晨、杨勇、陈俊水对本书的指导。本书得到了国家重点研发项目（2016YFF0203704）、国家质检总局科技专项（2016IK223、2015IK229）的资助，在此表示感谢！

本书在编写过程中引用了许多专家、学者的相关科研成果和文献资料，由于篇幅有限，本书仅列出了主要参考文献，并按惯例将参考文献在文中一一列出，在此向所有参考文献的作者表示衷心的感谢。

最后，由于编者学识水平和经验有限，书中缺点和错误在所难免，恳请各位读者批评指正。

编者

2017年10月

目　　录

第1章 概 述

涂料，在中国传统名称为油漆，是涂敷在被保护或被装饰的物体表面，并能与被涂物形成牢固附着的连续薄膜，通常是以树脂、或油、或乳液为主，添加或不添加颜料、填料，添加相应助剂，用有机溶剂或水配制而成的黏稠液体。在《涂料工艺》一书中，将涂料定义为“涂料是一种材料，这种材料可以用不同的施工工艺涂敷在物件表面，形成黏附牢固、具有一定强度、连续的固态薄膜。这样形成的膜通称涂膜，又称漆膜或涂层。”因早期的涂料大多以植物油为主要原料，故又称作油漆。现在合成树脂已取代了植物油，而且随着其品种及类别发展所致，油漆的名称已涵盖不了行业现有的各类产品，而涂料一词可全部覆盖行业的各类产品，因此，使用涂料名称更准确，更科学。例如，粉末涂料产品就不能称为油漆，而涂料可以涵盖固体的粉末涂料和液体的油漆，二者互换却不行。

涂料属于有机化工高分子材料。所形成的涂膜属于高分子化合物类型。按照现代通行的化工产品的分类，涂料属于精细化工产品。涂料不仅需要有聚合物，还需要各种无机和有机颜料、助剂、溶剂等。因此，涂料涉及了高分子科学、有机化学、无机化学、胶体化学、表面化学和表面物理、流变学、力学、光学机械学、生物学、计算机和颜色学等各个学科，其中，高分子科学是最重要的基础。

1.1 涂料的发展现状和趋势

1.1.1 涂料的发展现状

涂料工业属于近代工业，但涂料本身却有着悠久的历史，经历了天然成膜物质涂料的使用、涂料工业的形成和合成树脂涂料的生产三个历史发展阶段。

涂料的应用开始于史前时代，我国使用生漆和桐油作为涂料至少有四千年历史，秦始皇墓的兵马俑已使用了彩色涂料，我国也是世界上使用天然树脂作为成膜物质的涂料——大漆最早的国家。埃及也早就用阿拉伯胶、蛋白等制备色漆用于装饰。早期的画家使用的矿物颜料，是水的悬浮液或是用水或清蛋白来调配的，这就是最早的水性涂料。11 世纪欧洲开始用亚麻油制备油基清漆，17 世纪含铅油漆得到发展，18 世纪开始有了石墨制漆[1]。真正懂得使用溶剂，用溶剂来溶解固体的天然树脂，制得快干的涂料是 19 世纪中叶才开始的。所以从一定意义上讲，溶剂型涂料的使用历史远没有水性涂料那么久远。最简单的水性涂料是石灰乳液，大约在一百年前就曾有人计划向其中加入乳化亚麻仁油进行改良，这恐怕就是最早的乳胶漆。20世纪30年代中期，德国开始把聚乙烯醇作为保护胶的聚醋酸乙烯酯乳液作为涂料展色使用。此时，由于合成乳胶的大力发展，乳胶漆也开始了发展。40年代，环氧树脂涂料的出现使防腐涂料有了突破性发展。到了50年代，纯丙烯酸酯乳液在欧洲和美国就已经有售，但由于价格高昂，其产量没有太大增加。进入60年代，在所有发展的乳状液中，最为突出的是醋酸乙烯酯-乙烯，醋酸乙烯酯与高级脂肪酸乙烯共聚物也有所发展，此外，聚氨酯涂料因为可以室温固化，性能优异而受到重视。70年代，粉末涂料得到很大发展。80年代，高固体分涂料开始发展。此外，70年代以来，由于环境保护法的制定和人们环境保护意识的加强，各国限制了有机溶剂及有害物质的排放，从而使油漆的使用受到种种限制。75%的制造油漆的原料来自石油化工，由于西方工业国家的经济危机和第三世界国家调整石油价格所致，在世界范围内，普遍要求节约能源和资源。所以，水性涂料，特别是乳胶漆，作为代替产品越来越引起人们的重视。水性涂料的制备技术，特别是乳液合成技术，进步很快。70—80年代，乳胶漆作为当代水性涂料的代表有了一定的发展，但未能进行良好的推广应用。90年代至今，不光乳胶漆的质量性能大大提高，在价格上也慢慢被人们接受。随着国外大型涂料公司进入我国市场，随着市场需要的增加、技术的不断进步、对环保要求的不断提高，真正开始了现代涂料的新篇章。

据统计，从2003年开始，全球涂料的需求稳步增长，平均每年上涨5.4%。2013年全球涂料产量达4 175万吨，销售总额达到1 273亿美元，其中，亚太地区的涂料销量增长幅度最大，已成为全球最大的涂料消费地区，2013年亚太市场占全球的48%（中国占亚洲地区一半以上的消费）。建筑涂料业务仍在整体市场占主导地位，其次是保护海洋和一般工业涂料，建筑涂料约占行业收入的40%左右，产品抛光（用于汽车、家具等）占25%，工业涂料占20%。涂料成品结构也一直在变化，老旧传统污染重的低固体分涂料占比在十五年里从40%下降到2010年的7%，粉末涂料和水性涂料则从8%和14%增长到20%和22.5%[2]。

北美、欧洲和日本是全球涂料行业的领先地区，目前，全球涂料前十大企业均为该3个地区的企业，例如：AKZONOBEL、PPG、宣威、杜邦、巴斯夫等。2012年前十大公司销售总额占全球的近58%。

近20年来，我国涂料行业的发展可谓神速。2003年，我国涂料产量为241.5万吨，2011年达到1 079.5万吨，首次突破千万吨大关，成为全球涂料生产第一大国。2013年产量达1 303.349万吨，十年间增加了4倍多；到2015年达到了1 711万吨，销售额突破4 142亿元[3]。

然而，从涂料的技术、品牌知名度、市场占有率等方面来说，我国暂时还落后于国外。在2013年120万～130万吨的水溶性建筑涂料中有30%～40%为低档的水溶性建筑涂料。2015年我国涂料产量的近六成是溶剂型涂料，同期的美、日、德等国家的溶剂型涂料仅占30%～40%。建筑涂料生产厂家很多，但能达到年产5 000吨的企业不足3%。民用建筑涂料市场基本ICI、立邦等跨国企业在中国的独资公司占有，占全国总产量的近1/3。我国涂料行业存在着严重的同质化现象，科研经费不足销售总额的2%、长期模仿他人或是模仿性创新、产品超过90%雷同、引进多于原创，近几年销售利润率仅为5%～7%；而发达国家的科研经费占比达到5%以上。因此，我国涂料企业的产品大多是中低端产品，具有自主知识产权，处于国际领先水平的技术屈指可数[4]。

1.1.2 涂料的发展趋势[5]

传统涂料使用有机物作为溶剂，在加工和生产过程中释放出有毒有害的挥发性有机物，危害人体健康，污染环境。随着人们对生活环境要求的日益增高，研发出无污染、高性能的环保涂料已成为主要的发展趋势。主要有水性涂料、粉末涂料、高固体分涂料、功能光催化涂料、多孔吸附性功能涂料等。

水性涂料是其中重要的发展方向之一，发展速度很快，主要有水性环氧类、水性聚氨酯类、水性丙烯酸酯类、水性醇酸树脂类等，其中丙烯酸酯类是现在水性涂料中应用较多的一种。水性涂料污染小，处理便捷，但仍有不少缺点，如有2%～12%左右的有机物作为填料和基质存在，依然会有污染；干燥时间长、成膜速度慢；易腐蚀金属，不适合作为金属涂膜；不易储存、高温低温稳定性差、易发霉等。

粉末涂料是用固体组分调制出的一种低挥发性有机物（VOC）含量的涂料，通过将粉末喷到基板上烘烤熔融从而完成涂膜，分为热固性和热塑性两种，其中热固性的占90%以上。粉末涂料无溶剂，危害小；涂装简易，效率高；低浪费，可回收利用；成膜牢固、耐磨耐用、涂膜均匀。

高固体分涂料是固体含量占总体的65%～85%的涂料，包括：环氧高固体分涂料、聚酯高固体分涂料、醇酸高固体分涂料、丙烯酸高固体分涂料、聚氨酯高固体分涂料。高固体分涂料VOC含量低，具有干燥快低污染等优点。但因其黏度较高，涂膜性能还远不及液体溶剂涂料。

功能光催化涂料是利用二氧化钛光催化剂所制成的涂料制品，主要应用于功能环保涂料，如空气净化、自清洁处理、印刷、杀菌及净化水等材料。在日本具有较大市场，而在我国还处于起步阶段。

多孔吸附性功能涂料主要有硅藻土涂料和二氧化硅气凝胶功能涂料。前者是掺杂有硅藻土（主要由二氧化硅构成）的涂料，在调节室内湿度、吸附有毒气体、耐磨易清洁、净化空气等方面具有非常好的表现。

1.2 涂料的作用[1]

涂料主要有以下作用：

保护作用：涂料能在物体表面形成一层保护膜，能够阻止或延迟物体因长期暴露于空气中，受到水分、盐雾、气体、微生物、光、化学品等的侵蚀而造成金属锈蚀、木材腐蚀、水泥风化等现象。在物件表面涂上涂料，就能隔绝外界的腐蚀介质，防止腐蚀，延长使用寿命。如不加涂料保护的钢铁结构的桥梁，寿命仅有几年，而涂料使用得当可以巍然挺立百年。

装饰作用：最早的油漆就是主要用来装饰的。现代随着人们生活水平的提高，选择商品的标准更是不只限于质量，其外表也越来越受到人们的重视。涂料具有光亮、美观、鲜明艳丽、色泽悦目等特点，它可以改变物体原来的颜色、光泽、质感，调和色彩，改善环境，美化生活。从日常生活的家具家电、到历史建筑、现代高楼，都需要涂料来装饰和保护，在国防上还利用涂料的保护色起到伪装隐蔽的作用。

标志作用：可用涂料来标记各种化学品、危险品的容器；各种管道、机械设备、信号器等可以涂上各色涂料作为标志，使操作人员易于识别和操作。如氢气钢瓶是绿色的，氯气钢瓶则是黄色的。交通运输中也常用不同色彩的涂料来表示警告、危险、前进、停止等信号，保障交通安全。

特殊作用：涂料可以起到很多特殊功能的作用，如电性能方面的电绝缘、导电、屏蔽电磁波、防静电产生；热能方面的高温、室温和温度标记；吸收太阳能、屏蔽射线；机械性能方面的防滑、自润滑、防碎裂飞溅等；还有防噪声、减振、卫生消毒、防结霜、防结冰、防雾、防污等各种不同作用。

1.3 涂料的组成

涂料一般有四种基本成分：成膜物质、颜料、溶剂和助剂[1]。

成膜物质是涂膜的主要成分，又称基料，包括油脂、油脂加工产品、纤维素衍生物、天然树脂和合成树脂，还包括部分不挥发的活性稀释剂。成膜物质是使涂料牢固附着于被涂物表面（底材）上形成连续薄膜、并提供结实的外层表面的主要物质，是构成涂料的基础，决定着涂料的基本特性。常用作成膜物质的树脂有醇酸树脂/聚酯树脂、酚醛/氨基树脂、环氧树脂、丙烯酸树脂、聚氨酯树脂、乙烯基树脂、纤维素类树脂、天然及合成橡胶等。成膜物质主要可分为转化型和非转化型两大类，转化型主要有干性油和半干性油，双组分的氨基树脂、聚氨酯树脂、醇酸树脂、热固型丙烯酸树脂、酚醛树脂等；非转化型主要有消化棉、氯化橡胶、沥青、改性松香树脂、热塑型丙烯酸树脂、乙酸乙烯树脂等。

颜料是分散在漆料中的不溶的微细固体颗粒。一般分两类，一种为着色颜料，可以使涂料呈现丰富的颜色，使涂料具有一定的遮盖力，并能增强涂膜机械性能和耐久性，如常见的钛白粉、铬黄等；还有种为体质颜料，也就是常说的填料，基本不具有遮盖力，在涂料中主要起填充作用，可以降低涂料成本，增加涂膜厚度，增强涂膜的机械性能和耐久性，如碳酸钙、滑石粉。大多数含有颜填料的称为色漆，少数少含或不含颜料的称为清漆。

溶剂包括烃类溶剂（矿物油精、煤油、汽油、苯、甲苯、二甲苯等）、醇类、醚类、酮类、酯类、卤代烃、萜烯类物质等有机溶剂和水。溶剂在涂料中所占比重大多在50%以上。烃类溶剂又分为脂肪烃和芳香烃，价格低廉，但能溶解许多树脂，常用于油性漆、醇酸漆和天然树脂漆；酮类溶剂较酯类便宜，但酯类较酮类气味芳香；大多数乳胶漆中含有挥发性慢的水溶性醇类溶剂，来降低凝固点。溶剂的主要作用是溶解和稀释成膜基料，使其分散而形成黏稠液体，在施工时易于形成比较完美的漆膜。这些组分使涂料施工有足够的流动性，在施工时和施工后挥发至大气中。具体来说，溶剂在涂料中的作用有：溶解树脂；使组成成膜物的组分均一化；改善颜填料的润湿性，减少漂浮；延长涂料存放时间；在生产中调整操作黏度；改善涂料流动性、增加光泽；涂刷时帮助被涂表面与涂料之间的润湿；校正涂料的流挂性及物理干燥性；减少刷痕、气孔、接缝及涂料的浑浊。现在，由于环保方面的要求，涂料的研发趋势是减少有机溶剂的使用，如高固体分涂料、乳胶涂料、水性涂料和无溶剂涂料。除粉末涂料和辐射固化涂料以外，大多数涂料都含有挥发性的有机溶剂。

助剂主要用来改善涂料某一方面的性能或是起到特殊功能，在涂料中的含量一般很少。这些助剂一般自身不能独立成膜，但对于涂料的成膜和功能性等方面起着相当重要的作用。主要有四大类产品：改善涂料在生产过程中的性能的助剂，如消泡剂、分散剂、乳化剂、润湿剂等；改善涂料储存稳定性的助剂：如抗沉淀剂、防结皮剂等；改善涂料施工性和成膜性的助剂：如流平剂、增稠剂、防流挂剂、成膜助剂、固化剂、催干剂；改善涂料性能的助剂：防霉剂、UV吸收剂、阻燃剂、防静电剂、底材润湿剂等。

1.4 涂料的分类和命名

涂料的品种繁多，可以从不同角度进行分类，并没有特别统一的划分方法。

有人根据全球涂料业务上通用的名称，将有机涂料分为三大类：建筑涂料、产品涂料和特种涂料。

建筑涂料包括用于装饰和保护建筑物外壁和内壁的色漆和清漆，也包括其他家用的如橱柜和家具的涂料。乳胶漆占建筑涂料的80%左右。

产品涂料也叫工业漆，如施工于汽车、家电、电磁线、飞机、家具、金属罐等产品上的涂料。

特种涂料指在工厂外施工的工业涂料和一些其他涂料。如在工厂以外施工的汽车、卡车、船舶涂料以及公路、停车场车道用涂料、钢铁桥梁、储罐、化工厂等的维修漆等。

再根据产品形态、用途、功能、颜料、使用部位、装饰效果、漆膜外观、溶剂、成膜物质、成膜机理、施工工序、施工方法等进行详细分类。

按产品形态分：溶剂型涂料、粉末型涂料、高固体分涂料、金属涂料、珠光涂料、无溶剂型涂料和水溶性涂料等。

按用途分：建筑涂料、罐头涂料、汽车涂料、飞机涂料、家电涂料、木器涂料、桥梁涂料、塑料涂料、纸张涂料、船舶涂料、风力发电涂料、核电涂料、管道涂料、钢结构涂料、橡胶涂料、航空涂料等。

按其功能分：防腐涂料、防锈涂料、绝缘涂料、耐高温涂料、耐老化涂料、耐酸碱涂料、耐化学介质涂料、不粘涂料、导电涂料、示温涂料、隔热涂料、防火涂料、防水涂料、装饰涂料、防霉涂料、防虫涂料、防结露涂料等。

按是否有颜色分：无颜料的清漆、有颜料的色漆。

按建筑物上的使用部位分：内墙涂料、外墙涂料、顶棚涂料、屋面涂料、地坪涂料、门窗涂料等。

按装饰效果分：平面涂料、砂壁状涂料、复层涂料等。

按漆膜外观分：大红漆、有光漆、无光漆、半光漆、皱纹漆、锤纹漆等。

按溶剂分：有溶剂涂料和无溶剂涂料。前者可分为水性涂料、溶剂型涂料、高固体分涂料。后者可分为粉末涂料、光敏涂料以及干性油等。

按成膜物质分：有机系、无机系、有机无机复合系。有机系还分有机溶剂型涂料和有机水性涂料两类。一般常见的涂料都是有机涂料。无机涂料指用无机高分子材料为基料生产的涂料，包括水溶性硅酸盐系、硅溶胶系、有机硅及无机聚合物系。有机无机复合系包括两种复合形式，一种是涂料在生产时采用有机材料和无机材料共同作为基料，另一种是有机涂料和无机涂料在施工时互相结合。

成膜物质具体可细分为：天然树脂类、酚醛类、醇酸类、氨基类、硝基类、环氧类、氯化橡胶类、丙烯酸类、聚氨酯类、有机硅树脂类、氟碳树脂类、聚硅氧烷类、乙烯树脂类等。

按成膜机理分：转化型或反应型涂料、非转换型或挥发型涂料。前者的成膜过程中有化学反应，成膜物为热固性聚合物。后者成膜时无化学反应，成膜物为热塑型聚合物，又分为在常温下可交联固化的气干型涂料和需在高温下完成反应的烘烤型涂料。

按施工工序分：腻子、底漆、封闭漆、头道漆、二道漆、面漆、罩光漆等。

按施工方法分：刷涂涂料、喷涂涂料、辊涂涂料、浸涂涂料、电泳涂料等。

目前在工业上使用最多的分类方式是按照形态和成膜物质进行的分类。按照溶剂的种类进行分类，如果使用有机溶剂，就是溶剂型涂料。但当涂料当中的树脂含量高于50%，不挥发的含量高于70%的时候，这种涂料就叫做高固体涂料。粉末涂料是以粉末状态存在，无溶剂，这种粉末材料无毒性，节约了资源、降低了工作强度。如果用水作为分散介质，就是水溶性的涂料，包括水溶性涂料、水稀释性涂料和水分散涂料。成膜物质分类中应用最广泛的涂料有醇酸树脂漆、聚氨酯漆、硝基漆。醇酸树脂漆的涂膜色泽光亮丰满，广泛应用于建筑、车辆船舶、仪器仪表行业的装饰性涂层中。硝基漆主要用于木材及建筑装修中。聚氨酯漆分为单组分和双组分，前者不适合室外应用，后者耐油、耐水、附着力好，广泛用于金属、水泥、橡胶等材料的装饰。

在GB/T 2705—2003《涂料产品分类和命名》中，列举了2类分类方法，一类是主要以涂料产品的用途为主线，并辅以主要成膜物的分类方法，将涂料产品划分为主要类别：建筑涂料、工业涂料、通用涂料及辅助材料，见表1.1。另一类是除建筑涂料外，主要以涂料产品的主要成膜物为主线，并适当辅以产品主要用途的方法，将涂料产品分为建筑涂料、其他涂料及辅助材料，见表1.2～1.4。

表1.1　涂料分类法1

主要产品类型			主要成膜物类型
建筑涂料	墙面涂料	合成树脂乳液内墙涂料；合成树脂乳液外墙涂料；溶剂型外墙涂料；其他墙面涂料	丙烯酸酯类及其改性共聚乳液；醋酸乙烯及其改性共聚乳液；聚氨酯、氟碳等树脂；无机粘合剂等
	防水涂料	溶剂型树脂防水涂料；聚合物乳液防水涂料；其他防水涂料	EVA、丙烯酸酯类乳液；聚氨酯、沥青、PVC胶泥或油膏、聚丁二烯等树脂
	地坪涂料	水泥基等非木质地面用涂料	聚氨酯、环氧等树脂
	功能性建筑涂料	防火涂料；防霉（藻）涂料；保温隔热涂料；其他功能性建筑涂料	聚氨酯、环氧、丙烯酸酯类、乙烯类、氟碳等树脂

（续表）

主要产品类型			主要成膜物类型
工业涂料	汽车涂料（含摩托车涂料）	汽车底漆（电泳漆）；汽车中涂漆；汽车面漆；汽车罩光漆；汽车修补漆；其他汽车专用漆	丙烯酸酯类、聚酯、聚氨酯、醇酸、环氧、氨基、硝基、PVC等树脂
	木器涂料	溶剂型木器涂料；水性木器涂料；光固化木器涂料；其他木器涂料	聚酯、聚氨酯、丙烯酸酯类、醇酸、硝基、氨基、酚醛、虫胶等树脂
	铁路、公路涂料	铁路车辆涂料；道路标志涂料；其他铁路、公路设施用涂料	丙烯酸酯类、聚氨酯、环氧、醇酸、乙烯类等树脂
	轻工涂料	自行车涂料；家用电器涂料；仪器、仪表涂料；塑料涂料；纸张涂料；其他轻工专用涂料	聚氨酯、聚酯、醇酸、丙烯酸酯类、环氧、酚醛、氨基、乙烯类等树脂
	船舶涂料	船壳及上层建筑物漆；船底防锈漆；船底防务漆；水线漆；甲板漆；其他船舶漆	聚氨酯、醇酸、丙烯酸酯类、环氧、乙烯类、酚醛、氯化橡胶、沥青等树脂
	防腐涂料	桥梁涂料；集装箱涂料；专用埋地管道及设施涂料；耐高温涂料；其他防腐涂料	聚氨酯、丙烯酸酯类、环氧、醇酸、氯化橡胶、乙烯类、沥青、有机硅、氟碳等树脂
	其他专用涂料	卷材涂料；绝缘涂料；机床、农机、工程机械等涂料；航空、航空涂料；军用器械涂料；电子元器件涂料；以上未涵盖的其他专用涂料	聚酯、聚氨酯、环氧、丙烯酸酯类、醇酸、乙烯类、氨基、有机硅、氟碳、酚醛、硝基等树脂
通用涂料及辅助材料	调和漆 清漆 磁漆 底漆 腻子 稀释剂 防潮剂 催干剂 脱漆剂 固化剂 其他通用涂料及辅助材料	以上未涵盖的无明确应用领域的涂料产品	改性油脂；天然树脂；酚醛、沥青、醇酸等树脂

注：主要成膜物类型中树脂类型包括水性、溶剂型、无溶剂型、固体粉末等。

表 1.2　涂料分类法 2——建筑涂料

主要产品类型			主要成膜物类型
建筑涂料	墙面涂料	合成树脂乳液内墙涂料；合成树脂乳液外墙涂料；溶剂型外墙涂料；其他墙面涂料	丙烯酸酯类及其改性共聚乳液；醋酸乙烯及其改性共聚乳液；聚氨酯、氟碳等树脂；无机粘合剂等
	防水涂料	溶剂型树脂防水涂料；聚合物乳液防水涂料；其他防水涂料	EVA、丙烯酸酯类乳液；聚氨酯、沥青、PVC 胶泥或油膏、聚丁二烯等树脂
	地坪涂料	水泥基等非木质地面用涂料	聚氨酯、环氧等树脂
	功能性建筑涂料	防火涂料；防霉（藻）涂料；保温隔热涂料；其他功能性建筑涂料	聚氨酯、环氧、丙烯酸酯类、乙烯类、氟碳等树脂

注：主要成膜物类型中树脂类型包括水性、溶剂型、无溶剂型等。

表 1.3　涂料分类法 2——其他涂料

主要产品类型		主要成膜物类型
油脂漆类	天然植物油、动物油（脂）、合成油等	清油、厚漆、调和漆、防锈漆、其他油脂漆
天然树脂 a 漆类	松香、虫胶、乳酪素、动物胶及其衍生物等	清漆、调和漆、磁漆、底漆、绝缘漆、生漆、其他天然树脂漆
酚醛树脂漆类	酚醛树脂、改性酚醛树脂等	清漆、调和漆、磁漆、底漆、绝缘漆、船舶漆、防锈漆、耐热漆、黑板漆、防腐漆、其他酚醛树脂漆
沥青漆类	天然沥青、（煤）焦油沥青、石油沥青等	清漆、磁漆、底漆、绝缘漆、防污漆、船舶漆、耐酸漆、防腐漆、锅炉漆、其他沥青漆
醇酸树脂漆类	甘油醇酸树脂、季戊四醇醇酸树脂、其他醇类的醇酸树脂、改性醇酸树脂等	清漆、调和漆、磁漆、底漆、绝缘漆、船舶漆、防锈漆、汽车漆、木器漆、其他醇酸树脂漆
氨基树脂漆类	三聚氰胺甲醛树脂、脲（甲）醛树脂及其改性树脂等	清漆、磁漆、绝缘漆、美术漆、闪光漆、汽车漆、其他氨基树脂漆
硝基漆类	硝基纤维素（酯）等	清漆、磁漆、铅笔漆、木器漆、汽车修补漆、其他硝基漆
过氯乙烯树脂漆类	过氯乙烯树脂等	清漆、磁漆、机床漆、防腐漆、可剥漆、胶液、其他过氯乙烯树脂漆
烯类树脂漆类	聚二乙烯乙炔树脂、聚多烯树脂、氯乙烯醋酸乙烯共聚物、聚乙烯醇缩醛树脂、聚苯乙烯树脂、含氟树脂、氯化聚丙烯树脂、石油树脂等	聚乙烯醇缩醛树脂漆、氯化聚烯烃树脂漆、其他烯类树脂漆
丙烯酸酯类树脂漆类	热塑性丙烯酸酯类树脂、热固性丙烯酸酯类树脂等	清漆、透明漆、磁漆、汽车漆、工程机械漆、摩托车漆、家电漆、塑料漆、标志漆、电泳漆、乳胶漆、木器漆、汽车修补漆、粉末涂料、船舶漆、绝缘漆、其他丙烯酸酯类树脂漆

（续表）

主要产品类型		主要成膜物类型
聚酯树脂漆类	饱和聚酯树脂、不饱和聚酯树脂等	粉末涂料、卷材涂料、木器漆、防锈漆、绝缘漆、其他聚酯树脂漆
环氧树脂漆类	环氧树脂、环氧酯、改性环氧树脂等	底漆、电泳漆、光固化漆、船舶漆、绝缘漆、划线漆、罐头漆、粉末涂料、其他环氧树脂漆
聚氨酯树脂漆类	聚氨（基甲酸）酯树脂等	清漆、磁漆、木器漆、汽车漆、防腐漆、飞机蒙皮漆、车皮漆、船舶漆、绝缘漆、其他聚氨酯树脂漆
元素有机漆类	有机硅、氟碳树脂等	耐热漆、绝缘漆、电阻漆、防腐漆、其他元素有机漆
橡胶漆类	氯化橡胶、环化橡胶、氯丁橡胶、氯化氯丁橡胶、丁苯橡胶、氯磺化聚乙烯橡胶等	清漆、磁漆、底漆、船舶漆、防腐漆、防火漆、划线漆、可剥漆、其他橡胶漆
其他成膜物类涂料	无机高分子材料、聚酰亚胺树脂、二甲苯树脂等以上未包括的主要成膜材料	

注：主要成膜物类型中树脂类型包括水性、溶剂型、无溶剂型、固体粉末等。a 包括直接来自天然资源的物质及其经过加工处理后的物质。

表 1.4 涂料分类法 2——辅助材料

主要品种					
稀释剂	防潮剂	催干剂	脱漆剂	固化剂	其他辅助材料

涂料的全名一般是由颜色或颜料名称加上成膜物质名称，再加上基本名称（特性或专业用途）而组成。对于不含颜料的清漆，其全名一般是由成膜物质名称加上基本名称而组成。

颜色名称通常由红、黄、蓝、绿、紫、棕、灰等颜色，有时再加上深、中、浅（淡）等词构成。若颜料对漆膜性能起显著作用，则可用颜料的名称代替颜色的名称。

成膜物质名称可做适当简化，例如聚氨基甲酸酯简化成聚氨酯。漆基中含有多种成膜物质时，选取起主要作用的一种成膜物质命名。必要时也可选取两或三种成膜物质命名，主要成膜物质名称在前，次要成膜物质名称在后。

基本名称表示涂料的基本品种、特性和专业用途，例如清漆、磁漆、底漆、甲板漆等，可参考表 1.5。在成膜物质名称和基本名称之间，必要时可插入适当词语来表明专业用途和特性等，如白硝基球台磁漆。

需烘烤干燥的漆，名称中（成膜物质名称和基本名称之间）应有“烘干”字样，如银灰氨基烘干磁漆。如名称中无“烘干”，则表面该漆是自然干燥，或自然干燥、烘烤干燥均可。

凡双（三）组分的涂料，在名称后应增加“(双组分)”或“(三组分)”等字样，如聚氨酯木器漆（双组分）。

表 1.5　涂料基本名称

涂料基本名称			
清油	清漆	厚漆	调和漆
磁漆	粉末涂料	底漆	腻子
大漆	电泳漆	乳胶漆	水溶（性）漆
透明漆	斑纹漆、裂纹漆、桔纹漆	锤纹漆	皱纹漆
金属漆、闪光漆	防污漆	水线漆	甲板漆、甲板防滑漆
船壳漆	船底防锈漆	饮水舱漆	油舱漆
压载舱漆	化学品舱漆	车间（预涂）底漆	耐酸漆、耐碱漆
防腐漆	防锈漆	耐油漆	耐水漆
防火涂料	防霉（藻）涂料	耐热（高温）涂料	示温涂料
涂布漆	桥梁漆、输电塔漆及其他（大型露天）钢结构漆	航空、航天用漆	铅笔漆
罐头漆	木器漆	家用电器涂料	自行车涂料
玩具涂料	塑料涂料	（浸渍）绝缘漆	（覆盖）绝缘漆
抗弧（磁）漆、互感器漆	（粘合）绝缘漆	漆包线漆	硅钢片漆
电容器漆	电阻漆、电位器漆	半导体漆	电缆漆
可剥漆	卷材涂料	光固化涂料	保温隔热涂料
机床漆	工程机械用漆	农机用漆	发电、输配电设备用漆
内墙涂料	外墙涂料	防水涂料	地板漆、地坪漆
锅炉漆	烟囱漆	黑板漆	标志漆、路标漆、马路划线漆
汽车底漆、汽车中涂漆、汽车面漆、汽车罩光漆	汽车修补漆	集装箱涂料	铁路车辆涂料
胶液	其他未列出的基本名称		

1.5　涂料中有害物质的种类和来源

涂料，特别是溶剂型涂料中含有的有毒物质众多，如游离甲醛、醇类、苯系物、卤代烃、可溶性重金属等，这些物质会对环境和人体健康造成一定的毒害作用。随着人们生活水平的提高和环保意识的增强，涂料的安全问题也越来越受到重视。室内污染、煤烟污染、光化学烟雾污染是三种主要城市污染。在导致室内空气污染的众多因素中，最主要的是建筑物和装饰材料里面含有的有毒物质及其导致的环境质量不合格。研究发现，室内空气所含有毒物质达到一定程度，会使人感到恶心、免疫力下降，引发各种疾病。近年来，我国开始注重对空气质量问题进行监测和控制，制定了一系列相应的标准和规范。

2013 年 9 月 12 日，国务院发布了《大气污染防治行动计划》，随后关于环保的政策法规、行业标准纷纷出台。自 2014 年上海颁布了第一个地方汽车制造业（涂装）大气污染物排放标准，随后有多个省市颁布或正在制订各自的汽车制造业 VOC 排放地方标准。2015 年 1 月 1 日，“史上最严”环保法正式实施，加大力度打击生产污染的企业。涂料作为一项污染严重的化工业，在生产过程中会产生废水、废弃物，再加上涂装过程中的

VOC 排放，成为环保监管的重点，不可避免地受到了影响。2015 年 1 月 26 日，国家财政部联合税务总局发布《关于对电池、涂料征收消费税的通知》，自 2015 年 2 月 1 日起，对涂料征收消费税，在生产、委托加工和进口环节征收，适用税率为 4%，对施工状态下，VOC 含量低于 420 g/L（含）的涂料免征消费税。2015 年 6 月国家发布《挥发性有机物排污收费试点办法》，规定于 2015 年 10 月 1 日起开始征收 VOC 排污费。

涂料中的有害物质有：1）挥发性有机化合物（VOC），其中受关注较多的主要有苯系物、醛酮类物质、异氰酸酯类物质、卤代烃，其他还有烷烃类、酯类、醇类、乙二醇醚类等，但目前有限量标准的仅其中的一类或某几种物质，如甲醛、TDI、苯系物、TVOC 等；2）邻苯二甲酸酯类增塑剂；3）可溶性重金属等。

1.5.1 挥发性有机化合物

涂料中常用的有机溶剂主要有脂肪烃、芳香烃、醇、酯、酮、卤代烃、萜烯等。溶剂在涂料中所占比重大多较大，主要作用是溶解和稀释成膜物，使涂料在施工时易于形成较好的漆膜，溶剂在涂料施工结束后，一般都挥发至大气中，很少残留在漆膜里。对于油漆涂料，一般可认为挥发性有机物是油漆中不形成漆膜而最终挥发到大气中的有机物质。

挥发性有机化合物，即 volatile organic compounds，缩写为 VOC。但各国对其定义各不相同。美国环保署定义为：所有参与到大气光化学反应当中的碳化合物，这当中不包括碳酸、一氧化碳、二氧化碳、金属碳化物、金属碳酸盐和碳酸铵等；世界卫生组织定义为：当饱和蒸汽压不高于 133.322 Pa、沸点在 50～260 ℃之间的易挥发有机化合物为挥发性有机化合物；德国国标 DIN 55649—2000 定义为：标准大气压下沸点不高于 250 ℃的有机化合物；我国（GB 18582—2008）和欧盟（2004/42/EC）对挥发性有机化合物的定义是：在 101.3 kPa 标准压力下，任何初沸点低于或等于 250 ℃的有机化合物；我国室内空气质量标准 GB/T 18883—2002 中对总挥发性有机化合物（TVOC）的计算，将挥发性有机化合物锁定为保留时间在正己烷和正十六烷之间所有化合物，但并未明确定义这些化合物的具体种类；这些定义有相似也有区别之处，比如是否参与到光化合反应、是否常温下自发挥发、沸点、初馏点等。

挥发性有机物种类很多，主要包括脂族烃（丁烷等）、芳烃（苯、甲苯等）、卤代烃（四氯化碳、氟利昂等）、醇类（甲醇等）、醛类（甲醛等）、酮类（丙酮等）、醚（乙醚等）、酯（乙酸乙酯等）及多环芳烃等，目前已鉴定出的有 300 多种。VOC 中有诸多有毒有害物质，具有致畸、致突变、致癌性，以及有特殊气味会导致人体不适，对人体健康造成影响。VOC 挥发到空气当中之后会与空气中的氧气发生反应生成臭氧，低空臭氧对大气环境及人体健康是有害的。据不完全统计在我国油漆行业每年向大气排放约 300 万吨有机挥发物，直接对大气环境造成污染，破坏人类生存环境，损害人体健康，造成巨大的资源浪费。

1.5.1.1 苯系物

苯系物主要包括苯、甲苯、乙苯、二甲苯、苯乙烯等。普通油漆通常用汽油做溶剂，环氧铁红底漆含少量二甲苯，浸漆主要含甲苯，也有少量苯，喷漆（硝基漆）以及稀释剂（香蕉水）中含多量苯或甲苯、二甲苯。

苯属于剧毒溶剂，是一种气味芳香，易挥发的有机物，对人的神经系统有麻醉和刺激作用，被国际癌症研究中心确认为高度致癌物质。少量的吸入也会对人体造成长期的损害。苯能在神经系统和骨髓内蓄积，使神经系统和造血组织受到损害，引起血液中白血球、血小板数减少，长期接触可引起白血病。苯中毒的话，人一般会比较兴奋，出现恶心呕吐的现象，情况严重者还会昏迷、抽搐，导致神经系统功能障碍。苯的溶解力强，是天然干性油和树脂的强溶剂，但不能溶解虫胶，因其毒性大、挥发快，在涂料中很少应用，只在某些混合溶剂中才少量添加，以提高溶解性能。

甲苯、二甲苯在溶剂分类中属中等毒性溶剂，甲苯挥发性比苯小，二甲苯毒性和挥发性比甲苯更小。对人体具有麻醉、刺激作用，高浓度时对造血系统和神经系统有毒害作用，但在人体内残留毒性低，一般可经代谢排除。空气中最高容许浓度为 100 mg/m^3。长期接触甲苯、二甲苯的人不宜饮白酒，更不宜饮用过量高度白酒，因为酒精会延长其在体内的滞留时间，对健康极为不利。工作场所应保持空气流通以降低其在空气中的浓度。根据研究资料表明，甲苯、二甲苯进入大气层后会产生一定的光化学反应，对臭氧层有一定的破坏作用。甲苯主要用作醇酸漆的溶剂，也做硝基漆、丙烯酸漆、环氧漆等的稀释剂，但不能溶解虫胶。二甲苯可用作短油醇酸漆、酚醛漆、脲醛漆和要求挥发较慢的热喷漆的稀释剂。

1.5.1.2 醛酮类

醛类化合物是一类带有强烈刺激性气味的物质，常用作涂料中的溶剂或树脂原料，具有致癌、致畸性，对皮肤和呼吸道有刺激作用，严重损害人体健康。主要有甲醛、乙醛、丙醛、丁醛、苯甲醛、异戊醛、戊醛、邻/间/对甲苯甲醛、己醛等，其中，最受关注的物质是甲醛。

甲醛是室内挥发性有机污染物的代表，也是多数装饰材料中的主要有害物质。它是一种无色、易挥发、有强烈刺激性气味的气体。树脂或聚合物合成时，残留未反应的游离甲醛，或者已反应的不稳定基团在一定条件下又释放出甲醛来。甲醛的主要危害表现为对皮肤黏膜的刺激作用，高浓度吸入时出现严重的呼吸道刺激和水肿及眼刺激、头痛，可诱发支气管哮喘。皮肤直接接触甲醛可引起过敏性皮炎、色斑、坏死。此外，还有致突变性和生殖毒性，属于 B1 类，是可能的人类致癌物质。新装修的房间甲醛含量较高，是众多疾病的主要诱因。长期、低浓度接触甲醛会引起头痛、头晕、乏力、感觉障碍、免疫力降低，并可出现瞌睡、记忆力减退或神经衰弱、精神抑郁；长期接触甲醛可引发呼吸功能障碍和肝中毒性病变。孕妇长期吸入可能导致胎儿畸形，甚至死亡，男子长期吸入可导致男子精子畸形、死亡等。甲醛已被确认为致癌物。可致鼻咽肿瘤、淋巴癌等多种癌症，并增加患上癌症的几率。甲醛主要存在于黏合剂和水性漆中，劣质墙体腻子也是一大主要来源。

酮类溶剂有很强溶解力，涂料中常用的有丙酮、丁酮、甲基异丁酮、环己酮等。环己酮挥发慢、溶解性强，可改善涂料流平性。丙酮可溶解硝酸纤维素和其他合成树脂，但易与水、醇、酯类溶合、吸水使漆膜发白，很少单独作溶剂使用。

1.5.1.3 异氰酸酯类物质

用于涂料的异氰酸酯类物质主要有甲苯二异氰酸酯（TDI）、二苯甲烷二异氰酸酯（MDI）、六亚甲基二异氰酸酯（HDI）等。涂料中的异氰酸酯类物质主要来源于聚氨酯

(PU) 类油漆，是生产聚氨酯涂料比较常用的固化剂，在涂料施工后残留了异氰酸酯类单体。异氰酸酯类有机物主要的毒性作用是致敏和刺激作用，长期暴露于此会导致过敏性肺炎和接触性皮炎，长期接触高浓度的二异氰酸酯类有机物蒸汽会致癌。

TDI 有 2 种异构体：2，4-TDI 和 2，6-TDI。TDI 一般是透明的液体，具有强烈刺激性气味，一个标准大气压下，沸点为 251 ℃，化学性质活泼，易与含有羟基的化合物发生反应，有毒性，主要为致敏和刺激作用，并被国际癌症研究会列为 2B 类致癌物。超出标准的游离 TDI 会对人体造成伤害，眼部接触游离 TDI 蒸汽后会有疼痛、流泪、结膜充血等化学性结膜炎症状；呼吸道吸入后有咳嗽、胸闷、气急哮喘症状；皮肤接触后可生红色丘疹，接触性过敏性皮炎，脱离接触后可好转和恢复，个别严重者可引起肺水肿及哮喘，引起自发性气胸、纵隔气肿、皮下气肿。长期反复接触 TDI，还会对身体产生慢性影响。TDI 蒸汽经人体吸入后，会损害人体肝、肾功能，长期接触高浓度的 TDI 蒸汽可引发记忆力和集中力的下降，还可能会致癌，如胰腺癌、肝癌、乳腺癌。MDI 正常贮存条件下为液态，蒸汽压较低，挥发性较低、毒性比 TDI 低，在呼吸吸入和皮肤吸收方面毒性较低，但仍存在一定毒性，可导致中度眼睛刺激和轻微皮肤刺激，造成过敏。HDI 是无色或微黄色液体，有特殊刺激性气味，挥发性大、毒性也大，反应活性较芳香族二异氰酸酯小。

1.5.1.4 卤代烃

卤代烃就是烃分子中的氢原子被卤素原子取代后的化合物，通常包括 F、Cl、Br、I。卤代烃沸点小于 200 ℃，是一类重要的有机合成中间体，可作为高分子工业的原料，具有其他多种功能。卤代烃在涂料中主要作为溶剂使用，部分卤代烃具有挥发性。卤代烃具有比较特殊的气味，而且会对人体造成伤害，并且无法降解。一般通过吸入途径或皮肤吸收途径进入人体，破坏免疫系统，侵犯神经中枢或作用于内脏器官引起中毒。碘代烃毒性最大，溴代烃、氯代烃、氟代烃毒性依次降低；低级卤代烃比高级卤代烃毒性强；饱和卤代烃比不饱和卤代烃毒性强；多卤代烃毒性更强。长期接触卤代烃可致毛发脱落，引发接触性皮炎、结膜炎、贫血、损害肾脏等，四氯化碳能够引发肝癌。氯代烃溶剂主要有二氯甲烷、1，1-二氯乙烷、三氯甲烷、1，1，1-三氯乙烷、1，1，2-三氯乙烷、四氯化碳、1，2-二氯乙烷、三氯乙烯、四氯乙烯等。1，1，1-三氯乙烷是氯代烃溶剂中毒性最弱的一种，但化学稳定性差，对臭氧层有破坏作用；三氯乙烯会光照分解为剧毒光气，已被四氯乙烯代替。

1.5.1.5 烷烃类

烷烃是只有碳碳单键和碳氢键的链烃，是最简单的一类有机化合物。涂料中常用的烷烃类溶剂有：正己烷、正庚烷、正辛烷、环己烷等。大多烷烃类溶剂均有一定毒性，例如：正己烷具有低毒性，会通过呼吸道、皮肤等途径进入人体，长期接触可导致人体出现头痛、头晕、乏力、四肢麻木等慢性中毒症状。

1.5.1.6 酯类

酯类溶剂溶解力强，可溶解硝酸纤维素和多种合成树脂，常用作硝基漆和其他合成树脂漆的稀释剂，最常用的有乙酸乙酯、乙酸甲酯、乙酸戊酯和乙酸丁酯。乙酸丁酯沸点高、毒性小，可防止漆膜发白，是硝基漆和氨基漆中使用最多的溶剂，乙酸戊酯可改进漆膜流平性和防止发白，也是硝基漆常用溶剂。

1.5.1.7 醇类

溶解力比酯类、酮类差，只能溶解虫胶和缩丁醛树脂，可与酯类、酮类混合作为某些树脂漆的稀释剂，常用的有乙醇、丁醇。乙醇是配制虫胶漆最好的溶剂，还可用于木材染料、洗涤底漆及醇溶性酚醛烘漆。丁醇溶解力比乙醇低、挥发慢，常与乙醇、异丙醇合用于硝基漆中，可防止漆膜发白、消除针孔、气泡等，还可防止涂料胶化，降低短油度醇酸漆黏度。乙二醇、1，2-丙二醇和丙三醇可用作涂料的抗冻剂。

1.5.1.8 乙二醇醚类

醚类溶剂大多沸点高、挥发慢，主要用于硝基漆、乙烯漆及某些环氧漆的制造，像乙二醇丁醚在硝基漆中是很好的抗白剂，在醇酸漆中还有降低黏度，提高流平性的作用。在水性涂料的制备过程中，需要一种即可溶解树脂，又可与水混溶的共溶剂，乙二醇醚由于生产工艺简单、价格较低，故被大量用作共溶剂。

乙二醇醚类溶剂对高分子树脂有很强的溶解能力以及良好的抗冻性能，是良好的溶剂，还是提高涂膜强度使烤漆具有良好的流动性和聚结性能的助剂。但乙二醇醚会缓慢挥发，被人体吸收后在体内经代谢后会形成剧毒的化合物，对人体的血液循环系统和神经系统造成永久性的损害，长期接触高浓度的乙二醇醚类溶剂会致癌。另外，乙二醇醚类溶剂会对女性的生殖系统造成永久性的损害，造成女性不育，还会引起睾丸缩小、发生畸形、胎儿毒性、血液异常等。目前，我国卫生部已禁止在室内用涂料中使用乙二醇单甲醚、乙二醇单乙醚、乙二醇单丁醚等物质。美国国会 1990 年列出的减少使用危害空气污染物（HAP）清单中，就包括乙二醇单甲醚、乙二醇甲醚醋酸酯、乙二醇单乙醚、乙二醇乙醚醋酸酯、二乙二醇丁醚醋酸酯等 5 种物质[6]。

1.5.2 邻苯二甲酸酯类增塑剂

邻苯二甲酸酯（PAEs）增塑剂，是对高分子材料具有溶剂化作用的功能性助剂，广泛用于塑料、涂料、化妆品等行业，也被称为“环境激素”。由于 PAEs 未与涂料中的高分子基质形成稳定的化学键，涂料使用后容易从中迁移至环境中，PAEs 不易分解，可在食物链中循环，造成污染，并逐渐传递给人体。过去相当一段时间内认为其对人体没有毒害，但研究表明，PAEs 毒性潜伏期长、能引起中枢神经和周围神经系统的功能性变化，造成生物体内分泌机能紊乱、动物雌性化，并具有潜在的致畸性、致癌性和致突变型，对生态环境具有巨大的危害。PAEs 对儿童的发育产生不良影响，主要是造成儿童性早熟。所以现在欧美等多个国家和组织已经明确禁止或限制使用邻苯二甲酸二丁酯等多种 PAEs。我国也鼓励使用其他化学品替换有毒有害的 PAEs 添加在日化用品中[7]。

1.5.3 可溶性重金属

重金属一般指密度大于 4.5 g/cm^3 的金属，如铜、铅、镉、铬、钴、镍、锰、汞、砷等。大多数重金属都不易被生物分解，会沉积下来产生生物蓄积，人体摄入重金属过多，会造成慢性中毒。有的重金属即使含量很低都会对人体造成巨大伤害，如铅、铬、镉等。油漆中一部分树脂、颜料、助剂或催干剂等会有可溶性重金属的存在，主要来源于色漆中的颜料部分，长时间接触干漆膜，会对人体造成危害。

为了使油漆涂料色彩长久保持鲜艳，常在涂料中添加重金属，最常用的是添加剂黄丹、白丹和铅白等含铅化合物，添加铬酸盐和镉盐可以使涂料显黄色或棕黄色。从理论上来说，颜色越鲜艳的油漆，含铅等重金属就越多。在各种颜色的油漆中，橙色油漆含铅可能性最大，且含铅量最高，其次分别为黄、绿、棕色等。涂料中加入汞可以防霉，加入 Pb_3O_4、$SrCrO_4$ 可以防锈；为了达到特殊的效果往往还加入 $PbCO_3$、汞、镍、钴等有机络合物。同时在生产油漆涂料时加入的各种助剂，如催化剂、防污剂、消光剂和各种填料，都会含有杂质；铅是最常用的聚合催化剂，在大多数醇酸漆中能促进漆底膜干燥，提高漆膜的附着力及耐侯性。儿童是重金属污染的主要受害者，调查显示，在距地面 1 米处，空气中的铅浓度是 1.5 米处的 16 倍，儿童身高恰好处于这个范围内。而婴幼儿经常会用手接触玩具、墙壁、门框和家具。同时，物体表面剥落的涂料也会在室内生成含重金属污染的粉尘，被儿童吸入体内，影响其大脑和神经系统的发育。但遗憾的是无重金属颜料的涂料价格昂贵。

铅是重金属中毒性较大的一种，主要损害骨髓造血系统和神经系统。油漆中的铅一旦通过呼吸道、消化道、皮肤等途径进入人体，就会在血液中持续累积，过量的铅能干扰亚铁血红素的合成，引起贫血、记忆力下降、高血压、关节痛等毒性反应，影响着人体中枢神经系统、消化系统和生殖系统，造成儿童智力低下、老年人痴呆、铅麻痹等。铬广泛存在于自然界中，有两种价态，分别为三价和六价，六价铬具有毒性，能使蛋白质发生沉淀，导致人体贫血，严重者甚至死亡。金属镉毒性很低，但其化合物毒性很大，人体中的镉中毒主要是通过消化道与呼吸道摄入被镉污染的水、食物和空气而引起的，镉在人体主要积聚在肝、肾、胰腺、甲状腺和骨骼中，使脏器发生病变，造成贫血、高血压、神经痛、骨质疏松、分泌失调等疾病。慢性汞中毒主要影响中枢神经系统。

参考文献：

[1]陈卫星，侯永刚，石玉. 涂料及检测技术[M]. 北京：化学工业出版社，2011：1-6.

[2]郭小晶，李娟，任川. 涂料市场现状及前景分析[J]. 山西化工，2015，35(2)：31-35.

[3]王卉. 基于涂料行业 VOC 污染控制政策法规研究[J]. 绿色化工，2016(7)：70-71.

[4]中国涂料行业近年来的发展[J]. 当代化工，2016(4)：784.

[5]红岩，刘敬肖，赵婷，等. 环保涂料的研究进展[J]. 内蒙古师范大学学报：自然科学汉文版，2014，43(2)：206-211.

[6]刘准，袁纪贤，郭登峰，等. 绿色环保溶剂在涂料工业中的应用与展望[J]. 中国涂料，2011，26(9)：6-10.

[7]刘付建，冼燕萍，郭新东，等. 气相色谱—质谱联用法检测水性墙体涂料中 20 种邻苯二甲酸酯[J]. 分析测试学报，2014，33(4)：437-441.

第2章　各国涂料的相关标准及政策法规

涂料有数千年的使用和发展历史，尤其是近代，随着科学技术水平的发展，涂料的品种越来越多，应用的范围和功能也越来越细致。对于不同品种的涂料，其性能各不相同，相应的，对不同涂料的规范、标准也越来越多、越细化。本章主要从国内外涂料标准、涂料相关政策法规、涂料中有害物质限量3个方面进行介绍。涂料的物理性能检测方法类标准，在本书中未作讨论。

2.1　各国涂料标准

表2.1～2.9列出了我国涂料相关标准和部分国际及国外标准。其中，表2.1按内容分成三部分列出了我国涂料标准，内容包括涂料性能技术要求及有害物质限量标准、监督抽查规范、有害物质检测方法类标准；标准类别涵盖国家标准及各类行业或专业标准，并按标准编号大小顺序进行排列。

标准代号：GB国家标准；GBZ国家职业卫生标准；CSC中国标准化研究院中标认证中心标准；CB船舶行业标准；GA、GN公共安全行业标准；DL电力行业标准；HB航空工业行业标准；HG化工行业标准；HJ环境保护专业标准；JB机械行业标准；JC建材行业标准；JG建筑行业标准；JT交通行业标准；LY林业行业标准；NY农业行业标准；QJ航天工业行业标准；SJ电子行业标准；TB铁路运输行业标准；WJ兵工民品行业标准；YB、YS冶金行业标准；CNCA中国国家认证认可监督管理委员会CCC认证实施规则；CCGF国家质检总局产品质量监督抽查实施规范；HS海关行业标准；SN出入境检验检疫行业标准。字母后无“/T”为强制性标准，有“/T”为推荐性标准，有“/Z”为指导性标准。

表2.1　我国涂料相关标准

涂料标准——性能技术要求、有害物质限量	
GB 28374—2012 电缆防火涂料	GB 12441—2005 饰面型防火涂料
GB 14907—2002 钢结构防火涂料	GB 16359—1996 放射性发光涂料的放射卫生防护标准
GB 18581—2009 室内装饰装修材料 溶剂型木器涂料中有害物质限量	GB 18582—2008 室内装饰装修材料 内墙涂料中有害物质限量
GB 1922—2006 油漆及清洗用溶剂油	GB 24408—2009 建筑用外墙涂料中有害物质限量

（续表）

涂料标准——性能技术要求、有害物质限量	
GB 24409—2009 汽车涂料中有害物质限量	GB 24410—2009 室内装饰装修材料 水性木器涂料中有害物质限量
GB 24613—2009 玩具用涂料中有害物质限量	GB 30981—2014 建筑钢结构防腐涂料中有害物质限量
GB 28375—2012 混凝土结构防火涂料	
GB/T 13491—1992 涂料产品包装通则	GB/T 14616—2008 机舱舱底涂料通用技术条件
GB/T 16777—2008 建筑防水涂料试验方法	GB/T 17371—2008 硅酸盐复合绝热涂料
GB/T 17456.2—2010 球墨铸铁管外表面锌涂层 第2部分：带终饰层的富锌涂料涂层	GB/T 18178—2000 水性涂料涂装体系选择通则
GB/T 18593—2010 熔融结合环氧粉末涂料的防腐蚀涂装	GB/T 19250—2013 聚氨酯防水涂料
GB/T 20623—2006 建筑涂料用乳液	GB/T 20633.1—2006 承载印制电路板用涂料（敷形涂料）第1部分：定义、分类和一般要求
GB/T 22374—2008 地坪涂装材料	GB/T 23445—2009 聚合物水泥防水涂料
GB/T 23446—2009 喷涂聚脲防水涂料	GB/T 23994—2009 与人体接触的消费产品用涂料中特定有害元素限量
GB/T 23995—2009 室内装饰装修用溶剂型醇酸木器涂料	GB/T 23996—2009 室内装饰装修用溶剂型金属板涂料
GB/T 23997—2009 室内装饰装修用溶剂型聚氨酯木器涂料	GB/T 23998—2009 室内装饰装修用溶剂型硝基木器涂料
GB/T 23999—2009 室内装饰装修用水性木器涂料	GB/T 24100—2009 X、γ辐射屏蔽涂料
GB/T 25249—2010 氨基醇酸树脂涂料	GB/T 25251—2010 醇酸树脂涂料
GB/T 25252—2010 酚醛树脂防锈涂料	GB/T 25253—2010 酚醛树脂涂料
GB/T 25258—2010 过氯乙烯树脂防腐涂料	GB/T 25259—2010 过氯乙烯树脂涂料
GB/T 25261—2010 建筑用反射隔热涂料	GB/T 25263—2010 氯化橡胶防腐涂料
GB/T 25264—2010 溶剂型丙烯酸树脂涂料	GB/T 25271—2010 硝基涂料
GB/T 26004—2010 表面喷涂用特种导电涂料	GB/T 2705—2003 涂料产品分类和命名
GB/T 27806—2011 环氧沥青防腐涂料	GB/T 27811—2011 室内装饰装修用天然树脂木器涂料
GB/T 30790.1—2014 色漆和清漆 防护涂料体系对钢结构的防腐蚀保护 第1部分：总则	GB/T 30790.2—2014 色漆和清漆 防护涂料体系对钢结构的防腐蚀保护 第2部分：环境分类
GB/T 31105—2014 涂布不同涂料的双向拉伸聚丙烯双面涂布膜	GB/T 31815—2015 建筑外表面用自清洁涂料
GB/T 4054—2008 涂料涂覆标记	GB/T 4653—1984 红外辐射涂料通用技术条件
GB/T 5206—2015 色漆和清漆 术语和定义	GB/T 7788—2007 船舶及海洋工程阳极屏涂料通用技术条件
GB/T 9750—1998 涂料产品包装标志	GB/T 9755—2014 合成树脂乳液外墙涂料

（续表）

GB 28375—2012 混凝土结构防火涂料	
GB/T 9756—2009 合成树脂乳液内墙涂料	GB/T 9757—2001 溶剂型外墙涂料
GB/T 9779—2015 复层建筑涂料	CB 20046—2012 舰船消声瓦用底层涂料规范
CSC/T 2203—2006 室内装饰装修材料 溶剂型木器涂料 环保产品认证技术要求	DL/T 627—2012 绝缘子用常温固化硅橡胶防污闪涂料
DL/T 693—1999 烟囱混凝土耐酸防腐蚀涂料	GA/T 298—2001 道路标线涂料
GBZ 119—2006（2013）放射性发光涂料卫生防护标准	GN 48—1989 道路标线涂料（热塑型）
HB 5453—2004（2010）铝合金化学铣切保护涂料规范	HB 7573—1997 防湿热、防盐雾、防霉菌涂料
HB 7628—1998 高透明度丙烯酸清漆	HB 7737—2004（2010）飞机辅机零件专用环氧聚酰胺涂料规范
HG/T 2006—2006（2015）热固性粉末涂料	HG/T 2237—1991（2009）A01—1 A01—2 氨基烘干清漆
HG/T 2238—1991（2009）F01—1 酚醛清漆	HG/T 2240—2012 潮（湿）气固化聚氨酯涂料（单组分）
HG/T 2454—2014 溶剂型聚氨酯涂料（双组分）	HG/T 2458—1993（2015）涂料产品检验 运输和贮存通则
HG/T 2593—1994（2009）丙烯酸清漆	HG/T 2661—1995（2015）氯磺化聚乙烯防腐涂料（双组份）
HG/T 3655—2012 紫外光（UV）固化木器涂料	HG/T 3792—2014 交联型氟树脂涂料
HG/T 3793—2005（2015）热熔型氟树脂（PVDF）涂料	HG/T 3829—2006（2015）地坪涂料
HG/T 3830—2006（2015）卷材涂料	HG/T 3950—2007（2015）抗菌涂料
HG/T 3952—2007（2015）阴极电泳涂料	HG/T 4104—2009（2015）建筑用水性氟涂料
HG/T 4109—2009（2015）负离子功能涂料	HG/T 4336—2012 玻璃鳞片防腐涂料
HG/T 4337—2012 钢质输水管道无溶剂液体环氧涂料	HG/T 4338—2012 高氯化聚乙烯防腐涂料
HG/T 4339—2012 工程机械涂料	HG/T 4341—2012 金属表面用热反射隔热涂料
HG/T 4343—2012 水性多彩建筑涂料	HG/T 4344—2012 水性复合岩片仿花岗岩涂料
HG/T 4561—2013 不饱和聚酯腻子	HG/T 4562—2013 不可逆示温涂料
HG/T 4563—2013 不粘涂料	HG/T 4564—2013 低表面处理容忍性环氧涂料
HG/T 4565—2013 锅炉及辅助设备耐高温涂料	HG/T 4567—2013 建筑用弹性中涂漆
HG/T 4568—2013 氯醚防腐涂料	HG/T 4569—2013 石油及石油产品储运设备用导静电涂料
HG/T 4570—2013 汽车用水性涂料	HG/T 4755—2014 聚硅氧烷涂料

（续表）

GB 28375—2012 混凝土结构防火涂料	
HG/T 4756—2014 内墙耐污渍乳胶涂料	HG/T 4757—2014 农用机械涂料
HG/T 4758—2014 水性丙烯酸树脂涂料	HG/T 4759—2014 水性环氧树脂防腐涂料
HG/T 4761—2014 水性聚氨酯涂料	HG/T 4766—2014 真空镀膜涂料
HG/T 4770—2014 电力变压器用防腐涂料	HG/T 4843—2015 家电用预涂卷材涂料
HG/T 4845—2015 冷涂锌涂料	HG/T 4846—2015 水性无机磷酸盐耐溶剂防腐涂料
HG/T 4847—2015 水性醇酸树脂涂料	HJ 2537—2014 环境标志产品技术要求 水性涂料
HJ 457—2009 环境标志产品技术要求 防水涂料	HJ/T 414—2007 环境标志产品技术要求 室内装饰装修用溶剂型木器涂料
JB/T 5072—2007 热处理保护涂料一般技术要求	JB/T 9199—2008 防渗涂料 技术条件
JB/T 9226—2008 砂型铸造用涂料	JC 1066—2008 建筑防水涂料中有害物质限量
JC/T 1040—2007 建筑外表面用热反射隔热涂料	JC/T 2217—2014 环氧树脂防水涂料
JC/T 2251—2014 聚甲基丙烯酸甲酯（PMMA）防水涂料	JC/T 2253—2014 脂肪族聚氨酯耐候防水涂料
JC/T 2317—2015 喷涂橡胶沥青防水涂料	JC/T 408—2005 水乳型沥青防水涂料
JC/T 423—1991 水溶性内墙涂料	JC/T 674—1997 聚氯乙烯弹性防水涂料
JC/T 852—1999 溶剂型橡胶沥青防水涂料	JC/T 864—2008（2015）聚合物乳液建筑防水涂料
JC/T 975—2005 道桥用防水涂料	JG/T 172—2014 弹性建筑涂料
JG/T 206—2007 外墙外保温用环保型硅丙乳液复层涂料	JG/T 210—2007 建筑内外墙用底漆
JG/T 224—2007 建筑用钢结构防腐涂料	JG/T 235—2014 建筑反射隔热涂料
JG/T 24—2000 合成树脂乳液砂壁状建筑涂料	JG/T 26—2002 外墙无机建筑涂料
JG/T 3003—1993 多彩内墙涂料	JG/T 304—2011 建筑用防涂鸦抗粘贴涂料
JG/T 335—2011 混凝土结构防护用成膜型涂料	JG/T 337—2011 混凝土结构防护用渗透型涂料
JG/T 338—2011 建筑玻璃用隔热涂料	JG/T 349—2011 硅改性丙烯酸渗透性防水涂料
JG/T 375—2012 金属屋面丙烯酸高弹防水涂料	JG/T 415—2013 建筑防火涂料有害物质限量及检测方法
JG/T 444—2014 建筑无机仿砖涂料	JG/T 445—2014 无机干粉建筑涂料
JG/T 446—2014 建筑用蓄光型发光涂料	JT/T 280—2004 路面标线涂料
JT/T 4502—1983 修船船亮防锈、油漆标准	JT/T 535—2015 路桥用水性沥青基防水涂料
JT/T 600.1—2004 公路用防腐蚀粉末涂料及涂层 第 1 部分：通则	JT/T 600.2—2004 公路用防腐蚀粉末涂料及涂层 第 2 部分：热塑性聚乙烯粉末涂料及涂层
JT/T 600.3—2004 公路用防腐蚀粉末涂料及涂层 第 3 部分：热塑性聚氯乙烯粉末涂料及涂层	JT/T 600.4—2004 公路用防腐蚀粉末涂料及涂层 第 4 部分：热固性聚酯粉末涂料及涂层
JT/T 657—2006 交通钢构件聚苯胺防腐涂料	JT/T 712—2008 路面防滑涂料

（续表）

GB 28375—2012 混凝土结构防火涂料	
JT/T 810—2011 集装箱涂料	JT/T 821.1—2011 混凝土桥梁结构表面用防腐涂料 第1部分：溶剂型涂料
JT/T 821.2—2011 混凝土桥梁结构表面用防腐涂料 第2部分：湿表面涂料	JT/T 821.3—2011 混凝土桥梁结构表面用防腐涂料 第3部分：柔性涂料
JT/T 821.4—2011 混凝土桥梁结构表面用防腐涂料 第4部分：水性涂料	JT/T 983—2015 路桥用溶剂性沥青基防水粘结涂料
LY/T 2710—2016 木地板用紫外光固化涂料	NY/T 860—2004 户用沼气池密封涂料
QJ 20057.1—2011 战术导弹用有机硅类高温防热涂层 第1部分：GRW 系列涂料	QJ 2490—1993 固体火箭发动机纤维缠绕燃烧室壳体防护方法 STB 炭粉涂料法
QJ 2621—1994 透明可剥金属保护涂料技术条件	SJ/T 10342—1993 电子工业用 X34—10 和 X34—11 自粘性涂料
SJ/T 10343—1993（2009）黑白显像管用有机膜涂料	SJ/T 11294—2003（2010）防静电地坪涂料通用规范
SJ/T 11475—2014 紫外光固化光纤涂料	TB/Z 5—1976 螺旋道钉硫磺锚固及绝缘防锈涂料
WJ 2611—2003 穿甲弹用 T—09 烧蚀隔热涂料规范	WJ 2612—2003 军用 GT—401 有机硅烧蚀隔热涂料规范
WJ 2631—2004 军用反阳光/红外低辐射涂料规范	WJ 2669—2005 弹用阴极电泳涂料规范
WJ 2695—2008 装甲车辆耐海洋环境腐蚀涂料规范	YB/T 134—2015 高温红外辐射环保型涂料
YB/T 4121—2004（2010）中间包用碱性涂料	YB/T 4194—2009（2015）高炉内衬维修用喷涂料
YS/T 680—2016 铝合金建筑型材用粉末涂料	YS/T 728—2016 铝合金建筑型材用丙烯酸电泳涂料
涂料标准——监督抽查、规范	
GB 50325—2010 民用建筑工程室内环境污染控制规范（附条文说明）（2013 年版）	CCGF 405.2—2015 建筑防水涂料产品质量监督抽查实施规范
CCGF 411.1—2015 溶剂型木器涂料产品质量监督抽查实施规范	CCGF 411.2—2015 合成树脂乳液内墙涂料产品质量监督抽查实施规范
CCGF 411.3—2015 建筑用外墙涂料产品质量监督抽查实施规范	CNCA C21—01—2014 强制性产品认证实施规则 装饰装修产品
SN/T 3000—2011（2015）进口涂料检验规程	
涂料标准——有害物质检测方法	
GB 31604.2—2016 食品安全国家标准 食品接触材料及制品 高锰酸钾消耗量的测定	GB 31604.8—2016 食品安全国家标准 食品接触材料及制品 总迁移量的测定
GB/T 13452.1—1992 色漆和清漆 总铅含量的测定 火焰原子吸收光谱法	GB/T 1725—2007 色漆、清漆和塑料 不挥发物含量的测定
GB/T 18446—2009 色漆和清漆用漆基 异氰酸酯树脂中二异氰酸酯单体的测定	GB/T 21776—2008 粉末涂料及其涂层的检测标准指南

（续表）

涂料标准——有害物质检测方法	
GB/T 21866—2008 抗菌涂料（漆膜）抗菌性测定法和抗菌效果	GB/T 23984—2009 色漆和清漆 低 VOC 乳胶漆中挥发性有机化合物（罐内 VOC）含量的测定
GB/T 23985—2009 色漆和清漆 挥发性有机化合物（VOC）含量的测定 差值法	GB/T 23986—2009 色漆和清漆 挥发性有机化合物（VOC）含量的测定 气相色谱法
GB/T 23991—2009 涂料中可溶性有害元素含量的测定	GB/T 23992—2009 涂料中氯代烃含量的测定 气相色谱法
GB/T 23993—2009 水性涂料中甲醛含量的测定 乙酰丙酮分光光度法	GB/T 25267—2010 涂料中滴滴涕（DDT）含量的测定
GB/T 25471—2010 电磁屏蔽涂料的屏蔽效能测量方法	GB/T 28606—2012 涂料中全氟辛酸及其盐的测定 高效液相色谱—串联质谱法
GB/T 30646—2014 涂料中邻苯二甲酸酯含量的测定 气相色谱/质谱联用法	GB/T 30647—2014 涂料中有害元素总含量的测定
GB/T 31414—2015 水性涂料 表面活性剂的测定 烷基酚聚氧乙烯醚	GB/T 9758.1—1988 色漆和清漆“可溶性”金属含量的测定 第一部分：铅含量的测定 火焰原子吸收光谱法和双硫腙分光光度法
GB/T 9758.2—1988 色漆和清漆“可溶性”金属含量的测定 第二部分：锑含量的测定 火焰原子吸收光谱法和若丹明 B 分光光度法	GB/T 9758.3—1988 色漆和清漆“可溶性”金属含量的测定 第三部分：钡含量的测定 火焰原子发射光谱法
GB/T 9758.4—1988 色漆和清漆“可溶性”金属含量的测定 第四部分：镉含量的测定 火焰原子吸收光谱法和极谱法	GB/T 9758.5—1988 色漆和清漆“可溶性”金属含量的测定 第五部分：液体色漆的颜料部分或粉末状色漆中六价铬含量的测定 二苯卡巴肼分光光度法
GB/T 9758.6—1988 色漆和清漆“可溶性”金属含量的测定 第六部分：色漆的液体部分中铬总含量的测定 火焰原子吸收光谱法	GB/T 9758.7—1988 色漆和清漆“可溶性”金属含量的测定 第七部分：色漆的颜料部分和水可稀释漆的液体部分的汞含量的测定 无焰原子吸光谱法
HG/T 4963.1—2016 涂料印花色浆产品中有害物质的测定 第 1 部分：23 种有害芳香胺的测定 气相色谱—质谱法	HG/T 4963.2—2016 涂料印花色浆产品中有害物质的测定 第 2 部分：4—氨基偶氮苯的测定 气相色谱—质谱法
HG/T 4963.3—2016 涂料印花色浆产品中有害物质的测定 第 3 部分：甲醛的测定	HS/T 40—2013 涂料中甲苯、丙酮和丁酮的含量测定 顶空气相色谱—质谱联用法
SN/T 1545—2005（2009）进出口溶剂型涂料中苯系物和游离二异氰酸酯类单体的同时测定方法 气相色谱法	SN/T 1802—2014 室内涂料中乙二醇醚及其酯类的测定 气相色谱法
SN/T 1877.6—2009 涂料、油墨及其制品中多环芳烃的测定	SN/T 2186—2008（2012）涂料中可溶性铅、镉、铬和汞的测定 电感耦合等离子体原子发射光谱法
SN/T 2187—2008（2012）进出口涂料中苯、甲苯、二甲苯和甲苯二异氰酸酯的测定 衍生反应—气相色谱法	SN/T 2188—2011 进出口涂料中有机锡的测定 气相色谱/质谱法

（续表）

涂料标准——有害物质检测方法	
SN/T 2251—2009（2013）溶剂型涂料中苯、甲苯、二甲苯和甲苯二异氰酸酯的测定 顶空 GC—MS 法	SN/T 2935—2011 进出口溶剂型涂料中苯、甲苯、二甲苯和邻苯二甲酸酯的测定 气相色谱法
SN/T 2936—2011 进出口水性涂料中酚类防霉剂的测定 高效液相色谱法	SN/T 3010—2011（2015）涂料中汞含量的测定 固液进样直接测汞法
SN/T 3105—2012 进出口水性涂料中邻苯二甲酸酯的测定 高效液相色谱法	SN/T 3114—2012 黏合剂、油墨、涂料配制品中六种邻苯二甲酸酯的测定 气质联用法
SN/T 3366—2012 室内装饰装修用涂料中可溶性汞、砷、硒、锑的测定 原子荧光光谱法	SN/T 3377—2012 色漆中铅含量的测定 能量色散 X 射线荧光光谱半定量筛选法
SN/T 3546—2013 食品接触材料 金属材料 食品容器内壁环氧树脂涂料中游离甲醛的测定 液相色谱法	SN/T 3694.7—2014 进出口工业品中全氟烷基化合物测定 第 7 部分：油漆和涂料 液相色谱—串联质谱法
SN/T 3998—2014 涂料中六溴环十二烷的测定 气相色谱—质谱法	SN/T 4118—2015 油漆和涂料中短链氯化石蜡含量的测定
SN/T 4182—2015 进口环氧树脂涂料中环氧丙烷及环氧氯丙烷单体的测定 顶空—气相色谱法	SN/T 4379—2015 涂料产品中三氯苯的测定 气相色谱—质谱法
SN/T 4573—2016 涂料、油墨、胶粘剂中二乙二醇二甲醚的测定 气相色谱—质谱法	SN/T 4574—2016 涂料、油墨中 2，4—二硝基甲苯的测定 气相色谱—质谱法

表 2.2～2.9 列出了 ISO/IEC 国际标准、日本、欧盟、英国、法国、德国、加拿大、美国的部分涂料标准，分为性能技术要求和有害物质检测方法两部分。其中，未列出等同采用了 ISO 或 EN 的欧盟、英国、法国、德国标准。

表 2.2 涂料相关的 ISO/IEC 国际标准

涂料标准——性能技术要求	
ISO 4618—2014	Paints and varnishes—Terms and definitions
IEC 61086—1—2004	Coatings for loaded printed wire boards (conformal coatings) Part 1: Definitions, classification and general requirements Revêtements appliqués sur les cartes de cablage imprimées (revêtements enrobants) Partie 1: Définitions, classification et exig
IEC 61086—3—1—2004	Coatings for loaded printed wire boards (conformal coatings) Part 3—1: Specifications for individual materials Coatings for general purpose (Class 1), high reliability (Class 2) and aerospace (Class 3) Revêtements appliqués sur les cartes de cablage
涂料标准——有害物质测定方法	
ISO 11890—1—2007	Paints and varnishes — Determination of volatile organic compound (VOC) content—Part 1: Difference method
ISO 11890—2—2013	Paints and varnishes — Determination of volatile organic compound (VOC) content—Part 2: Gas—chromatographic method
ISO 15234—1999	Paints and varnishes — Testing of formaldehyde — emitting coatings and melamine foams — Determination of the steady — state concentration of formaldehyde in a small test chamber

（续表）

涂料标准——有害物质测定方法	
ISO 16000—9—2006	Indoor air—Part 9：Determination of the emission of volatile organic compounds from building products and furnishing—Emission test chamber method
ISO 16000—10—2006	Indoor air — Part 10：Determination of the emission of volatile organic compounds from building products and furnishing—Emission test cell method ampling，storage of samples and preparation of test specimens
ISO 16691—2014	Space systems—Thermal control coatings for spacecraft—General requirements
ISO 17895—2005	Paints and varnishes—Determination of the volatile organic compound content of low—VOC emulsion paints (in—can VOC)
ISO 27830—2008	Metallic and other inorganic coatings—Guidelines for specifying metallic and inorganic coatings
ISO 3856—1—1984	Paints and varnishes—Determination of " soluble" metal content—Part 1：Determination of lead content—Flame atomic absorption spectrometric method and dithizone spectrophotometric method
ISO 3856—2—1984	Paints and varnishes—Determination of " soluble" metal content—Part 2：Determination of antimony content—Flame atomic absorption spectrometric method and Rhodamine B spectrophotometric method
ISO 3856—3—1984	Paints and varnishes—Determination of " soluble" metal content—Part 3：Determination of barium content—Flame atomic emission spectrometric method
ISO 3856—4—1984	Paints and varnishes—Determination of " soluble" metal content—Part 4：Determination of cadmium content—Flame atomic absorption spectrometric method and polarographic method
ISO 3856—5—1984	Paints and varnishes—Determination of " soluble" metal content—Part 5：Determination of hexavalent chromium content of the pigment portion of the liquid paint or the paint in powder form—Diphenylcarbazide spectrophotometric method
ISO 3856—6—1984	Paints and varnishes—Determination of " soluble" metal content—Part 6：Determination of total chromium content of the liquid portion of the paint—Flame atomic absorption spectrometric method
ISO 3856—7—1984	Paints and varnishes—Determination of " soluble" metal content—Part 7：Determination of mercury content of the pigment portion of the paint and of the liquid portion of water—dilutable paints—Flameless atomic absorption spectromet
ISO 6503—1984	Paints and varnishes—Determination of total lead—Flame atomic absorption spectrometric method
ISO 7252—1984	Paints and varnishes—Determination of total mercury—Flameless atomic absorption spectrometric method

表 2.3　日本涂料标准

涂料标准——性能技术要求	
JIS A6909－2014 Coating materials for textured finishes of buildings 建筑用末道涂料	JIS A6916－2014 Surface preparation materials for finishing 建筑用基底涂料
JIS A6021－2011 Liquid－applied compounds for waterproofing membrane coating of buildings 建筑用涂膜防水材料	JIS C2161－2010 Test methods of coating powders for electrical insulation 电器绝缘用粉末涂料的试验方法
JIS C2351－2013 Varnishes for enameled wires 漆包线用清漆	JIS K5492－2003 Aluminium paint 铝漆
JIS K5500－2000 Glossary of terms for coating materials 涂料术语	JIS K5511－2003 Ready mixed paints 油性调和漆
JIS K5516－2003 Ready mixed paints（Synthetic resin type）合成树脂调和漆	JIS K5551－2008 Heavy－duty anticorrosive paints for metal structures 金属构件重防腐蚀涂料
JIS K5553－2002 High build type Zinc rich paint 厚膜型富锌漆	JIS K5562－2003 Phthalic resin varnish 邻苯二甲酸树脂清漆
JIS K5591－2003 Oleoresinous undercoats 油性系列基底涂料	JIS K5621－2008 Anticorrosive paints for general use 一般用防锈漆
JIS K5651－2002 Aminoalkyd resin paint 氨基醇酸树脂涂料	JIS K5658－2010 Long durable top coats for constructions 建筑用耐候性上涂层涂料
JIS K5659－2008 Long durable paints for steel structures 钢结构件耐用涂料	JIS K5623－2002 Lead suboxide anticorrosive paint 一氧化二铅防锈漆
JIS K5625－2002 Lead cyanamide anticorrosive paint 氨基氰铅防锈漆	JIS K5629－2002 Calcium plumbate anticorrosive paint 铅酸钙防锈漆
JIS K5633－2002 Etching primer 含磷酸涂料	JIS K5660－2008 Synthetic resin emulsion paints，glossy type 带光泽的合成树脂乳胶漆
JIS K5663－2003 Synthetic resin emulsion paints 合成树脂乳胶漆	JIS K5663－2003 AMD. 1－2008 Synthetic resin emulsion paints & Sealer 合成树脂乳胶漆及检验
JIS K5665－2016 Traffic paint 路面标志用涂料	JIS K5667－2003 Multicolor paints 彩色花纹涂料
JIS K5668－2003 Textured paints（synthetic resin emulsion type）乳胶型合成树脂花纹涂料	JIS K5668－2003 AMD. 1－2008 Textured paints（Synthetic resin emulsion type）（Amendment 1）
JIS K5670－2003 Non aqueous dispersion acrylic paint 非水分散型的丙烯酸涂料	JIS K5670－2003 AMD. 1－2008 Non aqueous dispersion acrylic paint（Amendment 1）非水分散型的丙烯酸涂料
JIS K5674－2008 Lead－free，chromium－free anticorrosive paints 铅铬防腐油漆	JIS K5960－2003 Household paint for interior wall 家用室内墙面涂料
JIS K5961－2003 Household varnish for interior wooden floor 家用室内木地板涂料	JIS K5962－2003 Household paint for wood and metal 家用木材及金属结构涂料
JIS K5970－2003 Interior floor coating 室内地板用涂料	JIS K5970－2003 AMD. 1－2008 Interior floor coating（Amendment 1）室内地板用涂料

（续表）

涂料标准——有害物质检测方法	
JIS K5601—2—4—1999	Testing methods for paint components — Part 2：Component analysis in solvent soluble matter—Section 4：Alkyd resin
JIS K5601—3—1—1999	Testing methods for paint components — Part 3：Component analysis in solvent insoluble matter—Section 1：Total leads（Flame atomic absorption spectrometric method）
JIS K5601—4—1—2012	Testing methods for paint components—Part 4：Analysis for components emitted from film—Section 1：Formaldehyde
JIS K5601—4—2—2008	Testing methods for paint components—Part 4：Analysis for components emitted from film—Section 2：Volatile organic compounds
JIS K5601—5—1—2006	Testing methods for paint components—Part 5：Determination of volatile organic compound （VOC） content in paints — Section 1：Gas — chromatographic method
JIS K5601—5—2—2008	Testing methods for paint components—Part 5：Determination of volatile organic compound（VOC）content in paints—Section 2：Water—based paints（Multiple standard addition method）

表 2.4　欧盟涂料标准

涂料标准——性能技术要求	
EN 1062—1—2004	Paints and varnishes—Coating materials and coating systems for exterior masonry and concrete—Part 1：Classification
EN 12206—1—2004	Paints and varnishes — Coating of aluminium and aluminium alloys for architectural purposes—Part 1：Coatings prepared from coating powder
EN 13300—2001	Paints and Varnishes — Water — Borne Coating Materials and Coating Systems for Interior Walls and Ceilings—Classification
EN 13438—2013	Paints and varnishes—Powder organic coatings for hot dip galvanised or sherardised steel products for construction purposes
EN 15060—2006	Paints and varnishes—Guide for the classification and selection of coating systems for wood based materials in furniture for interior use
EN 16623—2015	Paints and varnishes — Reactive coatings for fire protection of metallic substrates—Definitions，requirements，characteristics and marking
EN 2434—001—2010	Aerospace series — Paints and varnishes — Two component cold curing polyurethane finish—Part 001：Basic requirements
EN 2434—002—2010	Aerospace series — Paints and varnishes — Two component cold curing polyurethane finish—Part 002：High chemical resistance
EN 2434—003—2010	Aerospace series — Paints and varnishes — Two component cold curing polyurethane finish—Part 003：Flexible and high fluid resistance for interior
EN 2434—004—2010	Aerospace series — Paints and varnishes — Two component cold curing polyurethane finish— Part 004：High flexibility

（续表）

涂料标准——性能技术要求	
EN 2434—005—2006	Aerospace series — Paints and varnishes — Two component cold curing polyurethane finish — Part 005：High flexibility and chemical agent resistance for military application
EN 2435—001—2006	Aerospace series—Paints and varnishes—Corrosion resistant chromated two component cold curing primer—Part 001：Minimum requirements
EN 2435—002—2006	Aerospace series—Paints and varnishes—Corrosion resistant chromated two component cold curing primer—Part 002：High corrosion resistance
EN 2435—003—2006	Aerospace series—Paints and varnishes—Corrosion resistant chromated two component cold curing primer — Part 003：High corrosion and fluid resistance
EN 2435—004—2006	Aerospace series—Paints and varnishes—Corrosion resistant chromated two component cold curing primer — Part 004：High corrosion and fluid resistance with surface preparation tolerance
EN 2435—005—2006	Aerospace series—Paints and varnishes—Corrosion resistant chromated two component cold curing primer — Part 005：High corrosion resistance for military application
EN 2436—001—2006	Aerospace series — Paints and varnishes — Corrosion resistant chromate—free two component cold curing primer—Part 001：Basic requirements
EN 2436—002—2006	Aerospace series — Paints and varnishes — Corrosion resistant chromate—free two component cold curing primer — Part 002：High corrosion resistance
EN 2436—003—2006	Aerospace series — Paints and varnishes — Corrosion resistant chromate—free two component cold curing primer—Part 003：High corrosion and fluid resistance
EN 2436—004—2006	Aerospace series — Paints and varnishes — Corrosion resistant chromate—free two component cold curing primer—Part 004：High corrosion and fluid resistance with surface preparation tolerance
EN 2436—005—2006	Aerospace series — Paints and varnishes — Corrosion resistant chromate—free two component cold curing primer — Part 005：For exterior use with surface preparation tolerance
EN 2436—006—2006	Aerospace series — Paints and varnishes — Corrosion resistant chromate—free two component cold curing epoxy primer — Part 006：High corrosion resistance for military application
EN 3840—2007	Aerospace series—Paints and varnishes—Technical specification
EN 4406—2006	Aerospace series — Paints and varnishes — Two component cold curing polyurethane coating—Abrasion resistant
EN 4476—2011	Aerospace series—Paints and varnishes—Cold curing intermediate coat
EN 4588—2007	Aerospace series — Paints and varnishes — Two component，cold curing polyurethane paint，anti slip

（续表）

涂料标准——性能技术要求	
EN 4687—2012	Aerospace series — Paints and varnishes — Chromate free non corrosion inhibiting two components cold curing primer for military application
EN 60464—1—2006	Varnishes used for electrical insulation Part — 1：Definitions and general requirements（Incorporates Amendment A1：2006）
EN 60464—3—1—2001	Varnishes Used for Electrical Insulation Part 3：Specifications for Individual Materials Sheet 1：Ambient Curing Finishing Varnishes（Incorporates Amendment A1：2006）
EN 60464—3—2—2001	Varnishes Used for Electrical Insulation Part 3：Specifications for Individual Materials Sheet 2：Hot Curing Impregnating Varnishes（Incorporates Amendment A1：2006）
EN 61086—1—1994	Coatings for loaded printed wire boards（conformal coatings）Part 1：Definitions，classification and general requirements
EN 61086—3—1—2004	Coatings for loaded printed wire boards（conformal coatings）Part 3—1：Specifications for individual materials—Coatings for general purpose（Class 1），high reliability（Class 2）and aerospace（Class 3）
EN 927—1—2013	Paints and varnishes — Coating materials and coating systems for exterior wood—Part 1：Classification and selection
EN 927—2—2014	Paints and varnishes — Coating materials and coating systems for exterior wood—Part 2：Performance specification
涂料标准——有害物质测定方法	
EN 16105—2011	Paints and varnishes — Laboratory method for determination of release of substances from coatings in intermittent contact with water
EN 16402—2013	Paints and varnishes—Assessment of emissions of substances from coatings into indoor air—Sampling，conditioning and testing

表 2.5　英国涂料标准

涂料标准——性能技术要求	
BS 2X 35—2003+A1—2015	Selectively removable intermediate coating for aerospace purposes
涂料标准——有害物质测定方法	
BS 6534—1984（R2014）	Method for quantitative determination of lead in tin coatings

表 2.6　法国涂料标准

涂料标准——性能技术要求	
NF L16—006—001—2006	Aerospace series—Paints and varnishes—Corrosion resistant chromated two component cold curing primer—Part 001 ：minimum requirements
NF L16—007—001—2006	Aerospace series—Paints and varnishes—Corrosion resistant chromate — free two component cold curing primer — Part 001 ：basic requirements

（续表）

涂料标准——性能技术要求	
NF L16—013—001—2012	Aerospace series — Paints and varnishes — Two component cold curing polyurethane finish—Part 001 ：basic requirements
NF T30—090—2002	Paints and varnishes — Water — borne coating materials and coating systems for interior walls and ceilings - Classification
NF T30—904—1988（R2008）	Paints and varnishes. Paints for nuclear industry. Technical data sheet model
NF T34—201—1—2013	Paints and varnishes — Coating materials and coating systems for exterior wood—Part 1 ：classification and selection
NF T34—202—1996（R2011）	Paints and varnishes. Coating systems for wood surfaces. Lasures. Specifications
NF T34—203—2006	Paints and varnishes — Guide for the classification and selection of coating systems for wood based materials in furniture for interior use
NF T34—551—1995（R2010）	Paints and varnishes. Corrosion protection of steel structures by protective paints systems. Definition and preparation of test panels
NF T34—555—1—1998	Paints and varnishes. Corrosion protection of steel structures by protective paint systems. Part 1 ：general introduction
NF T34—721—1—2004	Paints and varnishes — Coating materials and coating systems for exterior masonry and concrete—Part 1 ：classification
NF T34—722—2015	Paints and varnishes—Coating material and coating systems for exterior masonry and concrete—Fade coatings classification
NF T36—001—2014	Paints and varnishes—Terms and definitions
NF T36—005—2010	Paints and varnishes—Characterization of coating materials
FD T30—807—2015	Paints and varnishes — Paints for building — Data sheet of coating material
FD T30—808—2015	Paints and varnishes for civil engineering and building activities. Guide relating to paint products and systems for facades. Mineral coatings, organic coatings
涂料标准——有害物质测定方法	
NF T30—201—1981（R2011）	Paints and varnishes. Determination of total lead. Flame atomic absorption method
NF T30—211—1981（R2011）	Paints and varnishes. Determination of soluble metal. Preparation of soluble lead content
NF T30—213—1981（R2011）	Paints and varnishes. Determination of soluble metal content. Determination of soluble barium content
NF T30—214—1981（R2011）	Paints and varnishes. Determination of " soluble " metal content. Determination of hexavalent chrome content in powder paint substance
NF T30—215—1981（R2011）	Paints and varnishes. Determination of " soluble " metal content. Determination of total chrome content in liquid fraction of paint

（续表）

涂料标准——有害物质测定方法	
NF T30—216—1981（R2011）	Paints and varnishes. Determination of " soluble" metal content. Determination of soluble cadmium content. Flame atomic absorption spectroscopic and polarographic methods
NF T30—218—1984	Paints and varnishes. Determination of " soluble" mercury content. Flameless atomic absorption spectrometric met
NF T30—219—1984	Paints and varnishes. Determination of the " soluble" arsenic content. Atomic absorption spectrometric method and silver diethyldithiocarbamate met
NF T30—225—1983（R2008）	Paints and varnishes. Determination of soluble metal content. Determination of water soluble chromium (vi)
NF T30—230—1985（R2010）	Paints and varnishes. Determination of chlorine content. Oxydative alkaline fusion method
NF T30—300—2006	Paints and varnishes—Determination of the volatile organic compound content of low—VOC emulsion paints (in—can VOC)
NF T30—407—1—2007	Paints and varnishes — Determination of volatile organic compound (VOC) content—Part 1 ; difference method
NF T30—707—2011	Paints and varnishes—Testing of formaldehyde—emitting coatings and melamine foams—Determination of the steady—state concentration of formaldehyde in a small test chamber

表 2.7 德国涂料标准

涂料标准——性能技术要求	
DIN 55945—2016	Paints and varnishes — Additional terms and definitions to DIN EN ISO 4618
DIN 55900—2—2002	Coatings for radiators — Part 2: Terms, requirements and tests for finishing paints and industrially applied finishing coats
DIN 55991—1—2016	Paints and varnishes — Coatings for nuclear facilities — Part 1: Requirements and test methods
DIN EN ISO 4617—2000	Paints and varnishes—List of equivalent terms (ISO 4617: 2000); German version EN ISO 4617: 2000
DIN WL 5.7030—1—1984	Two — component polyurethane conductive varnish (antistatic varnish), liquid
DIN WL 5.7030—2—1984	Two — component polyurethane conductive varnish (antistatic varnish), processed
DIN WL 5.7043—1—1992	Coating varnish for stiffening dope systems, liquid; inactive for new design
DIN WL 5.7043—2—1992	Coating varnish for stiffening dope systems, processed; inactive for new design
DIN WL 5.7084—1—1993	Silicone varnish, heat—resistant, liquid; inactive for new design
DIN WL 5.7084—2—1993	Silicone varnish, heat—resistant, processed; inactive for new design

（续表）

涂料标准——性能技术要求	
DIN WL 5.7090—1—1993	Molybdenum disulphide dry lubricants varnish, stove—drying, liquid; inactive for new design
DIN WL 5.7090—2—1993	Molybdenum disulphide dry lubricants varnish, stove — drying, processed; inactive for new design
DIN WL 5.7091—1—1977	Molybdenum disulphide dry lubricants varnish, air—drying, liquid
DIN WL 5.7091—2—1977	Molybdenum disulphide dry lubricants varnish, air—drying, processed
DIN WL 5.7100—1—1977	Finishing varnish, elastic, liquid
DIN WL 5.7100—2—1977	Finishing varnish, elastic, processed
DIN WL 5.7101—1—1993	Sighting varnish, liquid; inactive for new design
DIN WL 5.7101—2—1993	Sighting varnish, processed; inactive for new design
DIN WL 5.7130—1990	Aerospace; two—component polyurethane clear varnish, acrylate resin/isocyanate base

表 2.8　加拿大涂料标准

涂料标准——性能技术要求	
CSA Z245.20 SERIES—14—2014	Plant—applied external coatings for steel pipe (Second Edition: Update No. 1: March 2015; Update No. 2: November 2015 and Update No. 3: May 2016)
CSA Z245.30—14—2014	Field — applied external coatings for steel pipeline systems (First Edition; Erta: February 2015)

表 2.9　美国涂料标准

涂料标准——性能技术要求	
ASTM D16—2016	Standard Terminology for Paint, Related Coatings, Materials, and Applications
ASTM D360—2012	Standard Specification for Shellac Varnishes
ASTM D3955—2013	Standard Specification for Electrical Insulating Varnishes
ASTM E2924—2014	Standard Practice for Intumescent Coatings
涂料标准——有害物质测定方法	
ASTM D154—1985 (2009)	Standard Guide for Testing Varnishes
ASTM D3451—2006 (2012)	Standard Guide for Testing Coating Powders and Powder Coatings
ASTM D3794—2016	Standard Guide for Testing Coil Coatings
ASTM D5146—2010	Standard Guide to Testing Solvent—Borne Architectural Coatings
ASTM D5324—2010	Standard Guide for Testing Water—Borne Architectural Coatings
ASTM D2369—2010(2015)e1	Standard Test Method for Volatile Content of Coatings
ASTM D2832—1992 (2016)	Standard Guide for Determining Volatile and Nonvolatile Content of Paint and Related Coatings

（续表）

涂料标准——性能技术要求	
ASTM D3335－1985a（2014）	Standard Test Method for Low Concentrations of Lead，Cadmium，and Cobalt in Paint by Atomic Absorption Spectroscopy
ASTM D3618－2005（2015）	Standard Test Method for Detection of Lead in Paint and Dried Paint Films
ASTM D3624－1985a（2015）	Standard Test Method for Low Concentrations of Mercury in Paint by Atomic Absorption Spectroscopy
ASTM D3717－1985a（2015）	Standard Test Method for Low Concentrations of Antimony in Paint by Atomic Absorption Spectroscopy
ASTM D3718－1985a（2015）	Standard Test Method for Low Concentrations of Chromium in Paint by Atomic Absorption Spectroscopy
ASTM D3960－2005（2013）	0Standard Practice for Determining Volatile Organic Compound (VOC)；Content of Paints and Related Coatings
ASTM D4209－2007（2013）	Standard Practice for Determining Volatile and Nonvolatile Content of Cellulosics，Emulsions，Resin Solutions，Shellac，and Varnishes
ASTM D4457－2002（2014）	Standard Test Method for Determination of Dichloromethane and 1，1，1－Trichloroethane in Paints and Coatings by Direct Injection into a Gas Chromatograph
ASTM D4834－2003（2014）	Standard Test Method for Detection of Lead in Paint by Direct Aspiration Atomic Absorption Spectroscopy
ASTM D5200－2003（2014）	Standard Test Method for Determination of Weight Percent Volatile Content of Solvent－Borne Paints in Aerosol Cans
ASTM D5325－2003（2014）	Standard Test Method for Determination of Weight Percent Volatile Content of Water－Borne Aerosol Paints
ASTM D5403－1993（2013）	Standard Test Methods for Volatile Content of Radiation Curable Materials
ASTM D6053－2014	Standard Test Method for Determination of Volatile Organic Compound (VOC)；Content of Electrical Insulating Varnishes
ASTM D6133－2002（2014）	Standard Test Method for Acetone，p－Chlorobenzotrifluoride，Methyl Acetate or t－Butyl Acetate Content of Solventborne and Waterborne Paints，Coatings，Resins，and Raw Materials by Direct Injection Into a Gas Chromatograph
ASTM D6191－1997（2014）	Standard Test Method for Measurement of Evolved Formaldehyde from Water Reducible Air－Dry Coatings
ASTM D6438－2005（2015）	Standard Test Method for Acetone，Methyl Acetate，and Parachlorobenzotrifluoride Content of Paints，and Coatings by Solid Phase Microextraction－Gas Chromatography
ASTM D6803－2013	Standard Practice for Testing and Sampling of Volatile Organic Compounds (Including Carbonyl Compounds) Emitted from Paint Using Small Environmental Chambers
ASTM D6886－2014e1	Standard Test Method for Determination of the Weight Percent Individual Volatile Organic Compounds in Waterborne Air－Dry Coatings by Gas Chromatography

（续表）

涂料标准——性能技术要求	
ASTM D6902－2004（2011）	Standard Test Method for Laboratory Measurement of Formaldehyde Evolved During the Curing of Melamine － Formaldehyde － Based Coatings
ASTM D7768－2012	Standard Test Method for Speciated Organic Volatile Content of Waterborne Multi－Component Coatings by Gas Chromatography
ASTM F2853－2010（2015）	Standard Test Method for Determination of Lead in Paint Layers and Similar Coatings or in Substrates and Homogenous Materials by Energy Dispersive X－Ray Fluorescence Spectrometry Using Multiple Monochromatic Excitation Beams
ASTM F3078－2015	Standard Test Method for Identification and Quantification of Lead in Paint and Similar Coating Materials using Energy Dispersive X－ray Fluorescence Spectrometry（EDXRF）
ASTM F963－2016	Standard Consumer Safety Specification for Toy Safety

2.2 各国涂料相关政策法规

2.2.1 我国与涂料相关的政策法规[1－3]

（1）中华人民共和国国家质量监督检验检疫总局、中华人民共和国对外贸易经济合作部、中华人民共和国海关总署联合公告（2001 年 第 14 号），为保证进口石材和涂料等建筑材料的质量，保障我国人民健康，根据《中华人民共和国进出口商品检验法》的规定，自 2002 年 1 月 1 日起，对进口石材、涂料大类商品（ HS 编码见附件）实施法定检验，海关凭出入境检验检疫机构出具的《入境货物通关单》验放；该类商品的环境控制要求必须符合国家标准《民用建筑工程室内污染环境控制规范》和国家标准《室内建筑装饰材料有害物质限量》中相关材料的有害物质的限量规定；经检验不符合国家有关限量规定的，不得销售和使用。

（2）国十条 国务院于 2013 年发文《国务院关于印发大气污染防治行动计划的通知》，明确提出要推进挥发性有机物污染治理，在石化、有机化工、表面涂装、包装印刷等行业实施挥发性有机物综合整治，完善涂料、胶黏剂等产品挥发性有机物限值标准，推广使用水性涂料，鼓励生产、销售和使用低毒、低挥发性有机溶剂。

（3）产业结构调整指导目录 国家发改委于 2013 年修正并公布的《产业结构调整指导目录（2011 年版）》分为鼓励类、限制类和淘汰三类。《目录》中规定的鼓励类涂料行业主要为采用水性涂料为主的工业、船舶涂料，功能性外墙保温涂料、辐射固化涂料等等限制类的涂料主要是指大部分的溶剂型涂料；而淘汰类的涂料则为改性淀粉、改性纤维、焦油型聚氨酯防水、水性聚氯乙烯焦油防水等涂料，以及在木器、玩具或汽车等行业中使用的有害物质超标准的溶剂型涂料。

（4）环境保护综合名录 国家环保部于 2014 年公布了《环境保护综合名录》，在名录中显示了近 50 种与涂料行业紧密相关的产品，并且针对其中能够产生 VOC 的 14 种产品进行明确，包括含有乙二醇醚和醚酯的聚酯树脂涂料、VOC 含量高于 75％的硝基纤维素涂料、热塑性丙烯酸涂料和氯化树脂涂料、挥发性过氯乙烯涂料、用于高 VOC 塑料制品的热塑性涂料等。

（5）增加涂料行业消费税 国家财政部和税务总局于 2015 年初签发了《关于对电池、涂料征收消费税的通知》，在《通知》中明确规定从 2015 年 2 月开始全面对涂料行业征收消费税，适用税率为 4%，而在生产作业中产生的挥发性有机物即 VOC 含量不超过 420 g/L的涂料则可以不必上缴消费税。

（6）征收排污费 2015 年 6 月，国家发布《挥发性有机物排污收费试点办法》规定自 2015 年 10 月 1 日起征收 VOC 排污费，从北京、安徽的石油化工、包装印刷等行业开始实施并逐步推向全国。

（7）提高低（无）VOC 涂料比例。工信部和财政部于 2016 年 7 月联合发文《工业和信息化部财政部关于印发重点行业挥发性有机物削减行动计划的通知》，宣布为贯彻落实《中国制造 2025》和《大气污染防治行动计划》，编制《重点行业挥发性有机物削减行动计划》，目标之一为到 2018 年低（无）VOC 涂料产品比例要达到 60%。

（9）在国家紧锣密鼓的推行一系列基于涂料行业 VOC 污染排放控制的政策法规之下，各地方也加快了地方法律法规的制定。例如北京《北京市工业污染行业、生产工艺调整退出及设备淘汰目录》，深圳《建筑装饰装修涂料与胶黏剂的 VOC 等有害物质限量》、天津《工业企业挥发性有机物排放控制标准》、上海《汽车制造业（涂装）大气污染物排放标准》等。

（10）中国香港特区《空气污染管制（挥发性有机化合物）规例》（2007 年 4 月 1 日生效）：管制 51 种建筑漆料（涂料）、7 种印墨、6 个大类消费品（喷发胶、空气清新剂、地蜡清洗剂、多用途润滑剂、除虫剂、喷雾驱虫剂）。

2.2.2　国外与涂料相关的法规条例

2.2.2.1　欧洲[4−7]

欧盟颁布了 1999/13/EC 指令：关于限制特定活动及工作场所使用有机溶剂产生挥发性有机物排放量的指令，即溶剂释放标准，2004 年对其进行了修订，即 2004/42/EC 指令，规定了某些清漆和色漆以及汽车修补涂料产品中 VOC 的总含量，比之前的允许值低了很多。2002/231/EC 生态设计标签——鞋类（1999/179/EC 修正版）：在油漆包装上加强制性标签表明挥发性有机物的逸散量。2009/543/EC、2009/544/EC 指令：是关于室外/室内用色漆和清漆为获得欧盟生态标签的生态标准，对 VOC 限量做了不同要求。此外，欧洲涂料、印刷油墨、颜料工业协会下发的关于装饰性涂料中挥发性有机化合物的指导书中也做了 VOC 限量要求。欧盟的《关于化学品注册、评估、授权和限制法规》（即 REACH 法规）对黏合剂或喷漆等产品中部分有害挥发性有机物的限量进行了规定。2009 年，欧盟玩具新指令 2009/48/EC 全面取代 88/378/EEC 指令，并于同年 7 月实施，新指令中对可迁移元素的限制从 8 种（锑、砷、钡、镉、铬、铅、汞、硒）增加到了 19 种（铝、硼、钴、铜、锰、镍、锡、锶和锌），在制作玩具过程中广泛使用的邻苯二甲酸二丁酯等 15 种物质被高度关注。与涂料相关的欧共体指令见表 2.10。

表 2.10 欧共体指令

欧共体指令	
EU/EC 2009/543/EC—2008	COMMISSION DECISION establishing the ecological criteria for the award of the Community eco—label to outdoor paints and varnishes
EU/EC 2009/544/EC—2008	COMMISSION DECISION establishing the ecological criteria for the award of the Community eco—label to indoor paints and varnishes
EU/EC 2009/48/EC—2009	DIRECTIVE OF THE EUROPEAN PARLIAMENT AND OF THE COUNCIL on the safety of toys (Text with EEA relevance; Acts adopted under the EC Treaty/Euratom Treaty whose publication is obligatory)
EU/EC 2005/84/EC—2005	DIRECTIVE OF THE EUROPEAN PARLIAMENT AND OF THE COUNCIL amending for the 22nd time Council Directive 76/769/EEC on the approximation of the laws, regulations and administrative provisions of the Member States relating to restrictions on the marketing and use of certain dangerous substances and preparations (phthalates in toys and childcare articles) (Amended by 2005/89/EC)
EU/EC 2005/89/EC—2006	Corrigendum to Directive 2005/84/EC of the European Parliament and of the Council of 14 December 2005 amending for the 22nd time Council Directive 76/769/EEC on the approximation of the laws, regulations and administrative provisions of the Member State
EU/EC COM (2002) 750 FINAL—2002	Proposal for a DIRECTIVE OF THE EUROPEAN PARLIAMENT AND OF THE COUNCIL On the limitation of emissions of volatile organic compounds due to the use of organic solvents in decorative paints and varnishes and vehicle refinishing products and amending Directive 1999/13/EC
EU/EC 2004/42/CE—2004	DIRECTIVE OF THE EUROPEAN PARLIAMENT AND OF THE COUNCIL on the limitation of emissions of volatile organic compounds due to the use of organic solvents in certain paints and varnishes and vehicle refinishing products and amending Directive 1999/13/EC
EU/EC COM (2013) 704 FINAL—2013	REPORT FROM THE COMMISSION TO THE EUROPEAN PARLIAMENT AND THE COUNCIL Report on the implementation of Directive 2004/42/EC of the European Parliament and of the Council on the limitation of emissions of volatile organic compounds due to the use of organic solvents in certain paints and varnishes and vehicle refinishing products and amending Directive 1999/13/EC
EU/EC 1999/10/EC—1998	Commission Decision Establishing the Ecological Criteria for the Award of the Community Eco—Label to Paints and Varnishes ((Amended by 2002/739/EC))
EU/EC 2002/739/EC—2002	Commission Decision Establishing Revised Ecological Criteria for the Award of the Community Eco—Label to Indoor Paints and Varnishes and Amending Decision 1999/10/EC
EU/EC 77/728/EEC—1977	Council Directive on the Approximation of the Laws, Regulations and Administrative Provisions of the Member States Relating to the Classification, Packaging and Labelling of Paints, Varnishes, Printing Inks, Adhesives and Similar Products

（续表）

欧共体指令	
EU/EC 81/916/EEC－1981	Commission Directive Adapting to Technical Progress Council Directive 77/728/EEC on the Approximation of the Laws, Regulations and Administration Provisions of the Member States Relating to the Classification, Packaging and Labelling of Paints, Varnishes, Printing Inks, Adhesives and Similar Products
EU/EC 83/265/EEC－1983	Council Directive Amending Directive 77/728/EEC on the Approximation of the Laws, Regulations and Administrative Provisions of the Member States Relating to the Classification, Packaging and Labelling of Paints, Varnishes, Printing Inks, Adhesives and Similar Products
EU/EC 86/508/EEC－1986	Commission Directive Adapting to Technical Progress for the Second Time Council Directive 77/728/EEC on the Approximation of the Laws, Regulations and Administration Provisions of the Member States Related to the Classification, Packaging and Labeling of Paints, Varnishes, Printing Inks, Adhesives and Similar Products
EU/EC 89/451/EEC－1989	Commission Directive Adapting to Technical Progress for the Third Time Council Directive 77/728/EEC on the Approximation of the Laws, Regulations and Administration Provisions of the Member States Relating to the Classification, Packaging and Labelling of Paints, Varnishes, Printing Inks, Adhesives and Similar Products
EU/EC 96/13/EC－1996	Commission Decision Established the Ecological Criteria for the Award of the Community Eco－Label to Indoor Paints and Varnishes

北欧、丹麦、瑞典、荷兰等地规定，内墙涂料最大 VOC 含量标准为 75 g/L（含水）。

德国 RAL－UZ 102－2000（德国蓝天使环境标志）规定水性内墙涂料 VOC 控制指标为 700 ppm（1.05 g/L）。

2.2.2.2　美国[4,8,9]

1998 年美国国家环保局（EPA）提出了根据 1990 年制定的清洁空气法规(CAA)183(e)章拟定的《建筑涂料挥发性有机化合物释放》国家标准的最终规程，即 40CFR Part59 Subpart D，该法规分别对天线用涂料、防污涂料等 21 类建筑涂料、59 种涂料产品中的 VOC 做了限量要求。在《国家污染源有害空气污染物排放标准》40CFR Part63 Subpart Ⅱ中：限制了油漆、黏合剂、溶剂、木业胶水中挥发性有机物逸散。联邦法规法典16 CFR 1303（铅涂料禁令）规定，玩具及其他儿童用品和家具上的油漆和表面涂层中总铅限量为 600ppm。

美国于 2009 年还发布了 G/TBT/N/USA/458 号通报，以防止大气污染条例 No. 33 的方式控制来自建筑和工业维护涂料的 VOC，限定了 53 种建筑和工业维护涂料的 VOC 含量。2009 年美国 G/TBT/N/USA/439 号通报《禁止含铅涂料和某些具有含铅涂料的消费品最终规则》生效。

美国消费品安全委员会（CPSC）颁布的《2008 年消费品安全改进法案》（CPSIA）对铅限量做出更严格的规定，自 2009 年 8 月 14 日起，儿童产品的可接触非表面涂层材料的铅含量限值，由 600 ppm 下调至 300 ppm；儿童产品、某些家具的表面含铅涂料及涂料中的铅含量限值，从600 ppm减至90 ppm。此外，法案还对玩具和儿童护理品中的六种邻苯二甲酸酯（邻苯二甲酸二辛酯、邻苯二甲酸二丁酯、邻苯二甲酸丁苄酯、邻苯二甲酸二异壬酯、邻苯二甲酸二异癸酯、邻苯二甲酸二正辛酯）进行限制。

1999年生效的《建筑涂料和工业维护涂料管制条例》规定平光建筑涂料、非平光建筑涂料、工业维护涂料的VOC控制指标分别为250、380、450 g/L（扣水）。

GS－11《油漆涂料绿色标识环境标准》，针对色漆和清漆（墙面涂料、防腐涂料、反光涂料、地板漆、底漆和内层漆）制定了严格的环境要求。

2.2.2.3 加拿大[3]

1976年，加拿大颁布了《危险产品（液体涂料）条例》，提出了涂层材料中的铅含量限值。2005年4月进行修订后更名为《表面涂料材料条例》，规定：各种表面涂料中的铅含量不得超过600 mg/kg，否则禁止进口、宣传和销售。与以前的限值5000 mg/kg相比，铅含量限值有大幅下降。

《危险产品法》之表面涂料法规重点对表面涂料、良好实验室操作规范等进行了界定。

建筑涂料挥发性有机物（VOC）浓度限量法规：法规目录第1(2)分项的表中规定了49种建筑涂料挥发性有机化合物限量。除了在法规中确定的例外，法规将适用于制造、进口、提供销售或在加拿大销售的普通建筑物、高性能工业维修和交通标志涂料（涂料、着色剂、油漆等）。

2.2.2.4 日本[10]

日本法律第201号《建筑基准法》对建筑装修材料中的甲醛问题作了规定，将释放甲醛的建筑装修材料分为4类，并严格限制或禁止这些建筑材料在居室内的使用。

日本126V2标准是关于油漆涂料的生态认证标准，对各种油漆涂料中VOC限量做了规定。

《铅化合物的使用法规》，限制含铅涂料的生产、含铅涂膜的处理、防止危害工人卫生。

日本经济贸易和工业部提出修正案《电子及电气设备特定化学物质的含有标示方法》，即日本国内工业标准JISC0950，补充规定相关的6种元素和化学物质铅、镉、汞、六价铬、多溴联苯醚、多溴联苯，其种类与最高浓度限值均与欧盟RoHS指令一致，该法案于2006年生效。

2.2.2.5 其他[4]

韩国法令《电子电器产品和汽车设备资源回收法》于2008年实施，涵盖了欧盟RoHS、WEEE、ELV等指令的所有主要限制内容。

澳大利亚海关第1956章（禁止进口）中规定，玩具涂层上可迁移的铅总量不能超过90 ppm。此规定在澳大利亚全国通用。阿根廷政府曾经公布了有关涂料、油漆和清漆中铅含量限值的最新要求第7/2009号决议。根据决议，从2009年4月19日起，禁止进口、分销或销售非挥发性铅含量超过0.06%（600 ppm）的涂料、油漆和清漆。

2.3 涂料有害物质限量

我国对于涂料中有害物质的限量主要通过国家强制性标准来规定的，其余多为推荐性国家标准或行业标准，而国外主要通过法规、指令进行强制性规定。美国的标准本身不是强制性的，但如果被法规引用，则转为强制性的。

2.3.1　我国涂料有害物质限量

2.3.1.1　强制性国家或行业标准有害物质限量

表 2.11　GB 18581—2009 室内装饰装修材料 溶剂型木器涂料中有害物质限量

项目		限量值				
		聚氨酯类涂料		硝基类涂料	醇酸类涂料	腻子
		面漆	底漆			
VOC/(g/L)(不扣水)		光泽(60°)≥80，580 光泽(60°)<80，670	670	720	500	550
苯/%		0.3				
甲苯、二甲苯、乙苯总和/%		30		30	5	30
游离二异氰酸酯(TDI、HDI)总和/%		0.4		—	—	0.4（聚氨酯类腻子）
甲醇/%		—		0.3	—	0.3（硝基类腻子）
卤代烃/%		0.1				
可溶性重金属（色漆、腻子、醇酸清漆）/(mg/kg)	铅 Pb	90				
	镉 Cd	75				
	铬 Cr	60				
	汞 Hg	60				

注：除重金属以外，其余项目均考虑稀释比例。

表 2.12　GB 18582—2008 室内装饰装修材料 内墙涂料中有害物质限量

项目		限量值	
		水性墙面涂料	水性墙面腻子
VOC		120 g/L（扣水）	15 g/kg
苯、甲苯、二甲苯、乙苯总和/(mg/kg)		300	
游离甲醛/(mg/kg)		100	
可溶性重金属/(mg/kg)	铅 Pb	90	
	镉 Cd	75	
	铬 Cr	60	
	汞 Hg	60	

注：除粉状腻子以外，其余均不考虑稀释比例。粉状腻子的可溶性重金属项目直接测试粉体。

表 2.13　GB 24408—2009 建筑用外墙涂料中有害物质限量

项目		限量值					
		水性外墙涂料		溶剂型外墙涂料（包括底漆和面漆）			
		底漆	面漆	底漆	色漆	清漆	闪光漆
VOC/(g/L)(水性扣水，溶剂型不扣水)		120	150	15 g/kg	680	700	760
苯/%		—			0.3		
甲苯、二甲苯、乙苯总和/%		—			40		
游离甲醛/(mg/kg)		100			—		
游离二异氰酸酯(TDI、HDI)总和(限以异氰酸酯作固化剂的溶剂型外墙涂料)/%		—			0.4		
乙二醇醚及醚酯总和/%		0.03					
重金属(色漆、腻子)/(mg/kg)	铅 Pb	1000					
	镉 Cd	100					
	六价铬 Cr	1000					
	汞 Hg	1000					

注：乙二醇醚及醚酯包括：乙二醇甲醚、乙二醇甲醚醋酸酯、乙二醇乙醚、乙二醇乙醚醋酸酯和二乙二醇丁醚醋酸酯。

除粉状腻子、溶剂型外墙涂料以外，其余均不考虑稀释比例。粉状腻子的重金属项目直接测试粉体。

表 2.14　GB 24409—2009 汽车涂料中有害物质限量

名称			VOCg/L(不扣水)	限用溶剂含量 %	重金属(限色漆) mg/kg
A类涂料品种	热塑型	底漆、中涂、底色漆(效应颜料漆、实色漆)、罩光清漆、本色面漆	770	苯：0.3 甲苯、二甲苯、乙苯总和：40 乙二醇甲醚、乙二醇甲醚醋酸酯、乙二醇乙醚、乙二醇乙醚醋酸酯、二乙二醇丁醚醋酸酯总量：0.03	Pb：1000 Cr^{6+}：1000 Cd：100 Hg：1000
	单组分交联型	底漆	750		
		中涂	550		
		底色漆（效应颜料漆、实色漆）	750		
		罩光清漆、本色清漆	580		
	双组分交联型	底漆、中涂	670		
		底色漆（效应颜料漆、实色漆）	750		
		罩光清漆	560		
		本色面漆	630		
B类涂料品种	水性涂料（含电泳涂料）		—	乙二醇甲醚、乙二醇甲醚醋酸酯、乙二醇乙醚、乙二醇乙醚醋酸酯、二乙二醇丁醚醋酸酯总量：0.03	
	粉末、光固化涂料		—	—	

表 2.15　GB 24410—2009 室内装饰装修材料 水性木器涂料中有害物质限量

项目		限量值	
		涂料	腻子
VOC		300g/L（扣水）	60 g/kg
苯、甲苯、二甲苯、乙苯总和 /（mg/kg）		300	
乙二醇醚及醚酯总和 /%		300	
游离甲醛 /（mg/kg）		100	
重金属（色漆、腻子）/（mg/kg）	铅 Pb	90	
	镉 Cd	75	
	铬 Cr	60	
	汞 Hg	60	

注：乙二醇醚及醚酯包括：乙二醇甲醚、乙二醇甲醚醋酸酯、乙二醇乙醚、乙二醇乙醚醋酸酯和二乙二醇丁醚醋酸酯。

除粉状腻子的重金属项目以外，其余项目均考虑稀释比例。

表 2.16　GB 24613—2009 玩具用涂料中有害物质限量

项目		限量
铅 Pb/（mg/kg）		600
可溶性元素 /（mg/kg）	锑 Sb	60
	砷 As	25
	钡 Ba	1000
	镉 Cd	75
	铬 Cr	60
	铅 Pb	90
	汞 Hg	60
	硒 Se	500
邻苯二甲酸酯含量 /%	邻苯二甲酸二异辛酯（DEHP）、邻苯二甲酸二丁酯（DBP）和邻苯二甲酸丁苄酯（BBP）总和	0.1
	邻苯二甲酸二异壬酯（DINP）、邻苯二甲酸二异癸酯（DIDP）和邻苯二甲酸二辛酯（DNOP）总和	0.1
VOC/（g/L）（不扣水）		720
苯 /%		0.3
甲苯、二甲苯、乙苯总和 /%		30

注：除铅及可溶性元素项目以外，其余项目均考虑稀释比例

表 2.17　GB 30981－2014 建筑钢结构防腐涂料中有害物质限量

A 类涂料品种		VOC/(g/L)(不扣水)	限用溶剂含量 %	重金属(限色漆) mg/kg
预涂底漆	无机类、环氧树脂类	680	苯：1 卤代烃：1 甲醇(限无机类涂料)：1 乙二醇甲醚、乙二醇乙醚总量：1	Pb：1000 Cr^{6+}：1000 Cd：100 Hg：1000
	其他树脂类	700		
底漆	无机类(富锌)	660		
	醇酸树脂类	550		
	氯化橡胶类	620		
	氯化聚烯烃树脂类	700		
	环氧树脂类(富锌)、其他树脂类	650		
	环氧树脂类	580		
联接漆		720		
中间漆	醇酸树脂类	490		
	环氧树脂类、丙烯酸树脂类	550		
	氯化橡胶类	600		
	氯化聚烯烃树脂类	700		
	其他树脂类	500		
面漆	醇酸树脂类	590		
	丙烯酸树脂类	650		
	环氧树脂类	600		
	氯化橡胶类	610		
	氯化聚烯烃树脂类	720		
	聚氨酯树脂类	630		
	氟碳树脂类	700		
	硅氧烷树脂类	390		
	其他树脂类	700		

注：除重金属项目以外，其余项目均考虑稀释比例

表 2.18　GB 4805－1994 食品罐头内壁环氧酚醛涂料

项目	限量值
游离酚/%	3.5

表 2.19　GB 50325－2010 民用建筑工程室内环境污染控制规范

项目	水性		溶剂型				
	水性涂料	水性腻子	醇酸类涂料	硝基类涂料	聚氨酯类涂料	酚醛防锈漆	其他溶剂型涂料
游离甲醛/(mg/kg)	100		—	—	—	—	—
VOC/(g/L)(水性涂料扣水,其他不扣)	—		500	720	670	270	600
苯/%	—		0.3	0.3	0.3	0.3	0.3
甲苯、二甲苯、乙苯总和/%	—		5	30	30	—	30
游离 TDI/(g/kg)	—		—	—	4	—	—

注：均考虑稀释比例。

表 2.20　JC 1066－2008 建筑防水涂料中有害物质限量

项目		水性建筑防水涂料		反应型建筑防水涂料		溶剂型建筑防水涂料
		A 级	B 级	A 级	B 级	B 级
VOC/（g/L）（水性扣水，其他不扣）		80	120	50	200	750
甲醛 /（mg/kg）		100	200	–		–
苯酚 /（mg/kg）		–		200	500	500
蒽 /（mg/kg）		–		10	100	100
萘 /（mg/kg）		–		200	500	500
游离 TDI（限聚氨酯类）/（g/kg）		–		3	7	–
苯 /（mg/kg）		300		200		2000
甲苯、二甲苯、乙苯总和 /（mg/kg）				1000	5000	400
氨 /%		500	1000	–		–
可溶性重金属 /（mg/kg）（反应型和溶剂型的无色、白色、黑色防水涂料不需测定）	铅 Pb	90		90		90
	镉 Cd	–		75		75
	铬 Cr	–		60		60
	汞 Hg	–		60		60

表 2. 21　HJ 2537—2014 环境标志产品技术要求 水性涂料

建筑涂料中有害物质限量

项目	内墙涂料			外墙涂料		腻子
	光泽（60°）≤ 10 面漆	光泽（60°）> 10 面漆	底漆	面漆	底漆	
VOC/（g/L）（扣水）	50	80	50	100	80	10 g/kg
乙二醇醚及其酯总和 /%	–			100		–
游离甲醛 /（mg/kg）	50					
苯、甲苯、二甲苯、乙苯总和 /（mg/kg）	100					
可溶性重金属 /（mg/kg） 铅 Pb	90					
可溶性重金属 /（mg/kg） 镉 Cd	75					
可溶性重金属 /（mg/kg） 铬 Cr	60					
可溶性重金属 /（mg/kg） 汞 Hg	60					

工业涂料中有害物质限量

项目	集装箱涂料		道路标线涂料	防腐涂料	汽车涂料			木器涂料		
	底漆	中涂 / 面漆			底漆	中涂	面漆	清漆	色漆	腻子（粉状、膏状）
VOC/（g/L）（不扣水））	200	150	150	80	75	100	150	80	70	10 g/kg
游离甲醛 /（mg/kg）	100				–			100		
乙二醇醚及其酯总和 /%	100									
苯、甲苯、二甲苯、乙苯总和 /（mg/kg）	100									
卤代烃（以二氯甲烷计）/（mg/kg）	500									
可溶性重金属 /（mg/kg） 铅 Pb	90									
可溶性重金属 /（mg/kg） 镉 Cd	75									
可溶性重金属 /（mg/kg） 铬 Cr	60									
可溶性重金属 /（mg/kg） 汞 Hg	60									

注：乙二醇醚及醚酯包括：乙二醇甲醚、乙二醇甲醚醋酸酯、乙二醇乙醚、乙二醇乙醚醋酸酯和二乙二醇丁醚醋酸酯。

禁止人为添加物质：烷基酚聚氧乙烯醚（APEO）、邻苯二甲酸二异壬酯（DINP）、邻苯二甲酸二正辛酯（DNOP）、邻苯二甲酸二（2-乙基己基）酯（DEHP）、邻苯二甲酸二异癸酯（DIDP）、邻苯二甲酸丁基苄基酯（BBP）、邻苯二甲酸二丁酯（DBP）

表 2.22　HJ 457—2009 环境标志产品技术要求 防水涂料

项 目	挥发固化型防水涂料中有害物限值			反应固化型防水涂料中有害物限值			
	双组分聚合物水泥防水涂料		单组分丙烯酸酯聚合物乳液防水涂料	环氧防水涂料	聚脲防水涂料	聚氨酯防水涂料	
	液料	粉料				单组份	双组份
VOC/(g/L)(挥发固化型扣水，反应固化型不扣水)	10–	–	10	150 50	80	100	
内照射指数	–	0.6	–	–			
外照射指数	–	0.6	–	–			
甲醛 / (mg/kg)	100–	–	100	–			
苯 /g/kg	–			0.5			
苯类溶剂 /g/kg	–			80 50	–	80	
固化剂中 TDI/%	–			–0.5	–	–	0.5
可溶性重金属 / (mg/kg)(除粉料外) 铅 Pb	90						
可溶性重金属 / (mg/kg)(除粉料外) 镉 Cd	75						
可溶性重金属 / (mg/kg)(除粉料外) 铬 Cr	60						
可溶性重金属 / (mg/kg)(除粉料外) 汞 Hg	60						

注：禁止人为添加物质：乙二醇醚及其酯类：乙二醇甲醚、乙二醇甲醚醋酸酯、乙二醇乙醚、乙二醇乙醚醋酸酯、二乙二醇丁醚醋酸酯；邻苯二甲酸酯类：邻苯二甲酸二辛酯（DOP）、邻苯二甲酸二正丁酯（DBP）；二元胺：乙二胺、丙二胺、丁二胺、己二胺；表面活性剂：烷基酚聚氧乙烯醚（APEO）、支链十二烷基苯磺酸钠（ABS）；酮类：三甲基-2-环己烯基-1-酮（异佛尔酮）；有机溶剂：二氯甲烷、二氯乙烷、三氯甲烷、三氯乙烷、四氯化碳、正己烷。

2.3.1.2　推荐性国家或行业标准有害物质限量

表 2.23　GB/T 22374—2008 地坪涂装材料

项目	膨胀型		无溶剂型
	水性	溶剂型	
VOC/(g/L)(水性扣水,其他不扣)	120	500	60
甲醛/(g/kg)	0.1	0.5	0.1
苯/(g/kg)	0.1	1	0.1
甲苯、二甲苯总和/(g/kg)	5	200	10
游离 TDI/(g/kg)	—	2	
可溶性重金属/(mg/kg)(仅测有色地坪材料) 铅 Pb	30	90	30
可溶性重金属/(mg/kg)(仅测有色地坪材料) 镉 Cd	30	50	30
可溶性重金属/(mg/kg)(仅测有色地坪材料) 铬 Cr	30	50	30
可溶性重金属/(mg/kg)(仅测有色地坪材料) 汞 Hg	10	10	10

注：除重金属项目以外，其余项目均考虑稀释比例

表 2.24 GB/T 23994—2009 与人体接触的消费产品用涂料中特定有害元素限量

项目		限量	
		A 类涂料	B 类涂料
铅 Pb/（mg/kg）		600	—
可溶性元素/（mg/kg）	锑 Sb	60	—
	砷 As	25	—
	钡 Ba	1000	—
	镉 Cd	75	75
	铬 Cr	60	60
	铅 Pb	90	90
	汞 Hg	60	60
	硒 Se	500	—

表 2.25 GB/T 27811—2011 室内装饰装修用天然树脂木器涂料

项目		限量值
VOC/(g/L)(不扣水)		450
苯/%		0.1
甲苯、二甲苯、乙苯总和/%		1.0
卤代烃/%		0.1
可溶性重金属/(mg/kg)	铅 Pb	90
	镉 Cd	75
	铬 Cr	60
	汞 Hg	60

注：除重金属项目以外，其余项目均考虑稀释比例。

表 2.26 JG/T 415—2013 建筑防火涂料有害物质限量及检测方法

项 目		膨胀型		非膨胀型
		溶剂型	水性	
甲醛 /（mg/kg）		-	100	100
氨 /%		0.50		0.10
VOC/（g/L）（水性扣水，溶剂型不扣）		500	80	80
苯 /（g/kg）		1.0	0.3	0.3
甲苯、二甲苯、乙苯总和 /（g/kg）		100		
卤代烃 /（g/kg）		1.0	0.5	0.5
可溶性重金属 /（mg/kg）	铅 Pb	90		
	镉 Cd	75		
	铬 Cr	60		
	汞 Hg	60		
放射性（限粉末状涂料或组分）	内照射指数	1.0		
	外照射指数	1.3		

注：除放射性及重金属项目以外，其余项目均考虑稀释比例。

表 2.27　HJ/T 414—2007 环境标志产品技术要求 室内装饰装修用溶剂型木器涂料

项目		硝基类		聚氨酯类			醇酸类	
		面漆	底漆	面漆	面漆	底漆	色漆	清漆
VOC/(g/L)(不扣水)		700		550	650	600	450	500
苯/%		0.05						
甲苯、二甲苯、乙苯总和/%		25		25			5	
固化剂中游离 TDI/%		—		0.5			—	
甲醇/(mg/kg)		500		—			—	
可溶性重金属(限色漆)/(mg/kg)	铅 Pb	90						
	镉 Cd	75						
	铬 Cr	60						
	汞 Hg	60						

注：除重金属项目以外，其余项目均考虑稀释比例。

禁用物质：乙二醇醚及其酯类：乙二醇甲醚、乙二醇甲醚醋酸酯、乙二醇乙醚、乙二醇乙醚醋酸酯、二乙二醇丁醚醋酸酯；邻苯二甲酸酯类：邻苯二甲酸二辛酯（DOP）、邻苯二甲酸二正丁酯（DBP）；酮类：三甲基-2-环己烯基-1-酮（异佛尔酮）；有机溶剂：二氯甲烷、二氯乙烷、三氯甲烷、三氯乙烷、四氯化碳、正己烷、苯、甲醇。

表 2.28　其他标准规定限量

标准	项目		限量值
GB/T 23446—2009 喷涂聚脲防水涂料	有害物质		符合 JC 1066—2008 中反应型防水涂料 A 型要求
GB/T 23996—2009 室内装饰装修用溶剂型金属板涂料	重金属(限色漆)/(mg/kg)	铅 Pb	90
		镉 Cd	75
		铬 Cr	60
		汞 Hg	60
GB/T 24100—2009 X、γ 辐射屏蔽涂料	VOC/(g/L)(扣水)		120
	苯、甲苯、二甲苯、乙苯总和/(mg/kg)		300
	游离甲醛/(mg/kg)		100
	可溶性重金属/(mg/kg)	铅 Pb	90
		镉 Cd	75
		铬 Cr	60
		汞 Hg	60
HG/T 3950—2007 抗菌涂料	合成树脂乳液水性内用抗菌涂料有害物质		符合 GB 18582 中要求
	溶剂型木器抗菌涂料有害物质		符合 GB 18581 中要求

（续表）

标准	项目		限量值
HG/T 3828－2006 室内用水性木器涂料	总挥发性有机化合物(TVOC)/(g/L)(扣水)		300
	重金属/(mg/kg)(清漆除外)	铅 Pb	90
		镉 Cd	75
		铬 Cr	60
		汞 Hg	60
JG/T 210－2007 建筑内外墙用底漆	水性 有害物质		符合 GB 18582 中要求
	溶剂型 有害物质		符合 GB 50325 中要求
HG/T 2006－2006 热固性粉末涂料	室内/外用优等品：重金属/(mg/kg)	铅 Pb	90
		镉 Cd	75
		铬 Cr	60
		汞 Hg	60
HG/T 2238－1991 F01－1 酚醛清漆	铅（以固体计）/%		0.4
HG/T 4343－2012 水性多彩建筑涂料	内用 有害物质		符合 GB 18582 中要求
	外用 有害物质		符合 GB 24408 中要求
HG/T 4755－2014 聚硅氧烷涂料	VOC/（g/L）（不扣水）		390
	重金属/（mg/kg）	铅 Pb	1000
		镉 Cd	100
		六价铬 Cr6＋	1000
		汞 Hg	1000
HG/T 4759－2014 水性环氧树脂防腐涂料	底漆、中间漆和面漆 VOC/(g/L)(扣水)		200
HG/T 4847－2015 水性醇酸树脂涂料	VOC/(g/L)(扣水)		300
JC/T 2317－2015 喷涂橡胶沥青防水涂料	有害物质		符合 JC1066－2008 水性防水涂料 B 级要求

2.3.2 国外涂料有害物质限量

2.3.2.1 VOC

表 2.29 欧盟 2009/543/EC 和 2009/544/EC 指令关于涂料的 VOC 含量限量要求

2009/543/EC 指令(室内)VOC 限量/(g/L)		2009/544/EC 指令(室内)VOC 限量/(g/L)	
无机底材外墙涂料	40	室内无光墙体及顶棚涂料（光泽＜25@60°）	15
室外木器和金属装饰装修涂料及其底漆	90	室内有光墙体及顶棚涂料（光泽＞25@60°）	60
室外装饰清漆和木器漆以及不透明木器漆	90	室内用木器和金属装饰装修涂料及其底漆	90
室外用薄涂型涂料	75	室内装饰清漆和木器漆以及不透明木器漆	75
室外用木器或墙面及天花板用底漆	15	室内用薄涂型涂料	75
室外用封闭底漆	15	室内用底漆	15
单组分特性涂料	100	室内用封闭底漆	15
双组分反应型特性涂料	100	单组分特性涂料	100
		双组分反应型特性涂料	100
		装饰涂料	90

欧盟 2004/42/EC 指令对水性和溶剂型的内墙及天花板用涂料、室内外木器和金属装饰装修用涂料、双组分反应性特性涂料、装饰涂料等 11 种色漆和清漆中 VOC 的限量做了规定。溶剂型 VOC 控制在 750 g/L 以内，水性涂料中 VOC 控制在 300 g/L 以内。[8]

表 2.30　欧盟 2004/42/EC 指令关于涂料的 VOC 含量限量要求

欧盟 2004/42/EC 指令涂料种类	类型	VOC 限量/(g/L)
内墙及天花板用涂料	水性涂料 光泽（60°）＜25	30
	溶剂型涂料 光泽（60°）＜25	30
	水性涂料 光泽（60°）⩾25	100
	溶剂型涂料 光泽（60°）⩾25	100
无机底材外墙涂料	水性涂料	40
	溶剂型涂料	450
室内外木器或金属装饰装修用涂料	水性涂料	130
	溶剂型涂料	400
室内外透明漆和清漆，半透明漆，木器及金属用木器着色料以及不透明木器着色料	水性涂料	130
	溶剂型涂料	400
室内外薄涂涂料	水性涂料	130
	溶剂型涂料	700
木器或墙面及天花板用封闭底漆	水性涂料	50
	溶剂型涂料	350
稳定底材或有疏水性的粘合底漆	水性涂料	50
	溶剂型涂料	750
单组分特性涂料	水性涂料	140
	溶剂型涂料	600
双组分反应性特性涂料	水性涂料	140
	溶剂型涂料	500
多彩涂料	水性涂料	100
	溶剂型涂料	100
美饰涂料	水性涂料	200
	溶剂型涂料	200

1999 年美国公布实施的《建筑涂料挥发性有机化合物释放》国家标准，对几十类产品（其中也有工业涂料）的 VOC 限值作了规定，最低为 250 g/L，最高为 700 g/L，一般在 400 g/L 左右。美国于 2009 年还发布了 G /TBT /N /USA /458 号通报，以防止大气污染条例 No. 33 的方式控制来自建筑和工业维护涂料的 VOC。作为修正提案，它修订了有关的控制规则，限定了 53 种建筑和工业维护涂料的 VOC 含量。[9]

表 2.31 其他关于涂料 VOC 含量的限量要求

其他	涂料品种	VOC 限量/(g/L)
北欧、丹麦、瑞典、荷兰等地	内墙涂料	75（不扣水）
美国《建筑涂料和工业维护涂料管制条例》(AIM 条例)	平光建筑涂料	250（扣水）
	非平光建筑涂料	380（扣水）
	工业维护涂料	450（扣水）
美国 1113 法规	平光建筑涂料	50（扣水）
	非平光建筑涂料	50（扣水）
	工业维护涂料	100（扣水）
墨西哥	涂料	490
德国 RAL－UZ 102－2000 蓝天使环境标志(非强制性)	水性内墙涂料	700 ppm（1.05 g/L）

表 2.32 汽车修补涂料 VOC 含量的限量要求[11]

<table>
<tr><th rowspan="2">汽车修补涂料类别</th><th colspan="3">VOC 限量 / (g/L)</th></tr>
<tr><th>美国</th><th>欧洲</th><th>香港</th></tr>
<tr><td>前处理涂料</td><td>780</td><td>850</td><td></td></tr>
<tr><td>浊洗底漆</td><td>550</td><td>780</td><td></td></tr>
<tr><td>中涂底漆</td><td>580</td><td>540</td><td></td></tr>
<tr><td>单涂面漆</td><td>600</td><td>–</td><td></td></tr>
<tr><td>双涂层面漆</td><td>600</td><td rowspan="5">420</td><td>–</td></tr>
<tr><td>多涂层面漆</td><td>630</td><td>–</td></tr>
<tr><td>多色面漆</td><td>680</td><td>680</td></tr>
<tr><td>清漆</td><td>–</td><td>420</td></tr>
<tr><td>色漆</td><td>–</td><td>420</td></tr>
<tr><td>附着力促进剂</td><td rowspan="6">840</td><td rowspan="6">840</td><td>840</td></tr>
<tr><td>亚光清漆</td><td>420</td></tr>
<tr><td>临时保护涂层</td><td>60</td></tr>
<tr><td>卡车底盘内衬涂料</td><td>310</td></tr>
<tr><td>底盘涂料</td><td>430</td></tr>
<tr><td>瑕疵修复涂料</td><td>840</td></tr>
</table>

2.3.2.2 异氰酸酯

各国对聚氨酯涂料中的游离单体含量进行了限制。发达国家普遍将游离 TDI 质量分数低于 0.5%的定为无毒产品。欧盟对含有游离 TDI、HDI、异佛尔酮二异氰酸酯（IPDI）和二环己基甲烷二异氰酸酯（HMDI）的涂料产品进行了毒性分级。[12]

表 2.33　欧盟对涂料中异氰酸酯含量的毒性分级

游离异氰酸酯含量/%	毒性等级	标志要求
<0.5	无毒	外包装标明“含异氰酸酯”
0.5～2.0	对健康有害	外包装标明“有害”的警告标志及“含异氰酸酯”
>2.0	有毒	外包装标明“有害”并附上骷髅标志，且标明“含异氰酸酯”

2.3.2.3　苯系物

表 2.34　各国对涂料中苯系物含量的限量要求[13]

法规标准	种类	苯限量	甲苯限量	挥发性芳香烃化合物
欧盟 2009/543/EC 指令	室外用色漆和清漆	—	—	0.1%（m/m）
欧盟 2009/544/EC 指令	室内用色漆和清漆	—	—	0.1%（m/m）
欧盟 REACH 法规	玩具或玩具零部件	5 mg/kg	—	—
	除玩具及其零部件之外的物质或其制品	0.1%	—	—
	黏合剂或喷涂	—	0.1%	—
美国 GS—11 油漆涂料绿色标识环境标准（非强制性）	色漆和清漆	—	—	0.5%
日本 126V2 criteria A—I&K 涂料生态认证标准（非强制性）	溶剂型涂料	—	—	10 g/L
	乳液涂料	—	—	1 g/L
	其他涂料	—	—	10 g/L

2.3.2.4　甲醛

表 2.35　各国对涂料中甲醛含量的限量要求[14]

法规标准	种类	游离甲醛限量
欧盟 2009/543/EC 指令	室外用色漆和清漆	0.001
欧盟 2009/544/EC 指令	室内用色漆和清漆	0.001
美国 GS—11 油漆涂料绿色标识环境标准（非强制性）	色漆和清漆	禁用
日本法律第 201 号	禁止使用的建筑材料	7.0mg/L
	严格限制使用的装修材料	2.1 mg/L
	适当限制使用的装修材料	0.7 mg/L
	不限制使用的装修材料	0.4 mg/L

2.3.2.5 重金属

表 2.36 各国对涂料中重金属含量的限量要求

法规标准	种类	限制对象	限量值
美国消费品安全改进法案（CPSIA）	玩具涂料	铅	非表面涂层材料：300 ppm 表面涂料：90 ppm
美国 ASTM F963－07	玩具油漆及类似表面涂层材料	铅 Pb	90 ppm
		锑 Sb	60 ppm
		砷 As	25 ppm
		钡 Ba	1000 ppm
		镉 Cd	75 ppm
		铬 Cr	60 ppm
		汞 Hg	60 ppm
		硒 Se	500 ppm
H. R. 2420：电气设备环保设计法案	电子电器产品	铅	0.1%
		汞	0.1%
		镉	0.01%
		六价铬	0.1%
欧盟新玩具指令 2009/48/EC	干燥、易碎、粉状或弯曲的玩具材料	铅	13.5 ppm
	液态或黏性材料	铅	3.4 ppm
	可刮去玩具材料	铅	160 ppm
欧盟 RoHS 指令	电子电气产品均质材料	铅	1000 mg/kg
		汞	1000 mg/kg
		镉	100 mg/kg
		六价铬	<1 000 mg/kg
加拿大《表面涂料材料条例》	表面涂料	铅	600 mg/kg
		可迁移重金属（镉、砷、锑、硒或钡）	1 000 mg/kg
		汞	不得含有
	表面涂料干样	汞	10 mg/kg

2.3.2.6 其他

表 2.37 各国对涂料中其他有害物质含量的限量要求

法规标准	种类	限制对象	限量值
美国 H.R.4040 消费品安全改进法案（CPSIA）	玩具涂料	邻苯二甲酸二异辛酯（DEHP）、邻苯二甲酸二丁酯（DBP）、邻苯二甲酸丁苄酯（BBP）总量	0.1%
		邻苯二甲酸二异辛酯（DEHP）、邻苯二甲酸二丁酯（DBP）、邻苯二甲酸丁苄酯（BBP）总量	0.1%
美国 H.R.2420：电气设备环保设计法案	电子电器产品的均质材料	多溴联苯（PBB）	0.1%
		多溴联苯醚（PBDE）	0.1%

（续表）

加州 AB 1108 法案	玩具涂料	DEHP、DBP、BBP		0.1%
		DINP、DIDP、DNOP		0.1%
欧盟 2005/84/EC 指令 / 欧盟 REACH 法规	玩具涂料	邻苯二甲酸二异辛酯（DEHP）、邻苯二甲酸二丁酯（DBP）、邻苯二甲酸丁苄酯（BBP）总量		0.1%
		邻苯二甲酸二异壬酯（DINP）、邻苯二甲酸二异癸酯（DIDP）、邻苯二甲酸二辛酯（DNOP）		0.1%
欧盟 RoHS 指令	电子电气产品均质材料	邻苯二甲酸二异辛酯（DEHP）、邻苯二甲酸二丁酯（DBP）、邻苯二甲酸丁苄酯（BBP）		0.1%
		多溴联苯（PBB）		0.1%
		多溴联苯醚（PBDE）		0.1%
日本健康要求标准	建筑涂料	卤素 /（mg/kg）	氯和溴总和	<1500
			氯	900
			溴	900
		总 VOC		1%
		芳香族溶剂		0.1%

参考文献：

[1] 王卉. 基于涂料行业 VOC 污染控制政策法规研究[J]. 绿色化工，2016(7)：70-71.

[2] 齐祥昭，鲁文辉，牛长睿．涂料行业 VOC 污染控制政策法规研究[J]. 中国涂料，2015，30(2)：9-13.

[3] 李玉桂．VOC 与涂料配方[J]. 企业科技与发展，2010(22)：50-51.

[4] 郑玉艳，陈萍，张士胜，等．国内外主要国家对涂料含铅量要求分析[J]. 中国标准化，2009(12)：35-36.

[5] 赵金榜．塑料涂料-我国现状及发展，国内外近期技术发展及我国塑料用玩具涂料所面临的挑战及应对[J]. 上海染料，2010，38(6)：12-19.

[6] 肖新颜，夏正斌，张旭东，等．环境友好涂料的研究新进展[J]. 化工学报，2003，54(4)：531-537.

[7] 林宣益．建筑涂料中挥发性有机化合物含量的测定和控制[J]. 分析与测试，2003，41(1)：531-537.

[8] 陶学明，陈萍，张士胜，等．国内外油漆涂料中 VOC 限量要求的研究[J]. 涂料与应用，2010，41(2)：5-11.

[9] 黎华亮，岳大磊，周明辉，等．国内外涂料挥发性有机化合物标准比较研究[J]. 检验检疫学刊，2010，20(5)：45-48.

[10]刘秀娟，陈千贵，谢慧玲．溶剂型涂料环境保护问题的变革[J]. 中国涂料，2006，21(8)：35-37.

[11]王卉，渠毅. 中国涂料行业 VOC 污染控制政策法规研究及国内外相关法规对比分析[C]. 2016 特种功能型、环境友好型涂料涂装技术交流会，2016：155-158.

[12]张士胜，陶学明，郑玉艳，等．国内外涂料中甲苯二异氰酸酯安全限量标准研究[J]. 现代涂料与涂装，2010，13(10)：20-22.

[13]戴继勇，陶学明，张士胜，等．国内外油漆涂料中苯系物安全限量标准的研究[J]. 电镀与涂饰，2012，31(8)：73-76.

[14]戴继勇，陶学明，张士胜．国内外油漆涂料中甲醛安全限量标准的研究[J]. 电镀与涂饰，2011，30(10)：76-79.

第3章 涂料中挥发性有机物(VOC)检测技术

3.1 VOC的定义、来源以及危害

涂料在室内装修中应用广泛，它优良的防腐、保护和装饰性能使得其在内墙、地面、家具表面、生活用品等上普遍使用。涂料的组成有四部分，分别为溶剂、成膜物质、助剂以及颜料。其中溶剂型涂料作为一种传统涂料，在生产过程中要使用大量的溶剂，主要作用是溶解和稀释成膜物质，使涂料在施工时易于形成较好的漆膜，溶剂在涂料施工结束后，一般都挥发至大气中，很少残留在漆膜里。其中的有机挥发性组分（VOC）是涂料造成室内空气污染的主要部分，涂料可能向空气中释放VOC的种类，主要以烷烃类、芳烃类、醛类为主，并有少量的酯类和醇类。虽然甲醛并不是大部分涂料的原材料，但仍有一些涂料在加工过程中为了改善使用性能，可能向其中添加含甲醛助剂，如防霉剂等。这些挥发物能对室内空气造成严重影响。

3.1.1 VOC的定义

挥发性有机化合物，英文volatile organic compounds，缩写为VOC。但各国对其定义各不相同，如表3.1所示。

表3.1 世界主要组织（或国家）对VOC的定义

组织（或国家）	VOC定义
世界卫生组织（WHO）	饱和蒸气压≤133.322 Pa、沸点在50～260 ℃易挥发有机化合物的总称
国际标准化组织（ISO）	在所处环境的正常温度和压力下，能自然蒸发的任何有机液体或固体
美国环保署	所有参与到大气光化学反应当中的碳化合物，除碳酸、CO、CO_2、金属碳化物、金属碳酸盐和碳酸铵等
欧盟和中国	在101.3 kPa标准压力下，任何初沸点低于或等于250℃的有机化合物
德国	标准大气压下沸点不高于250℃的有机化合物

国际标准化组织（ISO）定义为：在所处环境的正常温度和压力下，能自然蒸发的任何有机液体或固体；美国环保署定义为：所有参与到大气光化学反应当中的碳化合物，这当中不包括碳酸、一氧化碳、二氧化碳、金属碳化物、金属碳酸盐和碳酸铵等；世界卫生组织（WHO）定义为：当饱和蒸汽压不高于133.322 Pa、沸点在50～260 ℃的易挥发有机化合物为挥发性有机化合物；德国国标DIN 55649—2000定义为：标准大气压下沸点不

高于250 ℃的有机化合物；我国（GB 18582－2008）和欧盟（2004/42/EC）对挥发性有机化合物的定义是：在101.3 kPa标准压力下，任何初沸点低于或等于250 ℃的有机化合物。我国室内空气质量标准GB/T 18883－2002中对总挥发性有机化合物（TVOC）的计算将挥发性有机化合物锁定为保留时间在正己烷和正十六烷之间所有化合物，但并未明确定义这些化合物的具体种类；这些定义有相似也有区别之处，比如是否参与到光化合反应、是否常温下自发挥发、沸点、初馏点等。

3.1.2　VOC的来源

传统的涂料在生产和施工过程中，需要加入溶剂或稀释剂，使其成为涂料行业释放VOC的主要来源，溶剂包括烃类溶剂（矿物油精、煤油、汽油、苯、甲苯、二甲苯等）、醇类、醚类、酮类、酯类、卤代烃、萜烯类物质等有机溶剂和水。溶剂在涂料中所占比重大多在50%以上。烃类溶剂又分为脂肪烃和芳香烃，价格低廉，但能溶解许多树脂，常用于油性漆、醇酸漆和天然树脂漆；酮类溶剂较酯类便宜，但酯类较酮类气味芳香；大多数乳胶漆中含有挥发性慢的水溶性醇类溶剂，来降低凝固点。溶剂的主要作用是溶解和稀释成膜基料，使其分散而形成粘稠液体，在施工时易于形成比较完美的漆膜。这些组分使涂料施工有足够的流动性，在施工时和施工后挥发至大气中。具体来说，溶剂在涂料中的作用有：溶解树脂，使组成成膜物的组分均一化；改善颜填料的润湿性，减少漂浮，延长涂料存放时间；在生产中调整操作粘度，改善涂料流动性、增加光泽；涂刷时帮助被涂表面与涂料之间的润湿；校正涂料的流挂性及物理干燥性；减少刷痕、气孔、接缝及涂料的浑浊。现在，由于环保方面的要求，涂料的研发趋势是减少有机溶剂的使用，如高固体分涂料、乳胶涂料、水性涂料和无溶剂涂料。除粉末涂料和辐射固化涂料以外，大多数涂料都含有挥发性的有机溶剂。

3.1.3　涂料中VOC对人体健康的危害

挥发性有机物种类很多，主要包括脂族烃（丁烷等）、芳烃（苯、甲苯等）、卤代烃（四氯化碳、氟利昂等）、醇类（甲醇等）、醛类（甲醛等）、酮类（丙酮等）、醚（乙醚等）、酯（乙酸乙酯等）及多环芳烃等，目前已鉴定出的有300多种。VOC中有诸多有毒有害物质，具有致畸、致突变、致癌性，以及其特殊气味会导致人体不适，对人体健康造成影响。VOC挥发到空气当中之后会与空气中的氧气发生反应生成臭氧，低空臭氧对大气环境及人体健康是有害的。据不完全统计在我国油漆行业每年向大气排放约300万吨有机挥发物，直接对大气环境造成污染，破坏人类生存环境，损害人体健康，造成巨大的资源浪费。

3.2　国内外对VOC限量的相关法规

由于不同国际组织、政府管理机构对VOC的定义不同，限制VOC排放立法的出发点不同，导致针对不同涂料产品制定的VOC限量也互有不同，因此有必要全面了解并积极应对国外相关法规限制。本节拟对多个国家及地区限制涂料VOC排放量的法律法规框架进行调研，从根源上研究其立法的基础，并与我国涂料VOC限制法规相比对，在应对国外技术贸易壁垒的同时也防止劣质进口涂料产品危害我国使用者的健康或对环境产生负面影响。

3.2.1 中国相关法规标准

我国于2001年针对涂料中VOC含量制定了3个强制性限量国家标准，并于2008年、2009年先后对上述3个标准进行了修订，修订后的GB 18582—2008《室内装饰装修材料 内墙涂料中有害物质限量》于2008年10月1日起实施，GB 18583—2008《室内装饰装修材料胶粘剂中有害物质限量》于2009年9月1日起实施，GB 18581—2009《室内装饰装修材料 溶剂型木器涂料中有害物质限量》于2010年6月1日起实施。其中，GB 18582—2008对苯、甲苯、乙苯、二甲苯总和以及游甲醛限值提出了要求，大幅度降低了水性墙面涂料中VOC的限量要求，其表示方法也相应改为产品中扣除水分后的VOC含量，还在标准中增加了水性墙面腻子VOC含量限量要求，进一步完善了标准的内容；GB18583—2008中对溶剂型和水基型胶黏剂中有害物质的种类及其限量要求进行了适当的增加和修订，单独罗列并规定了游离甲醛、苯、甲苯+二甲苯，甲苯二异氰酸酯、二氯甲烷等有害物质的限值要求，尤其对VOC限量要求进行了明确的细分和规定，增加了本体型胶黏剂的VOC限量值，对VOC含量的表示方法也进行了修订，使其能够更合理地反映涂料产品中VOC质量状况。GB 18581—2009对几种溶剂型涂料的VOC含量限量要求进行了微调，并增加了溶剂型腻子VOC的限量要求。

除了上述3个强制性国家标准外，我国涂料和颜料标准化技术委员会于2009年发布了GB 24408—2009《建筑外墙涂料中有害物质限量》、GB 24409—2009《汽车涂料中有害物质限量》及GB 24410—2009《室内装饰装修材料 水性木器漆涂料中有害物质限量》三项国家标准，进一步完善了我国装饰装修以及汽车用涂料的标准体系。

我国涉及油漆涂料中苯系物限量的标准主要有11个。其中国家标准6个，行业标准5个。这11个标准分别对相应的油漆涂料产品中苯系物的含量做了限量要求，如表3.2所示。我国在油漆涂料标准制定、修订过程中，还根据国情和具体产品的特点分别设置了苯、甲苯和二甲苯总和，甲苯、二甲苯和乙苯总和，苯、甲苯、二甲苯和乙苯总和，苯类溶剂等指标，并做了相应的限量要求。

由表3.2可以看出，我国对油漆涂料中苯的限量值控制在0.5%以内，其中HJ 457—2009中规定反应固化型防水涂料和HJ/T 414—2007中规定室内装饰装修用的各种溶剂型木器涂料（硝基类、聚氨酯类、醇酸类）中苯的限量仅为≤0.05%；而甲苯和二甲苯总和的限量要求为0.5%（5 g/kg）～45%（450 g/kg）；甲苯、乙苯和二甲苯总和的限量要求为0.1%（1.0 g/kg）～40%（400 g/kg）。

表3.2 我国关于涂料中苯系物限量的标准及要求

标准编号	标准名称	产品种类	苯的限量	苯系物的限量
GB 18581—2009	室内装饰装修材料 溶剂型木器涂料中有害物质限量	聚氨酯漆类涂料	≤0.3%	甲苯、二甲苯、乙苯总和≤30%
		硝基漆类涂料	≤0.3%	甲苯、二甲苯、乙苯总和≤30%
		醇酸漆类涂料	≤0.3%	甲苯、二甲苯、乙苯总和≤5%
GB 18582—2008	室内装饰装修材料 内墙涂料中有害物质限量	水性墙面涂料	—	苯、甲苯、乙苯、二甲苯总和≤300 mg/kg
		水性墙面腻子	—	苯、甲苯、乙苯、二甲苯总和≤300 mg/kg

（续表）

标准编号	标准名称	产品种类	苯的限量	苯系物的限量
GB 50325—2001	民用建筑工程室内环境污染控制规范（2006年版）	醇酸漆	≤5 g/L	—
		硝基清漆	≤5 g/L	
		聚氨酯漆	≤5 g/L	
		酚醛清漆	≤5 g/L	
		酚醛磁漆	≤5 g/L	
		酚醛防锈漆	≤5 g/L	
		其他溶剂型涂料	≤5 g/L	
GB 24613—2009	玩具用涂料中有害物质限量	各种玩具用涂料	≤0.3%	甲苯、乙苯和二甲苯总和≤30%（仅限溶剂型涂料）
GB/T 22374—2008	地坪涂装材料	水性地坪涂装材料	≤0.1 g/kg	甲苯、二甲苯总和≤5 g/kg
		无溶剂型地坪涂装材料	≤0.1 g/kg	甲苯、二甲苯总和≤10 g/kg
		溶剂型地坪涂装材料	≤1.0%	甲苯、二甲苯总和≤200 g/kg
GB/T 23446 2009	喷涂聚脲防水涂料	喷涂聚脲防水涂料	≤200 mg/kg	甲苯、乙苯和二甲苯总和≤1.0 g/kg
HG/T 3950—2007	抗菌涂料	合成树脂乳液水性内墙抗菌涂料	—	苯、甲苯、乙苯、二甲苯总和≤300 mg/kg
		溶剂型硝基漆类木器抗菌涂料	≤0.5%	甲苯和二甲苯总和≤45%
		溶剂型聚氨酯类木器抗菌涂料	≤0.5%	甲苯和二甲苯总和≤40%
		溶剂型醇酸类木器抗菌涂料	≤0.5%	甲苯和二甲苯总和≤10%
HJ 457—2009	环境标志产品技术要求防水涂料	反应固化型环氧防水涂料液料	≤0.5 g/kg	苯类溶剂含量≤80 g/kg
		反应固化型聚脲防水涂料	≤0.5 g/kg	苯类溶剂含量≤50 g/kg
		反应固化型聚氨酯防水涂料	≤0.5 g/kg	苯类溶剂含量≤80 g/kg
HJ/T 201—2005	环境标志产品技术要求水性涂料	水性内墙涂料	—	苯、甲苯、乙苯和二甲苯总和≤500 mg/kg
		水性外墙涂料	—	
		水性墙体用底漆	—	
		水性木器漆	—	
		水性防腐涂料	—	
		水性防水涂料	—	
HJ/T 414—2007	环境标志产品技术要求 室内装饰装修用溶剂型木器涂料	硝基类溶剂型木器涂料	≤0.05%	甲苯、二甲苯、乙苯的总质量分数≤25%
		聚氨酯类溶剂型木器涂料	≤0.05%	甲苯、二甲苯、乙苯的总质量分数≤25%
		醇酸类溶剂型木器涂料	≤0.05%	甲苯、二甲苯、乙苯的总质量分数≤5%

（续表）

标准编号	标准名称	产品种类	苯的限量	苯系物的限量
JC 1066—2008	建筑防水涂料中有害物质限量	水性建筑防水涂料	—	苯、甲苯、乙苯和二甲苯总和≤300 mg/kg
		反应型建筑防水涂料A级要求	≤200 mg/kg	甲苯、乙苯和二甲苯总和≤1.0 g/kg
		反应型建筑防水涂料B级要求	≤200 mg/kg	甲苯、乙苯和二甲苯总和≤5.0 g/kg
		溶剂型建筑防水涂料	≤2.0 g/kg	甲苯、乙苯和二甲苯总和≤400 g/kg

我国聚氨酯涂料产品标准总体水平不高，标准体系尚不完整。涉及涂料中 TDI 限量的标准主要有 8 个，其中国家标准 4 个，行业标准 4 个。这 8 个标准分别对相应的涂料产品中游离 TDI 含量做了限量要求，如表 3.3 所列。

由表 3.3 可以看出，我国标准中规定聚氨酯涂料产品中游离 TDI 的限量均在 0.7%以下，其中我国于 2010 年 6 月 1 日实施的 GB 18581—2009 规定聚氨酯类木器涂料和腻子中游离 TDI、HDI 的限量仅为 0.4%，而 GB 18581—2001 中游离 TDI 的限量为 0.7%；此外，我国 GB/T 22374—2008 对溶剂型地坪涂装材料和无溶剂型地坪涂装材料的要求更加严格，游离 TDI 的限量仅为 0.2%（2 g/kg）。值得注意的是，GB 50325—2001、HG/T 3950—2007 和 JC 1066—2008 对相关的聚氨酯涂料中的 TDI 限量要求较为宽松。

表 3.3　我国关于涂料中游离 TDI 限量的标准及要求

标准编号	标准名称	产品种类	TDI 限量	备注
GB 18581—2009	室内装饰装修材料 溶剂型木器漆涂料中有害物质限量	聚氨酯涂料	≤0.4%	代替 GB 18581—2001
		聚氨酯腻子	≤0.4%	
GB 50325—2001	民用建筑工程室内环境污染控制规范	聚氨酯涂料	≤7 g/kg	2006 年版
GB/T 22374	地坪涂装材料	溶剂型地坪涂装材料	≤2 g/kg	聚氨酯漆类
		无溶剂型地坪涂装材料	≤2 g/kg	
GB/T 23446	喷涂聚脲防水涂料	喷涂聚脲防水涂料	≤3 g/kg	
HG/T 3950	抗菌涂料	溶剂型木器抗菌涂料	≤0.7%	聚氨酯类木器涂料
HJ 457—2009	环境标志产品技术要求 防水涂料	反应固化型聚脲防水涂料的固化剂	≤0.5%	
HJ/T 414—2007	环境标志产品技术要求 室内装饰装修用溶剂型木器涂料	聚氨酯类溶剂型涂料的固化剂	≤0.5%	
JC 1066—2008	建筑防水涂料中有害物质限量	反应型建筑防水涂料A级要求	≤3.0 g/kg	仅限于聚氨酯类防水涂料
		反应型建筑防水涂料B级要求	≤7.0 g/kg	

3.2.2　国外相关法规标准

欧盟于 2009 年公布了欧共体委员会 2009/544/EC 指令和 2009/543/EC 指令，分别规定室内和室外使用的油漆和清漆获得欧共体生态标签必须符合的生态标准，并根据欧盟 2004/42/EC 指令规定了室内外油漆和清漆不同产品类别的 VOC 限量要求。

1999 年美国公布实施的《建筑涂料挥发性有机化合物释放》国家标准，对几十类产品（其中也有工业涂料）的 VOC 限值作了规定，最低为 250 g/L，最高 700 g/L，一般在 400 g/L 左右。美国于 2009 年还发布了 G/TBT/N/USA/458 号通报，以防止大气污染条例 No.33 的方式控制来自建筑和工业维护涂料的 VOC。作为修正提案，它修订了有关的控制规则，限定了 53 种建筑和工业维护涂料的 VOC 含量。

欧盟、美国、日本均制定了相关的标准或法规对油漆涂料中苯系物作了限量要求，但直接关于油漆涂料中苯系物限量要求的标准和法规较少。其中，美国的 GS－11 环境标准、日本的 126V2 A－I&K 生态标准和欧盟的 2009/543/EC 指令、2009/544/EC 指令以及 REACH 法规等对油漆涂料中苯类物质作了相关规定。具体标准和法规如表 3.4 所示。由表 3.4 可以看出，欧盟、美国和日本关于油漆涂料中苯系物限量要求的标准和法规较少，而且其对苯系物的限量要求多限于单项指标，通常为“挥发性芳香烃化合物”；而我国则根据国情和不同产品的特点，分别或同时规定了苯，苯类溶剂，甲苯及二甲苯总和，甲苯、二甲苯及乙苯总和，苯、甲苯、二甲苯及乙苯总和的限量等 5 项指标。

表 3.4　国外对油漆涂料中苯系物的限量要求

<table>
<tr><th>法规或标准编号</th><th>法规或标准名称</th><th>产品名称</th><th>苯限量</th><th>甲苯限量</th><th>挥发性芳香烃化合物</th></tr>
<tr><td>2009/543/EC</td><td>建立欧盟颁发室外色漆和清漆生态标签的生态标准</td><td>室外用色漆和清漆</td><td>—</td><td>—</td><td>≤0.1%（m/m）</td></tr>
<tr><td>2009/544/EC</td><td>建立欧盟颁发室内色漆和清漆生态标签的生态标准</td><td>室内用色漆和清漆</td><td>—</td><td>—</td><td>≤0.1%（m/m）</td></tr>
<tr><td rowspan="3">REACH</td><td rowspan="3">关于化学品注册、评估、授权和限制法规</td><td>玩具或玩具零部件</td><td>≤5 mg/kg</td><td>—</td><td>—</td></tr>
<tr><td>除玩具及其零部件之外的物质或其制品</td><td>≤0.1%</td><td>—</td><td>—</td></tr>
<tr><td>色漆和清漆</td><td>—</td><td>≤0.1%</td><td>—</td></tr>
<tr><td>GS－11</td><td>油漆涂料绿色标识环境标准</td><td>色漆和清漆</td><td>—</td><td>—</td><td>≤0.5%</td></tr>
<tr><td rowspan="3">126V2 criteria A－I&K</td><td rowspan="3">涂料生态认证标准</td><td>溶剂型涂料</td><td>—</td><td>—</td><td>≤10 g/L</td></tr>
<tr><td>乳液涂料</td><td>—</td><td>—</td><td>≤1 g/L</td></tr>
<tr><td>其他涂料</td><td>—</td><td>—</td><td>≤10 g/L</td></tr>
<tr><td>JIS K 5663：2003</td><td>合成树脂乳胶漆和密封剂</td><td>乳胶漆和密封剂</td><td>—</td><td>—</td><td>—</td></tr>
<tr><td>JIS K 5960：2003</td><td>家用室内墙壁涂料</td><td>内墙涂料</td><td>—</td><td>—</td><td>—</td></tr>
<tr><td>JIS K 5961：2003</td><td>家用室内地板清漆</td><td>木地板清漆</td><td>—</td><td>—</td><td>—</td></tr>
<tr><td>JIS K 5970：2003</td><td>室内地板涂层</td><td>地板用涂料</td><td>—</td><td>—</td><td>—</td></tr>
<tr><td>JIS A 6909：2003</td><td>建筑用饰面涂料</td><td>装饰涂料</td><td>—</td><td>—</td><td>—</td></tr>
</table>

3.3 涂料检测样品前处理技术

样品前处理是分析检测工作非常重要的一步，所需时间约占整个分析工作时间的三分之二，经过预处理的样品，首先可起到浓缩被测痕量组分的作用，从而提高方法的灵敏度，降低检测限；其次可基本消除对测定的干扰，使其在通常的检测器上能检测出来，另外样品经预处理后就变得容易保存或运输。

传统的样品预处理技术很多，包括蒸馏、索氏提取等，但大多操作繁琐费时，往往要用大量的溶剂，都不是理想的方法，在分析 VOCs 时已较少应用。目前，常用的样品预处理方法有溶剂解吸法、液一液萃取、固相萃取法、吹扫一捕集法、项空法、固相微萃取技术等。

3.3.1 液相萃取法

3.3.1.1 液一液萃取

液一液萃取是利用化合物在两种互不相溶（或微溶）的溶剂中溶解度或分配系数的不同，使化合物从一种溶剂内转移到另外一种溶剂中。经过反复多次萃取，将绝大部分的化合物提取出来。它是一种分离技术，这种分离方法具有装置简单、操作容易的特点，既能用来分离、提纯大量的物质，也适合于微量或痕量物质的分离、富集，是分析化学经常使用的分离技术。在 GB 18581－2009《室内装饰装修材料 溶剂型木器涂料中有害物质限量》、GB 18582《室内装饰装修材料 内墙涂料中有害物质限量》等国家强制性标准中，都是采用乙酸乙酯、乙腈、甲醇等有机溶剂直接对涂料样品进行稀释萃取，直接进入气相色谱检测分析，是采用传统的液液萃取。出入境检验检疫行业标准 SN/T 2187－2008《溶剂型涂料中苯、甲苯、二甲苯和甲苯二异氰酸酯的测定 衍生反应一气相色谱法》采用乙酸乙酯对目标物进行萃取，并加入甲醇使甲苯二异氰酸酯进行衍生化，再使用乙酸乙酯进行二次萃取，最后进入气相色谱分析。但是，液液萃取往往需要大量有机溶剂，操作繁琐，且萃取效率低，因此使用逐渐减少。

3.3.1.2 微液相萃取

液相微萃取（Liquid-Phase Microextraction，LPME）或溶剂微萃取（Solvent Microextraction，SME）是 1996 年发展起来的一种新型的样品前处理技术，最初是由 Jeannot 和 Cantwell[3-4] 提出的。该技术是在液一液萃取（Liquid-Liquid Extraction，LLE）的基础上发展起来的，与液一液萃取相比，LPME 可以提供与之相媲美的灵敏度，甚至更佳的富集效果，同时，该技术集采样、萃取和浓缩于一体，灵敏度高，操作简单，而且还具有快捷、廉价等特点。另外，它所需要的有机溶剂也是非常少的（几至几十微升），是一项环境友好的样品前处理新技术，特别适合于环境样品中痕量、超痕量污染物的测定。

其中把有机溶剂悬于样品的上部空间而进行萃取的方法，叫做顶空液相微萃取法。这种方法适用于分析物容易进入样品上方空间的挥发性或半挥发性有机化合物。顶空液相微萃取包含三相（有机溶剂、液上空间、样品），分析物在三相中的化学势是推动分析物从样品进入有机液滴的驱动力，可以通过不断搅拌样品产生连续的新表面来增强这种驱动力。挥发性化合物在液上空间的传质速度非常快，这是因为在气相中，分析物具有较大的扩散系数，且挥发性化合物从水中到液上空间再到有机溶剂比从水中直接进入有机溶剂的传质速度快得多，所以对于水中的挥发性有机物，顶空液相微萃取法比直接液相微萃取法更快捷。

顶空液相微萃取的装置见图 3.1 所示。王炎[5]等在 100 mL 的顶空瓶中加入搅拌磁子和 70 mL 溶液，以聚四氟乙烯膜保护，橡胶塞密封，置于恒温磁力搅拌器上，搅拌速度为中速。充分平衡后，以微量进样器抽取 3 μL 有机溶剂，将其固定在铁夹上，使其不锈钢针插入到顶空瓶上方空气中，小心将针内溶剂推出，在针尖处形成一悬挂小液滴。萃取 4 min 后，小心拉回活塞，将小液滴抽回微量进样器中，随即进样分析。该前处理方法，特别适合于测定涂料这类复杂基质中的挥发性有机物。

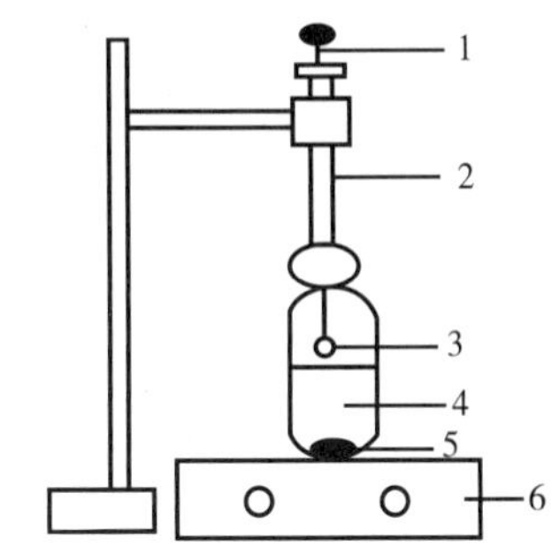

1-活塞　2-微量进样器　3-有机溶剂
4-样品溶液　5-搅拌子　6-搅拌器

图 3.1　顶空液相微萃取装置图

3.3.2　固相微萃取

固相微萃取（Solid Phase Microextraction，SPME）主要是利用涂有吸附剂的熔融石英纤维吸附样品中的有机物质而达到萃取浓缩的目的，再通过热解析或溶剂洗脱，对待测物进行分析，因此，萃取涂层是 SPME 技术的关键所在。固相微萃取是基于固相萃取技术发展起来的，保留了其优点，并且摒弃了其需要柱填充物和使用溶剂进行解吸的弊病。其操作步骤主要分为萃取过程和解析过程两个步骤。萃取过程是将含有吸附涂层的萃取纤维暴露于样品中，达到平衡了，拔出涂层纤维完成萃取过程。解吸过程是将已完成萃取过程的涂层纤维插入分析仪器进样口中，进行解吸并进样分析。常规的 SPME 技术可分为浸入式（DI-SPME）和顶空式（HS-SPME）。前者的原理是待测物在高分子固定相和样品相中进行分配，最终通过扩散达到平衡；后者则是达到固定相、顶空相和溶液相的三相平衡。SPME 技术操作简单、无需萃取溶剂，易于实现与色谱、电泳等高效分离检测手段自动化联用而备受关注。

近年来，SPME 技术在溶剂型涂料中已成功应用于苯系物等挥发性物质的检测中。Bodrian 等[6]采用 65 μm CW/DVB 萃取涂层，以 HS-SPME-GC 技术配合不同的检测器，建立并优化了溶剂型涂料中丙酮、乙酸甲酯、三氟多氯联苯的常规分析方法。此外成功应用该技术对溶剂型涂料中的甲苯、二甲苯、乙酸丁酯进行检测并对采用传统萃取法进行了验证。Albert[7]等 SPME-GC-FID 技术用于溶剂型涂料中 C5～C11 之间挥发性有机物的同时检测，结果显示该技术有利于鉴别溶剂型涂料中各种挥发性溶剂的组分。陈珠灵[8]等采用 100 μm PDMs 纤维头结合顶空法，即固相微萃取头吸附顶空瓶中样品、顶空气体一定时间后拔出（选择萃取时间为 5 min，解吸时间为 2 min），进入气相色谱进行分析测定，结果具有灵敏度高、准确等优点。

3.3.3　顶空法

所谓顶空（Headspace）气相色谱分析就是取样品基质（固体和液体）上方的气相部分进行色谱分析。顶空分析出现于 1939 年，比气相色谱早。由于气相色谱是专门用于气体或挥发性物质的，所以 GC 和 Headspace Analysis 的结合是很自然的。1958 年用顶空气相色谱分析水中氢气含量，1962 年出现商品化顶空进样器。现在，顶空气相色谱已成为普遍使用的技术，它可以用于药物（中药或西药）中的溶剂残留、聚合材料中的残留溶剂和单体、涂料及废水中的挥发性有机物、食品中的气味成分、血液中的挥发性成分等的分析。

顶空法基本原理：在一定条件下气相和凝聚相（液相或固相）之间存在着分配平衡。

容积为 V、装有体积为 V_0、浓度为 C_0 的液体样品的密封容器，在一定温度下达到平衡时，气相体积为 V_g，液相体积为 V_s，气相样品浓度为 C_g，液相中样品浓度为 C_s，则：

平衡常数 $K=C_s/C_g$；相比 $\beta=V_g/V_s$；

即 $V = V_s + V_g = V_0 + V_g$

因为是密封容器，所以

$$C_0V_0 = C_0V_s = C_sV_s + C_gV_g = KC_gV_s + C_gV_g$$

$$C_0 = KC_g + C_gV_g/V_s = KC_g + \beta C_g = C_g(K+\beta)$$

$$C_g = C_0/(K+\beta) = K'C_0$$

因此，在平衡状态下，气相组成与样品原组成为正比关系。详见图 3.2。

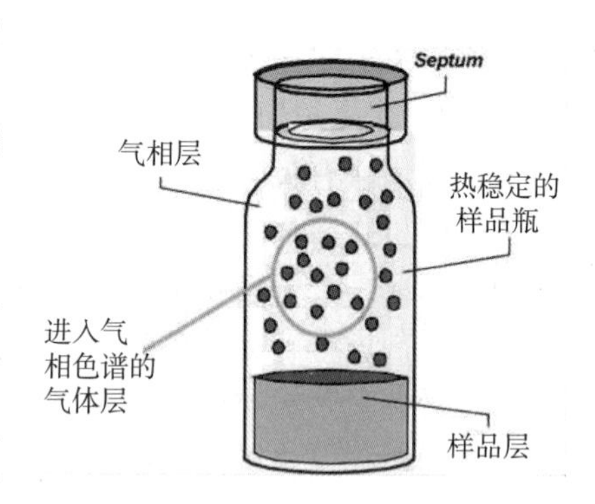

图 3.2　顶空法原理图

根据取样和进样方式不同，顶空分析可分为静态顶空分析和动态顶空分析。

（1）静态顶空技术：是将样品密封在一个容器中，在一定温度下放置一段时间，使两相达到平衡，然后取气相进行分析。

工作原理：样品置于温度调节装置中，在预定温度下处理一定时间，使样品相与气相达到平衡，随后载气流将顶空气体的一个等分试样导入色谱柱，各挥发性成分在色谱中按常规方法被分离，由此可以确定原样品中各挥发性成分的种类及其浓度。

（2）动态顶空技术：样品经过惰性气体（吹扫气体）的连续吹扫，可使其中的挥发性成分完全进入气相。用流动的气体将样品中的挥发性成分“吹扫”出来，再用一个捕集器将吹扫出来的物质吸附下来，然后经热解吸将样品送入 GC 进行分析。因此称为吹扫一捕集（purge&trap）进样技术。

工作原理：挥发性成分惰性气体流入低温或者装有吸附剂的捕集器，待分析挥发性成分被收集在捕集器中，吸附结束后，快速加热捕集器，用载气将其中被浓缩的或者被吸附的待分析气体吹扫出来，直接进入气相色谱分析。

顶空法作为前处理方法具有样品处理简单，操作方便，干扰少等优点，因而近年来被广泛应用于涂料中的挥发性有机物的测定。行业标准 SN/T 2251－2009《溶剂型涂料中苯、甲苯、二甲苯和甲苯二异氰酸酯的测定》采用顶空进样一气相色谱一质谱法，选择顶空样品加热温度为 150 ℃，顶空平衡时间为 15 min，一次性分析检测苯、甲苯、二甲苯和甲苯二异氰酸酯（TDI），该方法采用内标法定量，结果准确可靠。吕庆[9]等建立了涂料中 5 种挥发性有机物（VOCs）的顶空气相色谱一质谱（HS/GC－MS）分析方法。涂料样品经 N，N-二甲基甲酰胺（DMF）-水（1∶1，体积比）溶解分散，90 ℃下经 90 min 静态顶空后，通过 DB-VRX 色谱柱分离和质谱检测，外标法定量。结果表明，将该法用于市售22种溶剂型涂料和31种水性涂料中5种VOCs含量的测定，部分样品被检出。该方法简单快速、准确灵敏，适用于实际样品中5种VOCs的检测。

3.4 涂料中溶剂残留的检测技术

3.4.1 卤代烃检测

李宁[10]等采用固相微萃取与GC-MS相结合分析了环保水性涂料中苯系物和卤代烃的方法。采用了70 μm CW-DVB纤维涂层的固相微萃取装置，加入2.0 g NaCl提升萃取效率，插入SPME装置，在室温搅拌状态下萃取30 min后，取出萃取器，然后迅速插入气相色谱进样口，解吸3 min后进行GC-MS测定。该法相对标准偏差小于10%，样品的加标回收率大于72.2%，已成功地测定了11种水性涂料中的苯系物和卤代烷。童月婵[11]建立了顶空-气相色谱/质谱（HS-GC/MS）法测定溶剂型木器涂料中卤代烃含量的方法。采用HS-GC/MS测定了二氯甲烷、1，1-二氯乙烷、三氯甲烷、1，1，1-三氯乙烷、四氯化碳、1，2-二氯乙烷、1，1，2-三氯乙烷7种化合物，样品经丙酮稀释，外标法定量。结果表明，7种卤代烃含量在0.05～500 mg/L范围内线性关系良好，相关系数大于0.994，定量限为0.05～0.2 mg/kg。加标回收率64.4%～107.7%，相对标准偏差为4.1%～11%（n=6）。

3.4.2 苯系物检测

李伟亚[12]等采用顶空进样法，选择采样温度80 ℃、平衡时间10 min为顶空进样的优化条件，结合GC-MS分析了市售涂料中12种卤代烃和苯系物。操作简单，定性定量准确可靠，线性范围为1～1000 mg/L，最低检测浓度为0.05 ～ 0.1 mg/L，此方法回收率为73.4% ～ 113.3%，相对标准偏差为2.27% ～ 8.69%，并对实际样品进行了测定，取得满意结果。陈珠灵等[13]采用固相微萃取（SPME）气相色谱技术对涂料中有害物质进行快速检测和分析，对萃取条件和色谱条件进行优化。该方法所测定的苯系物在5.5～600 μg/L和5.5～800 μg/L内具有良好的线性，苯、甲苯、二甲苯的相关系数分别为0.9993、0.9996和0.9991；检出限达0.5～1.8 μg/L，重复测定的相对标准偏差小于2.1%。薛希妹[14]建立了溶剂型涂料中16种有害物质（甲醇、卤代烃、苯系物和游离二异氰酸酯）的GC-MS同时检测方法，研究了乙酸乙酯、正己烷、四氢呋喃和乙腈对各有害物质的提取和分离效果，并对样品前处理和色谱条件进行了优化。样品中加入2-溴丙烷和1，2，4-三氯苯作内标，用乙腈超声萃取并经有机膜过滤后，用GC-MS进行测定，内标法定量。结果表明，16种有害物质在5～200 mg/L范围内线性关系良好，相关系数均不低于0.999；样品的加标回收率为80%～105%，相对标准偏差小于5.0%，检出限为0.08～1.41 mg/L。

3.4.3 醛酮类检测

马明[15]等建立了顶空-气相色谱质谱法快速测定水性涂料及胶黏剂中游离甲醛含量。样品经水溶解后置于顶空进样仪中，在80 ℃下加热20 min，使甲醛在气液两相间达到平衡，取顶空气体进气相色谱仪并以质谱检测器选择离子模式检测。以PLOT-Q毛细管柱实现甲醛与空气及其他干扰物的色谱分离，以保留时间及碎片离子相对丰度比定性，外标法定量。结果表明，甲醛检测的线性范围为1.0～100.0 mg/L，方法检出限为5 mg/kg，平均回收率为91.3%～96.7%，相对标准偏差（n=6）为1.3%～2.1%。该法可用于水性涂料、胶黏剂中游离甲醛含量的快速分析。卢志刚等[16]采用膜过滤-气相色谱法测定涂料中的苯系物、环己酮和甲苯二异氰酸酯（TDI）。用 7 种规格的石英毛细管色谱柱对混合标准溶液和涂料试样进行了分析。实验结果表明：不同属性的涂料试样添加固定量的正十四烷作内标物，经膜过滤净化后，苯系物、环己酮和 TDI 可采用 DB-1 同时分离并测定。涂料试样中苯系物、环己酮和 TDI 的加标回收率为 98.6%～101.8%，检出限均小于 1.50×10^{-5} g。

3.4.4　乙二醇醚及其酯类检测

周宇艳[17]等建立了气相色谱-质谱法同时测定水性涂料中 5 种乙二醇醚及其酯类化合物的方法。向涂料样品中加入甲醇提取目标物，充分振荡、静置后取上层清液加入无水硫酸钠净化除水，再经 0.45 μm 针式过滤器过滤后进行 GC-MS 定性定量分析。结果表明，在 15～900 mg/kg 浓度范围内，方法线性关系良好，样品的加标回收率为 96%～101%，相对标准偏差（$n=6$）在 0.4%～2.6%之间，检出限为 0.1～1 mg/kg。该方法简便、快速、灵敏度高、重复性好，可用于水性涂料中 5 种乙二醇醚及其酯类化合物的分析。陈会明[18]等建立了用毛细管柱气相色谱法测定水性涂料中三种乙二醇醚（乙二醇单甲醚、乙二醇单乙醚、乙二醇单丁醚）的方法。涂料用乙醇和石油醚（3+1）混合溶剂超声提取，经高速冷冻离心，上层清液用无水硫酸钠脱水，经过 0.45 μm 滤膜过滤后进行气相色谱分析。用保留时间定性，外标法定量。回收率在 84.3%～110.8%，RSD 为 0.04%～2.32%，检出限为 2.5 μg/g。

3.4.5　分析实例：SN/T 2251－2009

该标准规定了溶剂型涂料中苯、甲苯、二甲苯和甲苯二异氰酸酯含量的顶空 GC-MS 检测方法方法。原理是将样品定量溶解于乙酸乙酯中，采用顶空进样—气相色谱—质谱法(以下简称顶空 GC-MS 法)，一次性分析检测苯、甲苯、二甲苯和甲苯二异氰酸酯(TDI)，内标法定量。

（1）试剂和材料

分子筛：5（5×10^{-10} m），条状，气相色谱-质谱联用仪（GC-MS）。乙酸乙酯、苯、甲苯、邻二甲苯、间二甲苯、对二甲苯、甲苯二异氰酸酯（TDI）、正十四烷。

涉及测定甲苯二异氰酸酯所用乙酸乙酯需按以下方法脱水脱醇：将 250 g 分子筛置于 500 ℃马福炉中灼烧 2 h，待炉温降至 100 ℃ 以下取出，放入装有无水硅胶的干燥器中冷却后，倒入刚启封的 500 mL 乙酸乙酯中，摇匀，静置 24 h，然后按 GB/T 12589 中规定的方法测定其含水量（质量分数<0.03%）、含醇量（质量分数<0.02%）。

内标溶液：准确称取正十四烷的标准样品 2.5 g（精确至 0.0002 g），置于 250 mL 容量瓶中，用乙酸乙酯溶解定容。该溶液含正十四烷为 10.00 g/L。

标准储备溶液：准确称取苯、甲苯、二甲苯和甲苯二异氰酸酯（TDI）的标准样品各 0.5 g（精确至 0.000 2 g），置于 25 mL 容量瓶中，用乙酸乙酯溶解定容。该溶液含以上各目标化合物均为 20.00 g/L。

（2）分析步骤

（a）样品制备

称取 1.0 g（精确至 0.0002 g）涂料样品于 25 mL 容量瓶中，加入乙酸乙酯 10 mL，用移液管加入 2.00 mL 内标溶液，再加入乙酸乙酯超声溶解样品并定容。静置后用微量注射器准确吸取 10 μL 样品溶液，注入已经密封的洁净的 20 mL 顶空瓶中，将顶空瓶置于顶空进样器中，按照下述操作条件测试。

对于目标化合物含量高的样品（比如目标苯系物含量超过 50%），可以将原样品溶液定量稀释后再进行分析，使分析溶液中目标化合物的含量保持在测试线性范围之内。

（b）仪器操作条件。

（c）顶空进样条件

顶空温度：非聚氨酯样品（无需测 TDI）150℃，聚氨酯样品（需测 TDI）200 ℃；定量环温度：200 ℃；传输线温度：200 ℃；顶空时间：15 min；加压时间：0.15 min；定量环注入时间：0.04 min；定量环平衡时间：0.05 min；进样时间：1.00 min。

（d）气相色谱-质谱条件

DB-5MS，30 m×0.25 mm×0.25 μm，或相当者；进样口温度：150 ℃；分流比 10∶1；柱温：初温 50 ℃，保持 3 min；15 ℃/min 程序升温至 80 ℃，再以 20 ℃/min 程序升温至 200 ℃，保持 2 min；EI 源温度：250 ℃，四级杆温度：150 ℃，GC-MS 接口温度：200 ℃；定量、定性离子见表 3.5。

表 3.5　各目标化合物相对分子质量、定性离子、定量离子

峰号	化合物名称	分子式	相对分子量	定性离子	定量离子
1	苯	C6H6	78	53，63，77，78	78
2	甲苯	C7H8	92	65，78，91，92	91
3	二甲苯	C8H10	106	77，91，105，106	91
4	TDI	C9H6N2O2	174	118，132，145，174	174
5	正十四烷	C14H30	198	57，71，85，198	57

（3）检测结果

根据样品中被测物含量情况，选择与待测样品中目标化合物浓度接近的标准工作溶液，按设定的仪器操作条件，顶空进样测定，以此计算标准工作溶液中各目标化合物的相对校正因子。标准工作溶液和待测样液中目标化合物响应值均应在仪器检测的线性范围内。标准工作溶液的典型总离子流色谱图于不同色谱柱，如图 3.3 和图 3.4。

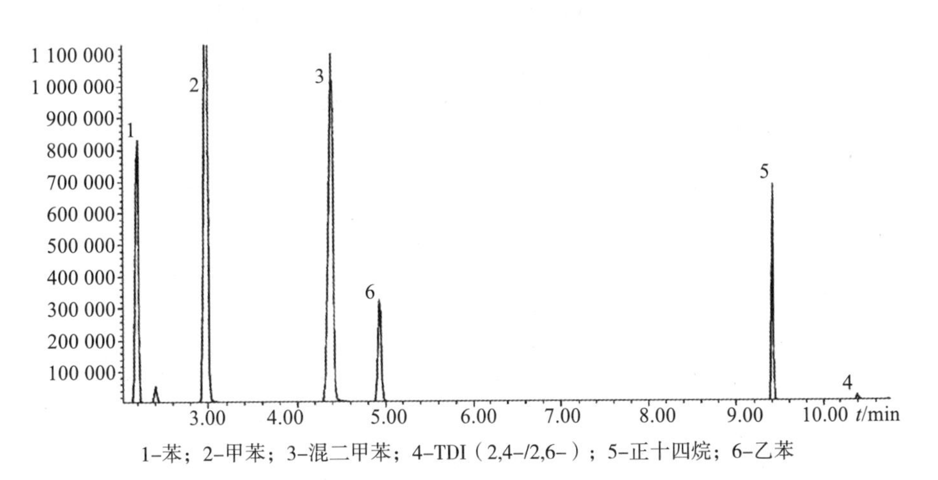

1-苯；2-甲苯；3-混二甲苯；4-TDI（2,4-/2,6-）；5-正十四烷；6-乙苯

图 3.3　HP-50+毛细管柱分离标准品溶液的总离子流色谱图

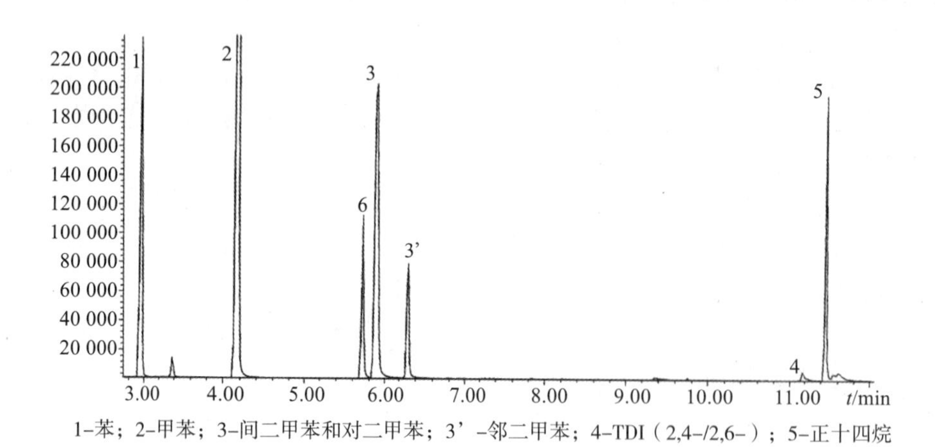

图 3.4 DB-5MS 毛细管柱分离标准品溶液的总离子流色谱图

（4）结果计算

（a）标准工作溶液中苯、甲苯、二甲苯和 TDI 各自对正十四烷的相对校正因子 f_i 按式（3.1）计算：

$$f_i = \frac{m_i \times A_{CS}}{m_{CS} \times A_i} \tag{3.1}$$

式中：f_i—苯、甲苯、二甲苯和 TDI 各自对正十四烷的相对校正因子；

m_i—标准工作溶液中苯、甲苯、二甲苯和 TDI 各自的质量，单位为克（g）；

A_{cs}—标准工作溶液中正十四烷的峰面积；

m_{cs}—标准工作溶液中正十四烷的质量，单位为克（g）；

A_i—标准工作溶液中苯、甲苯、二甲苯和 TDI 各自的峰面积。

（b）样品溶液中苯、甲苯、二甲苯和 TDI 各自的浓度按式（3.2）计算：

$$c_i = f_i \frac{c_{si} \times A_i}{A_{si}} \tag{3.2}$$

式中：c_i—经内标法计算得到样品溶液中各组分的浓度，单位为毫克每升（mg/L）；

f_i—苯、甲苯、二甲苯和 TDI 各自对正十四烷的相对校正因子；

A_i—样品溶液中苯、甲苯、二甲苯和 TDI 各自的峰面积；

c_{si}—样品溶液中正十四烷的浓度，单位为毫克每升（mg/L）；

A_{si}—样品溶液中正十四烷的峰面积。

（c）以质量分数标识的样品中的含量 X_i（%）按式（3.3）计算：

$$X_i = \frac{c_i \times V \times \beta \times 10^{-4}}{m_s} \tag{3.3}$$

式中：X_i—样品中苯、甲苯、二甲苯和 TDI 的百分含量，%；

V—样品溶液的定容体积，单位为毫升（mL）；

c_i—经内标法计算得到样品溶液中苯、甲苯、二甲苯和 TDI 的浓度，单位为毫克每升（mg/L）；

β—样品溶液的稀释系数（不需稀释时 $\beta=1$）；

m_s—样品质量，单位为克（g）。

（5）精密度及检出限

苯系物的相对标准偏差小于8%，甲苯二异氰酸酯（TDI）相对标准偏差小于15%；方法对试样中苯、甲苯、二甲苯和甲苯二异氰酸酯（TDI）检测底限分别为0.002%、0.002%、0.002%和0.2%。

3.5 涂料中VOC含量检测方法

3.5.1 差值法

差值法检测涂料中VOC的含量又可以分为两种：（1）扣除沸点大于250 ℃的VOC：试样经气相色谱法测试，如未检测出沸点大于250 ℃的有机化合物，所测试的挥发物含量即为产品的VOC含量；如检测出沸点大于250 ℃的有机化合物，则对试样中沸点大于250 ℃的有机化合物进行定性鉴定和定量分析。从挥发物含量中扣除试样中沸点大于250 ℃的有机化合物的含量即为产品的VOC含量。（2）不扣除沸点大于250 ℃的VOC：不进行气相色谱法测试，直接由挥发物含量计算得到试样的VOC含量。

3.5.1.1 分析实例：GB18581－2009附录A（差值法：扣除沸点大于250 ℃的VOC）

（1）原理

试样经气相色谱法测试，如未检出沸点大于250 ℃的有机化合物，所测试的挥发物含量即为产品的VOC含量；如检测出沸点大于250 ℃的有机化合物，则对试样中沸点大于250 ℃的有机化合物进行定性鉴定和定量分析。从挥发物含量中扣除试样中沸点大于250 ℃的有机化合物的含量即为产品的VOC含量。

（2）试剂与材料

内标物：试样中不存在且能够与其他组分完全分离的化合物，例如邻苯二甲酸二甲酯、邻苯二甲酸二乙酯等。

校准准化合物：用于校准的化合物。

稀释溶剂：不含干扰物质，例如乙酸乙酯等。

标记物：己二酸二乙酯（沸点251 ℃），用于区分VOC与非VOC。

（3）测试步骤

（a）色谱条件

色谱柱（基本柱）：聚二甲基硅氧烷毛细管柱，30 m×0.25 mm×0.25 μm；进样口温度：300 ℃；FID检测器温度：300 ℃；柱温：程序升温，初始160 ℃，保持1 min，然后以10 ℃/min升至290 ℃保持15 min；分流进样，进样量1.0 μL；载气流速1.2 mL/min。

（b）试样中不含沸点大于250 ℃有机化合物的VOC含量的测定

如果试样经定性分析未发现沸点大于250℃的有机化合物，按式（3.4）计算试样的VOC含量。

$$\rho(\text{VOC}) = \omega \times \rho_s \times 1000 \tag{3.4}$$

式中：ρ（VOC）—试样的VOC含量，单位为克每升（g/L）；

ω—试样中挥发物含量的质量分数（按GB/T 1725－2007测定），单位为克每克（g/g）；

ρ_s—试样的密度，单位为克每毫升（g/mL）；

1000—转换因子。

（c）试样中含沸点大于 250 ℃有机化合物的 VOC 含量的测定

（Ⅰ）定性分析

将标记物注入色谱仪，测定其在聚二甲基硅氧烷毛细柱上的保留时间，以便按给出的 VOC 定义确定色谱图中的积分起点。按产品明示的施工配比制备混合试样，搅拌均匀后，称取约 2 g 的样品，用适量的稀释剂稀释试样，用进样器取 1.0 μL 混合均匀的试样注入色谱仪，记录色谱图，并对每种保留时间高于标记物的化合物进行定性鉴定。优先选用的方法是气相色谱仪与质量选择检测器或 FT-IR 光谱仪联用，并使用给出的气相色谱测试条件。

（Ⅱ）校准

将适量的校准混合物注入气相色谱仪中，记录色谱图，按式（3.5）分别计算每种化合物的相对校正因子：

$$\omega_{漆i} = \frac{m_{is} \times A_i}{m_s \times A_{ci}} \tag{3.5}$$

式中：R_i—化合物 i 的相对校正因子；

m_{ci}—校准混合物中化合物 i 的质量，单位为克（g）；

m_{is}—校准混合物中内标物的质量，单位为克（g）；

A_{is}—内标物的峰面积；

A_{ci}—化合物 i 的峰面积。

测定结果保留三位有效数字。

（Ⅲ）试样的测试

将 1.0 μL 配置的试样注入气相色谱仪，记录色谱图，并计算各种保留时间高于标记物的化合物峰面积，然后按式（3.6）分别计算试样中所含的各种沸点大于 250 ℃的有机化合物的质量分数。

$$\omega_{漆i} = \frac{m_{is} \times A_i \times R_i}{m_s \times A_{is}} \tag{3.6}$$

式中：$\omega_{漆i}$—试样中沸点大于 250 ℃的有机化合物 i 的质量分数，单位为克每克（g/g）；

R_i—化合物 i 的相对校正因子；

m_{is}—校准混合物中内标物的质量，单位为克（g）；

m_s—试样的质量，单位为克（g）；

A_i—被测化合物 i 的峰面积；

A_{is}—内标物的峰面积。

试样中沸点大于 250 ℃的有机化合物的含量按式（3.7）计算。

$$\omega_{漆} = \sum_{i=1}^{n} \omega_{漆i} \tag{3.7}$$

式中：$\omega_{漆i}$—试样中沸点大于 250 ℃的有机化合物 i 的质量分数，单位为克每克（g/g）。

试样中沸点小于等于 250 ℃ VOC 的含量按式（3.8）计算。

$$\rho_{(VOC)} = (\omega - \omega_{漆}) \times \rho_s \times 1000 \tag{3.8}$$

式中：$\rho_{(VOC)}$—试样中沸点小于或等于 250 ℃的 VOC 含量，单位为克每升（g/L）；

ω—试样中挥发物含量的质量分数，单位为克每克（g/g）；

$\omega_{漆}$—试样中沸点大于 250 ℃的有机化合物的质量分数，单位为克每克（g/g）；

ρ_s—式样的密度，单位为克每毫升（g/mL）；

1000—转换因子。

3.5.2　气相色谱及顶空气相色谱法

3.5.2.1　分析实例：GB/T 23986—2009（气相色谱法）

该标准规定了测定色漆、清漆及其原材料中挥发性有机化合物（VOC）含量的方法，主要适用于 VOC 含量大于 0.1%（质量分数）、小于 15%（质量分数）的样品。该方法假定挥发物是水或有机物。如存在其他的挥发性无机化合物，需要用其他合适的方法进行定量测定并在计算时考虑扣除。

（1）原理

采用气相色谱技术分离 VOCs。根据样品的类型，选择热进样或冷柱进样方式，优先选用热进样方式，化合物经定性鉴定后，用内标法以峰面积值来定量。用这种方法也可以测定水分含量，进而计算得到样品的 VOC 含量。

（2）试剂与材料

内标物：试样中不存在且能够与其他组分完全分离的化合物，例如异丁醇、二乙二醇二甲醚等。

校准准化合物：用于校准的化合物。

稀释溶剂：不含干扰物质，纯度至少 99%，例如甲醇、四氢呋喃等。

标记物：如果沸点限定值为 250 ℃，十四烷（沸点 252.6 ℃）可以作为非极性体系标记物，己二酸二乙酯（沸点 251 ℃）可作为极性样品体系标记物，用于区分 VOC 与非 VOC。

（3）测试步骤

（a）色谱条件

（Ⅰ）水可稀释样品的热进样方式

色谱柱（基本柱）：6%腈丙苯基/94%聚二甲基硅氧烷毛细管柱，60 m×0.32 mm×1.0 μm；进样口温度：250 ℃；检测器温度：260 ℃；柱温：程序升温，初始 100 ℃，保持 1 min，然后以 20 ℃/min 升至 260 ℃保持 21 min；分流比 1：40，进样量 0.5 μL；载气流速 27.3 cm/s（100 ℃时），柱前压 124 kPa，载气为氦气。

（Ⅱ）水可稀释样品的冷进样方式

色谱柱：聚二甲基硅氧烷毛细管柱，50 m×0.32 mm×1.0 μm；进样口温度：30 ℃，升温速率 10 ℃/s，一阶温度 100 ℃，恒温 10 s，升温速率 10 ℃/s，二阶温度 260 ℃，恒温 240 s；检测器温度：280 ℃；柱温：程序升温，初始 50 ℃，保持 4 min，然后以 8 ℃/min 升至 240 ℃保持 10 min；分流比 1：20，进样量 0.2 μL；柱前压 150 kPa，载气为氦气。

（Ⅲ）不含水样品的热进样方式

色谱柱：聚二甲基硅氧烷毛细管柱，50 m×0.32 mm×0.25 μm；进样口温度：

250 ℃；检测器温度：260 ℃；柱温：程序升温，初始 40 ℃，然后以 3 ℃/min 升至 175 ℃保持 15 min；分流比 1∶100，进样量 0.2 μL；柱前压 170 kPa，载气为氦气。

（Ⅳ）不含水样品的冷进样方式

色谱柱：聚二甲基硅氧烷毛细管柱，50 m×0.32 mm×0.25 μm；进样口温度：40 ℃，升温速率 10 ℃/s，一阶温度 100 ℃，恒温 10 s，升温速率 10 ℃/s，二阶温度 250 ℃，恒温 200 s；检测器温度：260 ℃；柱温：程序升温，初始 40 ℃，然后以 3 ℃/min 升至 175 ℃保持 10 min；分流比 1∶100，进样量 0.2 μL；柱前压 170 kPa，载气为氦气。

（b）定性分析优先选择 GC 与 MSD 或 FT-IR 联用。

（c）校准：样品瓶中称入定性出的化合物，称取的质量应与样品中各组分的含量在一个数量级。再称取与待测化合物质量相近的内标物至同一样品瓶中，稀释后取一定量注入气相色谱仪中，按式（3.9）分别计算每种化合物的相对校正因子：

$$R_i = \frac{m_{ci} \times A_{is}}{m_{is} \times A_{ci}} \tag{3.9}$$

式中：R_i—化合物 i 的相对校正因子；

m_{ci}—校准混合物中化合物 i 的质量，单位为克（g）；

m_{is}—校准混合物中内标物的质量，单位为克（g）；

A_{is}—内标物的峰面积；

A_{ci}—化合物 i 的峰面积。

（d）定量分析

试样制备：称取样品 1～3 g 以及与待测化合物质量相近的内标物至同一样品瓶中，稀释后摇匀密封备用。

将一定量试样注入色谱仪，以保留时间低于标记物的所有化合物的峰面积，按式（3.10）计算 1 g 试样中所含的每种化合物的质量。

$$m_i = \frac{m_{is} \times A_i \times R_i}{m_s \times A_{is}} \tag{3.10}$$

式中：m_i—1 g 试样中化合物 i 的质量，单位为克（g）；

R_i—化合物 i 的相对校正因子；

m_{is}—试样中内标物的质量，单位为克（g）；

m_s—试样的质量，单位为克（g）；

A_i—被测化合物 i 的峰面积；

A_{is}—内标物的峰面积。

（4）计算

按试验样品参照的标准中所规定的方法计算 VOC 含量。如没有规定特定的方法，按式（3.11）计算 VOC 含量。

待测样品的 VOC 含量，以质量分数（%）表示，按式（3.11）计算：

$$\omega_{(VOC)} = \sum_{i=1}^{i=n} m_i \times 100 \tag{3.11}$$

式中：$\omega_{(VOC)}$—“待测”样品的 VOC 含量，以质量分数（%）表示；

m_i—1g 试样中化合物 i 的质量，单位为克（g）；

100—换算系数。

3.5.2.2　分析实例：GB/T 23984—2009（顶空-气相色谱法）

该标准规定了采用气相色谱法定量测定在标准大气压下（101.325 kPa）低 VOC 含量乳胶漆中挥发性有机化合物（VOC）（罐内 VOC）含量（即沸点最高可达 250 ℃的有机化合物的含量）的方法，适用于 VOC 含量在 0.01%和 0.1%之间（质量分数）的样品。

（1）原理

采用顶空进样器使很少量的稀释后的样品中的 VOCs 完全汽化，然后用气相色谱法分析法测定其含量。在隔膜密封的小瓶中，将几微升用缓冲液稀释后的样品加热至 150 ℃，当完全汽化后，一部分气相试样导入非极性毛细管柱中。对相对保留时间低于十四烷（沸点 252.6 ℃）的所有组分的峰面积进行积分，采用标准储备液混合物作为标准添加物以四种浓度等级来测定 VOC 含量。测定结果是基于标准储备液混合物的平均响应因子。

（2）试剂与材料

标准储备液：代表性标准化合物有，二乙二醇单丁醚、二乙二醇单丁醚乙酸酯、丁醇、丙烯酸丁酯、丙烯酸-2-乙基己酯、苯乙烯、乙酸乙烯酯。分别称取 1 g 的每种标准化合物于试剂瓶中，沸点由高到低称取，并加约 1000 mg/kg 的阻聚剂。

柠檬酸缓冲溶液：pH 5.0。

聚合反应抑制剂：2，6-二叔丁基-4-甲基苯酚或 N，N-二甲基二硫代氨基甲酸酯的水合酸性钠盐。

十四烷，纯度至少 99.5%。

（3）测试步骤

样品制备

（a）原样的稀释：在带隔垫的试剂瓶中加入 10 g 乳胶漆和 10 g 柠檬酸缓冲溶液，密封并混匀。

（b）不加多级标准添加物的分析试样的制备

用力摇晃（I）的试剂瓶，立即用 2 mL 注射器从中抽取上部气体，在三个小瓶中分别称入（153）mg 的气体试样，密封后备用。

（c）加入多级标准添加物的分析试样的制备

按（a）方法制备 4 分稀释样品，用 50 μL 注射器分别加入 10、20、30、40 μL 的标准储备液，称量后密封备用。

用力摇晃的试剂瓶，立即 2 mL 注射器从中抽取上部气体，在三个小瓶中分别称入（153）mg 的气体试样，密封后备用。

（4）分析步骤

仪器条件

（a）顶空进样器：样品控制温度 150 ℃；传送管和分配阀控制温度 160 ℃；温度保持 4 min。

（b）气相色谱条件：

带样品环路的顶空进样器色谱条件：

色谱柱（基本柱）：95%二甲基硅酮/5%苯基硅酮毛细管柱，30 m×0.32 mm×

1.0 μm；进样口温度：250 ℃；FID或MSD检测器温度：300 ℃；柱温：程序升温，初始100 ℃，然后以10 ℃/min升至280 ℃；分流比1∶10；载气流速1.8 mL/min。

采用等压法的顶空进样器色谱条件：

色谱柱（基本柱）：95%二甲基硅酮/5%苯基硅酮毛细管柱，30 m×0.32 mm×1.0 μm，与接在柱和检测器之间1.5 m×0.15 mm的甲基去活的限流毛细管相连；进样口温度：200 ℃；FID或MSD检测器温度：300 ℃；柱温：程序升温，初始100 ℃，然后以10 ℃/min升至280 ℃；分流速率30～50 mL/min；载气流速1.8 mL/min。

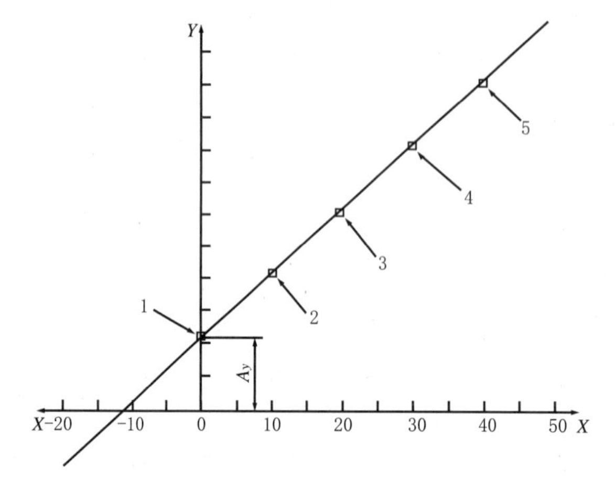

图3.5　线性回归曲线

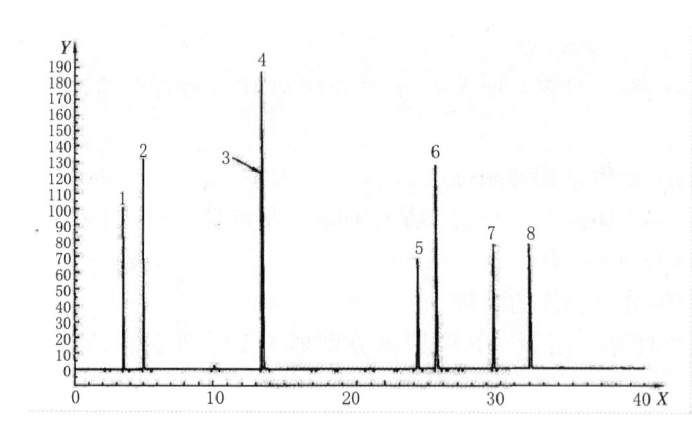

图3.6　标准储备液和十四烷色谱图

（c）以相同色谱条件，分别测定不加多级标准添加物的分析试样和加入多级标准添加物的分析试样，测定3次。

（d）VOC积分终点的确定：以十四烷的保留时间作为VOC的积分终点。

（5）评定方法

（a）峰面积的测定

对保留时间小于十四烷的所有峰面积进行积分，并按式（3.12）归一化至1mg样品的峰面积。

$$A_{norm} = \frac{A(m_p + m_{cb})}{m_{sd} \times A_{ci}} \tag{3.12}$$

式中：A_{norm}—归一化至1mg乳胶漆校准后的峰面积；

A—保留时间小于十四烷的所有峰的面积；

m_{sd}—试样的质量，单位为克（g）；

m_p—乳胶漆原样的质量，单位为克（g）；

m_{cb}—加入到原样中的柠檬酸缓冲溶液的质量，单位为克（g）。

（b）罐内VOC含量的计算

对不加多级标准添加物的分析试样和标准添加物为10 mg、20 mg、30 mg、40 mg的试样测定3次后，归一化至1 mg乳胶漆的峰面积，计算各级浓度试样的3次测定的归一化的峰面积平均值$A_{norm(X)}$。

通过计算，或者通过计算并按这种方式得到的平均面积单位值对相应的标准添加物量作图进行线性回归分析。

从纵轴上的截距A_γ以及线性回归曲线的斜率B，按式（3.13）计算原样m_p中VOC的含量m_{voc}，单位为毫克（mg）。

$$m_{voc} = \frac{A_\gamma}{B} \tag{3.13}$$

用式（3.14）计算罐内VOC含量，以毫克每千克（mg/kg）表示：

$$\omega_{voc} = \frac{m_{voc}}{m_p} \times 1000 \tag{3.14}$$

3.5.2.3 分析实例：GB/T 18582—2008附录A挥发性有机化合物及苯、甲苯、乙苯和二甲苯总和含量的测试气相色谱法

该标准规定了水性墙面涂料和水性墙面腻子中挥发性有机化合物VOC及苯、甲苯、乙苯和二甲苯总和含量的测试方法，适用于VOC含量大于等于0.1%、且小于等于15%的涂料及其原料的测试。测试原理是试样经稀释后，通过气相色谱分析技术使样品中各种挥发性有机化合物分离，定性鉴定被测化合物，并用内标法测试其含量。

（1）试剂和材料

载气：氮气；燃气：氢气；助燃气：空气。

内标物：试样中不存在且能够与其他组分完全分离的化合物，例如异丁醇、乙二醇单丁醚、乙二醇二甲醚、二乙二醇二甲醚等。

校准化合物：包括甲醇、乙醇、正丙醇、异丙醇、正丁醇、异丁醇、苯、甲苯、乙苯、二甲苯、三乙胺、二甲基乙醇胺、2-氨基-2-甲基-1-丙醇、乙二醇、1，2-丙二醇、1，3-丙二醇、二乙二醇、乙二醇单甲醚、二乙二醇单甲醚、二乙二醇乙醚醋酸酯、2，2，4-三甲基-1，3-戊二醇。

稀释溶剂：不含干扰物质的有机溶剂，例如乙腈、甲醇或四氢呋喃等。

标记物：己二酸二乙酯，用于区分VOC组分和非VOC组分。

（2）仪器设备

气相色谱，配置火焰离子化检测器（FID）、质谱检测器（MSD）、傅里叶变换红外检测器（FT-IR）中的一种。

色谱柱：聚二甲基硅氧烷毛细管柱或6%腈丙苯基/94%聚二甲基硅氧烷毛细管柱、聚乙二醇毛细管柱。

(3) 分析步骤

(a) 仪器条件

色谱条件1：

色谱柱（基本柱）：聚二甲基硅氧烷毛细管柱，30 m×0.32 mm×1.0 μm；进样口温度：260 ℃；FID检测器温度：280 ℃；柱温：程序升温，45 ℃保持4 min，然后以8 ℃/min升至230 ℃保持10 min；分流进样，进样量1.0 μL。

色谱条件2：

色谱柱（基本柱）：6%腈丙苯基/94%聚二甲基硅氧烷毛细管柱，60 m×0.32 mm×1.0 μm；进样口温度：250 ℃；FID检测器温度：260 ℃；柱温：程序升温，80 ℃保持1 min，然后以10 ℃/min升至230 ℃保持15 min；分流进样，进样量1.0 μL。

色谱条件3：

色谱柱（基本柱）：聚乙二醇毛细管柱，30 m×0.32 mm×0.25 μm；进样口温度：240 ℃；FID检测器温度：250 ℃；柱温：程序升温，60 ℃保持1 min，然后以20 ℃/min升至240 ℃保持20 min；分流进样，进样量1.0 μL。

(b) 定性分析

选择(a)中两种极性差别尽可能大的色谱柱，以给出的色谱条件，测定校准化合物和样品，定性鉴定试样中有无校准化合物。

(c) 校准

(Ⅰ) 校准样品的配制：分别称取一定量的鉴定出的校准化合物于配样瓶中，称取质量与待测试样中各自的含量应在同一数量级；再称取与待测化合物相同数量级的内标物于同一配样瓶中，用稀释溶剂稀释混合物，摇匀备用。

(Ⅱ) 相对校正因子测定：将适量校准化合物注入气相色谱中，按照与试样相同条件测试，根据以下公式计算每种化合物的相对校正因子：

$$R_i = \frac{m_{ci} \times A_{is}}{m_{is} \times A_{ci}} \tag{3.15}$$

式中：R_i—化合物i的相对校正因子；

m_{ci}—校准混合物中化合物i的质量，单位为克(g)；

A_{is}—内标物的峰面积；

A_{ci}—化合物i的峰面积。

R_i取两次测试结果的平均值，相对偏差应小于5%，保留3位有效数字。

若出现校准化合物之外的未知化合物色谱峰，则假设其相对于异丁醇的校正因子为1.0。

(d) 样品测试

(Ⅰ) 样品的配制：称取试样1 g以及与与被测物质量相近的内标物于配样瓶中，加10 mL稀释溶剂，摇匀备用。

(Ⅱ) VOC的确定：将标记物注入色谱仪中，记录其在聚二甲基硅氧烷毛细管柱或6%腈丙苯基、94%聚二甲基硅氧烷毛细管柱上的保留时间，按VOC的定义确定色谱图的积分终点。

（Ⅲ）样品测定：将 1 μL 配制好的试样注入色谱仪中，以校准时的仪器条件测试，记录保留时间低于标记物的化合物峰面积（稀释溶剂除外），根据式（3.16）计算试样中各种化合物的质量分数：

$$\omega_1 = \frac{m_{is} \times A_i \times R_i}{m_s \times A_{is}} \tag{3.16}$$

式中：ω_1—测试试样中被测化合物 i 的质量分数，单位为克每克（g/g）；

R_i—被测化合物 i 的相对校正因子；

m_{is}—内标物的质量，单位为克（g）；

m_s—测试试样的质量，单位为克（g）；

A_{is}—内标物的峰面积；

A_i—被测化合物 i 的峰面积。(4）计算

涂料产品的 VOC

涂料产品按式（3.17）计算 VOC 含量：

$$VOC = \frac{\sum_{i=1}^{i=n} m_i}{1 - \rho_s \times \frac{\omega_w}{\rho_w}} \times \rho_s \times 1000 \tag{3.17}$$

式中：VOC—涂料产品的 VOC 含量，单位为克每升（g/L）；

m_i—测试试样中被测化合物 i 的质量分数，单位为克每克（g/g）；

w—测试试样中水的质量分数，单位为克每克（g/g）；

ρ_s—试样的密度，单位为克每毫升（g/mL）；

ρ_w—水的密度，单位为克每毫升（g/mL）；

1000—转换因子。

测试方法检出限：2 g/L。

参考文献：

[1] 刘石磊.涂料和胶黏剂中挥发性有机物分析研究[D].北京：首都师范大学，2009.

[2] Kaufman J J，Koski W S，Roszak S，et al. Correlation between energetics and toxicities of single-carbon halides[J]. Chemical Physics，1996，204(204)：233-237.

[3] And M A J，Cantwell F F. Solvent Microextraction into a Single Drop[J]. Analytical Chemistry，1996，68(13)：2236-2240.

[4] And M A J，Cantwell F F. Solvent Microextraction as a Speciation Tool：Determination of Free Progesterone in a Protein Solution[J]. Analytical Chemistry，1997，69(15)：2935-2940.

[5] 王炎，张永梅，梁志华.顶空液相微萃取测定溶剂型涂料中挥发性有机物[J].分析试验室，2008，27(3)：115-118.

[6] Bodrian R R，Censullo A C，Jones D R，et al. Analysis of exempt paint solvents by gas chromatography using solid-phase microextraction[J]. Journal of Coatings Technology，2000，72(900)：69-74.

[7] Censullo A C，Jones D R，Wills M T. Speciation of the volatile organic compounds（VOCs）in solventborne aerosol coatings by solid phase microextraction-gas chromatography[J]. Journal of Coatings Technology，2003，75(936)：47-53.

[8] 陈珠灵，吴晓萍，林志盛. 固相微萃取-气相色谱法测定涂料中苯系物[J]. 分析试验室，2003，22(z1)：163-164.

[9] 吕庆，张庆，康苏媛，等. 顶空气相色谱-质谱法测定涂料中的 5 种挥发性有机物[J]. 分析测试学报，2011，30(2)：171-175.

[10]李宁，刘杰民，温美娟，等. 顶空固相微萃取-气相色谱法测定环保水性涂料中的挥发性有机物[J]. 分析试验室，2005，24(5)：24-28.

[11]童月婵，刘开，邹阳，等. 顶空-气相色谱/质谱法测定溶剂型木器涂料中 7 种卤代烃[J]. 分析试验室，2014(7)：823-827.

[12]张伟亚，李英，刘丽，等. 顶空进样气质联用法测定涂料中 12 种卤代烃和苯系物[J]. . 分析化学，2003，31(2)：212-216.

[13]陈珠灵，张兰，吴晓苹，等. 固相微萃取-气相色谱技术用于涂料中苯系物有害物质的快速测定[J]. 福州大学学报，2004，32(6)：751-753.

[14]薛希妹，薛秋红，刘心同，等. 溶剂型涂料中 16 种有害物质的气相色谱-质谱同时检测方法[J]. 分析测试学报，2011，30(5)：522-526.

[15]马明，周宇艳，马腾洲. 顶空-气相色谱质谱法快速测定水性涂料及胶粘剂中游离甲醛含量[J]. 分析试验室，2015，34(5)：558-561.

[16]卢志刚，赵金伟，张桂珍，等. 膜过滤-气相色谱法测定涂料中的苯系物、环己酮和甲苯二异氰酸酯[J]. 化工环保，2007，27(3)：280-284.

[17]周宇艳，程欲晓，陈潜，等. 气相色谱-质谱法同时测定水性涂料中的五种乙二醇醚及其酯类化合物[J]. 环境化学，2013(10)：1999-2001.

[18]陈会明，王超，王星，等. 毛细管气相色谱法检测水性涂料中三种乙二醇醚[J]. 理化检验-化学分册，2006，42(5)：374-376.

第4章 涂料中残留单体检测技术

4.1 概述

人们生活水平的不断提高，新型的装饰、装修材料进入工作及家庭环境中，室内装饰、装修已成为人们追求的热点，拥有舒适、洁净的现代生活和工作空间，成为了一种时尚，室内装饰、装修能满足人们的这一需求。但是，现如今一些商家为了追求个人利益，以次充好甚至使用非法原料，导致市场上的装饰、装修材料不能保证质量。譬如有害物质的超标涂料会给室内空气造成严重的污染，危害人体的健康，使人感到恶心、头晕目眩、易患感冒，嗓子不舒服，呼吸不顺畅、免疫力下降等。环境医学研究表明，人类百分之四十的疾病与室内环境污染有关，室内空气污染已成为第三大城市大气污染问题，因此涂料作为室内装饰、装修的必要材料，其是否安全、有害、有毒物是否超标已成为人们十分关心的问题。涂料主要由成膜物质、颜料、填料以及各种助剂所组成，所用的溶剂和稀释剂中会不断挥发出各种有毒有害的物质，使居住者在无形中受到危害。此外，涂料中残留的单体好多都有具有一定挥发性，它们一旦残留量超标就会逐渐过量地挥发进入空气，危害环境与人体健康。本章节介绍较为常见的聚氨酯涂料中的异氰酸酯类单体及其常用的检测方法、环氧树脂涂料中的环氧氯丙烷单体及其常用的检测方法。

4.2 涂料中异氰酸酯单体及其检测方法

聚氨酯技术兴起于德国，由于其优异的综合性能，近年来获得飞速发展[1]。聚氨酯涂料是增长速度最快的涂料品种之一，它在涂料中所占比例和增长速度象征着一个国家的涂料工业水平，受到世界各国的高度重视和广泛研究。当前，聚氨酯涂料已经渗透到我国涂料行业的各个应用领域，聚氨酯技术在汽车 OEM 涂料（在线涂装涂料）及修补漆、木器涂料、防腐蚀涂料、塑料涂料和建筑涂料中得到了广泛的应用，市场前景广阔。聚氨酯涂料具有优良的附着力、耐化学品、装饰性及有优良的耐磨性能，是一种新型、高档耐用的合成树脂涂料[2]。聚氨酯涂料产量超过硝基漆、丙烯酸树脂漆、环氧树脂漆、油脂漆、天然树脂漆，成为第三大涂料品种，仅次于醇酸树脂漆、酚醛树脂漆，广泛用于国防、航天、交通工具、家电、木器家具、仪器仪表、室内装饰等的保护和装饰。

聚氨酯涂料可以分为双组分聚氨酯涂料和单组水性分聚氨酯涂料[2]。其中，NCO/OH 型双组分聚氨酯涂料，由于其原料来源广、性能优良、适用面广而成为聚氨酯涂料中产量最大的品种，这类涂料中由含有多个端异氰酸酯基（NCO）的异氰酸酯聚合物（又称聚氨酯预聚物）和含端羟基（OH）的树脂组成，通常称为固化剂组分和主剂组分。单组分水性聚氨酯涂料是以水性聚氨酯树脂为基料，并以水为分散介质的一类涂料。聚氨酯是由多异氰酸酯（含 NCO 基团）和大分子多元醇（含 OH 基团）聚合而成的树脂，二异氰酸酯单体是过量的，所以在产物中残留了有毒物质——异氰酸酯。在涂料中所含有毒有害物质很多，而异氰酸酯则是其中毒性、危害较大的一类，若涂料中异氰酸酯单体过高，那么在涂料工人施工、百姓日常生活中，游离异氰酸酯单体会大量挥发，既污染环境，又危害健康。此外，异氰酸酯含量对聚氨酯涂料的性能影响较大。因此，需要测定涂料异氰酸酯含量。

4.2.1 常见的异氰酸酯种类及理化性质

异氰酸酯是异氰酸的各种酯的总称，若以 NCO 基团的数量分类，包括单异氰酸酯（R—N═C═O）和二异氰酸酯（O═C═N—R—N═C═O）及多异氰酸酯等。聚氨酯涂料常用单体有芳香族异氰酸酯，如甲苯二异氰酸酯（TDI）、二苯基甲烷二异氰酸酯（MDI），以及脂肪族二异氰酸酯，如六亚甲基二异氰酸酯（HDI）、异佛尔酮二异氰酸酯（IPDI）等[3]。

4.2.1.1 甲苯二异氰酸酯（TDI）

甲基二异氰酸酯有 2，4-甲苯二异氰酸酯和 2，6-甲苯二异氰酸酯（TDI）两种异构体。按两种异构体含量的不同，工业上有三种规格的产品：(1) TDI-65 含 2，4-TDI65％，2，6-TDI35％；(2) TDI-80 含 2，4-TDI80％，2，6-TDI20％，最为常见；(3) TDI-100 含 2，4-TDI100％。甲苯二异氰酸酯为无色透明至淡黄色液体，有刺激性气味；遇光颜色变深。相对密度 1.22±0.01（25℃）。凝固点 3.5～5.5 ℃（TDI-65）；11.5～13.5 ℃（TDI-80）；19.5～21.5 ℃（TDI-100）。沸点 251 ℃，闪点 132 ℃（闭杯），蒸气密度 6.0，蒸气压 0.13 kPa（0.01 mmHg 20 ℃）。蒸气与空气混合物可燃限 0.9％～9.5％。不溶于水；溶于丙酮、乙酸乙酯和甲苯等。与水反应生成二氧化碳是聚氨酯泡沫塑料制造过程中的关键反应之一，应避免受潮。其能与强氧化剂发生反应，遇热、明火、火花会着火，加热分解放出氰化物和氮氧化物。甲苯二异氰酸酯具有强烈的刺激性气味，在人体中具有积聚性和潜伏性，对皮肤、眼睛和呼吸道有强烈刺激作用，吸入高浓度的甲苯二异氰酸酯蒸气会引起支气管炎、支气管肺炎和肺水肿；液体与皮肤接触可引起皮炎。液体与眼睛接触可引起严重刺激作用，如果不加以治疗，可能导致永久性损伤。长期接触甲苯二异氰酸酯可引起慢性支气管炎。对甲苯二异氰酸酯过敏者，可能引起气喘、伴气喘、呼吸困难和咳嗽。用 TDI 制成的聚氨酯材料主要应用于制作各种软质和硬质的泡沫塑料、聚氨酯橡胶、聚氨酯涂料，其优异性能和广泛用途使 TDI 成为异氰酸酯化合物中应用最广泛、产量最大的品种之一。

4.2.1.2 六亚甲基二异氰酸酯（HDI）

六亚甲基二异氰酸酯（HDI）是一种无色透明液体，稍有刺激性臭味，易燃。密度为 1.047 g/mL（20 ℃），熔点为－67 ℃，沸点为 255 ℃（101 kPa），闪点为 135 ℃（开杯），蒸气压为 66.7 Pa（85 ℃）。六亚甲基二异氰酸酯不溶于冷水，溶于苯、甲苯、氯苯等有机溶剂。六亚甲基二异氰酸酯的常温常压下稳定，避免氧化物、酸类、胺、强碱、醇类、水接触。稍有刺激性臭味，易燃。光稳定性较好，挥发性大，毒性大，六亚甲基二异氰酸酯对人的呼吸道、眼睛和粘膜及皮肤有强烈的刺激作用，有催泪作用。重者可引起化学性肺炎、肺水肿。有致敏作用。六亚甲基二异氰酸酯的化学性质非常活泼，能与水、醇及胺等含活泼氢化合物反应。与醇、酸、胺能反应，遇水、碱会分解。在铜、铁等金属氯化物存在下能聚合。

4.2.1.3　异佛尔酮二异氰酸酯（IPDI）

异佛尔酮二异氰酸酯（IPDI）为无色或浅黄色液体，有樟脑似气味，与酯、酮、醚、芳香烃和脂肪烃等有机溶剂完全混溶。密度为1.049 g/mL（25℃），熔点为－60 ℃，沸点为158 ℃（15 mmHg），闪点>110 ℃。异佛尔酮二异氰酸酯是脂肪族异氰酸酯，其蒸气或烟雾对眼睛、黏膜和上呼吸道有强烈刺激作用。异佛尔酮二异氰酸酯IPDI反应活性比芳香族异氰酸酯低，蒸气压也低。异佛尔酮二异氰酸酯IPDI分子中2个NCO基团的反应活性不同，因为IPDI分子中伯NCO受到环己烷环和a-取代甲基的位阻作用，使得连在环己烷上的仲NCO基团的反应活性比伯NCO的高1.3～2.5倍，IPDI与羟基的反应速度比HDI与羟基的反应速度快4～5倍。

4.2.1.4　二苯基甲烷二异氰酸酯（MDI）

二苯甲烷二异氰酸酯（MDI），有4，4′-MDI、2，4′-MDI、2，2′-MDI等异构体，应用最多的是4，4′-MDI。二苯甲烷二异氰酸酯是白色至淡黄色熔触固体，加热时有刺激性臭味。相对密度为（50 ℃）1.19，熔点为40～41 ℃，沸点为156～158 ℃（1.33 kPa），粘度为（50 ℃）4.9 mPas，闪点为（开口）202 ℃，折射率为1.590 6。溶于丙酮、四氯化碳、苯、氯苯、煤油、硝基苯、二氧六环等溶剂，遇水分解。遇明火、高热可燃，受热或遇水、酸放热分解，释放出有毒烟气。4，4′-MDI在室温下颜色变黄，易于生成不溶解的二聚体，因此产品需加稳定剂。二苯基甲烷-4，4′-二异氰酸酯为有毒化学品。通过皮肤吸入、误服，接触蒸气，对眼、皮肤、黏膜、呼吸系统、消化系统有强烈刺激作用或造成伤害，吸入蒸气能引起哮喘。MDI和TDI互为替代品，都是生产聚氨酯的原料，目前MDI的价格略低一些，且毒性比TDI低。

4.2.2　涂料中异氰酸酯的限量

上述异氰酸酯均具有很大的化学毒性，而TDI、HDI的挥发性相对MDI、IPDI更大，因此更容易对人体造成伤害。此外，由于TDI的用量是最大的异氰酸酯，因而其成为室内主要空气污染物之一，国内外法规对相关涂料中对异氰酸酯的规定也主要集中在TDI。

4.2.2.1　我国对涂料中TDI限量的要求

我国涉及涂料中TDI限量的标准主要有8个[4-11]，它们分别对不同的涂料产品中游离TDI含量做了限量要求，如表4.1所列。

由表4.1可以看出，我国标准中规定聚氨酯涂料产品中游离TDI的限量均在7 g/kg（或0.7%）以下，其中，我国GB/T 22374—2008对溶剂型地坪涂装材料和无溶剂型地坪涂装材料的要求较严格，游离TDI的限量仅为2 g/kg（0.2%）。需要指出的是，GB 18581－2009、GB 50325－2010、HG/T 3950－2007规定的限量实为TDI与HDI的总含量限值。

表 4.1　我国关于涂料中游离 TDI 限量的标准及要求

标准编号	标准名称	产品种类	TDI 限量	备注
GB 18581－2009	室内装饰装修材料溶剂型木器涂料中有害物质限量	聚氨酯涂料	≤0.4%（此处为TDI与HDI总量）	代替 GB 18581－2001
		聚氨酯腻子	≤0.4%（此处为TDI与HDI总量）	
GB 50325－2010	民用建筑工程室内环境污染控制规范	聚氨酯涂料	≤4 g/kg（此处为TDI与HDI总量）	2006年版
HG/T 3950－2007	抗菌涂料	溶剂型木器抗菌涂料	≤0.4%（此处为TDI与HDI总量）	聚氨酯类木器涂料
GB/T 22374－2008	地坪涂料材料	溶剂型地坪涂装材料	≤2 g/kg	聚氨酯漆类
		无溶剂型地坪涂装材料	≤2 g/kg	—
GB/T 23446－2009	喷涂聚脲防水涂料	喷涂聚脲防水涂料	≤3.0 g/kg	—
HJ457－2009	环境标志产品技术要求 防水涂料	反应固化型聚脲防水涂料的固化剂	≤0.5%	—
HJ/T 414－2007	环境标志产品技术要求 室内装饰装修用溶剂型木器涂料	聚氨酯类溶剂型涂料的固化剂	≤0. 5%	—
JC 1066－2008	建筑防水涂料中有害物质限量	反应型建筑防水涂料 A 级要求	≤3.0 g/kg	仅限于聚氨酯类防水涂料
		反应型建筑防水涂料 B 级要求	≤7.0 g/kg	

4.2.2.2　国外对涂料中游离 TDI 限量的要求

欧共体对含有游离 TDI、HDI、IPDI、HMDI 的涂料产品进行了毒性分级，如表 4.2 所列。由表 4.2 可以看出，欧共体成员国将游离异氰酸酯含量低于 0.5%的涂料产品确定为无毒无害的产品，但该类产品的外包装需标明“含异氰酸酯”字样，而游离异氰酸酯含量高于 0.5%的涂料则为有害或有毒的产品，对其外包装需进行更加详细的标注。

表 4.2　欧共体涂料产品的毒性分级及标志要求

游离异氰酸酯含量/%	毒性等级	标志要求
<0.5	无毒	外包装标明“含异氰酸”
0.5～2.0	对健康有害	外包装标明“有害”的警告标志级“含异氰酸酯”
>2.0	有毒	外包装标明“有害”并附上骷髅级白骨标志，且标明“含异氰酸酯”

由此可见，我国大部分标准的规定已经达到了欧盟规定的无毒要求，涂料中 TDI 的限量低于 0.5%，但是 JC 1066—2008 规定的 B 级反应型建筑防水涂料中 TDI 的限量要求

均为 7.0 g/kg（0.7%），属于对健康有害的等级，然而我国标准均没有对相关涂料外包装的标志、标签做类似欧盟那样严格的要求。

4.2.3　涂料中异氰酸酯的检测方法

涂料中异氰酸酯含量的常见测定方法有红外光谱法、化学分析法、分光光度法、液相色谱法、液相色谱-质谱法、气相色谱法、气相色谱-质谱法等。其中，前三种方法主要用于测定异氰酸酯基团的含量，而后四种可对具体的异氰酸酯种类进行定性、定量测定。下面将对这些方法的进行简要介绍，并通过应用实例来阐述检测过程。

4.2.3.1　红外光谱法测定异氰酸酯

1. 红外光谱法简介

（1）基本原理

红外光谱的研究始于 20 世纪初，自 1940 年红外光谱仪问世，红外光谱在有机化学研究中广泛应用。在有机物分子中，组成化学键或官能团的原子处于不断振动的状态，其振动频率与红外光的振动频率相当。所以，用红外光照射有机物分子时，分子中的化学键或官能团可发生振动吸收，不同的化学键或官能团吸收频率不同，在红外光谱上将处于不同位置，从而可获得分子中含有何种化学键或官能团的信息。分子的振动形式可以分为两大类：伸缩振动和弯曲振动。前者是指原子沿键轴方向的往复运动，振动过程中键长发生变化。后者是指原子垂直于化学键方向的振动。通常用不同的符号表示不同的振动形式，例如，伸缩振动可分为对称伸缩振动和反对称伸缩振动，分别用 Vs 和 Vas 表示。弯曲振动可分为面内弯曲振动（δ）和面外弯曲振动（γ）。从理论上来说，每一个基本振动都能吸收与其频率相同的红外光，在红外光谱图对应的位置上出现一个吸收峰。实际上有一些振动分子没有偶极矩变化是红外非活性的；另外有一些振动的频率相同，发生简并；还有一些振动频率超出了仪器可以检测的范围，这些都使得实际红外谱图中的吸收峰数目大大低于理论值。组成分子的各种基团都有自己特定的红外特征吸收峰。不同化合物中，同一种官能团的吸收振动总是出现在一个窄的波数范围内，但它不是出现在一个固定波数上，具体出现在哪一波数，与基团在分子中所处的环境有关。

20 世纪 60 年代，随着 Norris 等人所做的大量工作，提出物质的含量与近红外区内多个不同的波长点吸收峰呈线性关系的理论，并利用近红外漫反射技术测定了农产品中的水分、蛋白、脂肪等成分，才使得近红外光谱技术一度在农副产品分析中得到广泛应用。70 年代产生的化学计量学（Chemometrics）学科的重要组成部分——多元校正技术在光谱分析中的成功应用，促进了近红外光谱技术的推广。到 80 年代后期，随着计算机技术的迅速发展，带动了分析仪器的数字化和化学计量学的发展，通过化学计量学方法在解决光谱信息提取和背景干扰方面取得的良好效果，加之近红外光谱在测样技术上所独占的特点，使人们重新熟悉了近红外光谱的价值，近红外光谱在各领域中的应用研究陆续展开。进入 90 年代，近红外光谱在产业领域中的应用全面展开，有关近红外光谱的研究及应用文献几乎呈指数增长，成为发展最快、最引人注目的一门独立的分析技术。由于近红外光在常规光纤中具有良好的传输特性，使近红外光谱在在线分析领域也得到了很好的应用，并取得良好的社会效益和经济效益，从此近红外光谱技术进入一个快速发展的新时期。

（2）红外光谱仪及其特点

红外光谱仪是利用物质对不同波长的红外辐射的吸收特性，进行分子结构和化学组成分析的仪器。红外光谱仪通常由光源，单色器，探测器和计算机处理信息系统组成。一般分为两类，一种是光栅扫描的，很少使用；另一种是迈克尔逊干涉仪扫描的，称为傅立叶变换红外光谱，这是目前最广泛使用的。光栅扫描的是利用分光镜将检测光（红外光）分成两束，一束作为参考光，一束作为探测光照射样品，再利用光栅和单色仪将红外光的波长分开，扫描并检测逐个波长的强度，最后整合成一张谱图。傅立叶变换红外光谱是利用迈克尔逊干涉仪将检测光（红外光）分成两束，在动镜和定镜上反射回分束器上，这两束光是宽带的相干光，会发生干涉。相干的红外光照射到样品上，经检测器采集，获得含有样品信息的红外干涉图数据，经过计算机对数据进行傅立叶变换后，得到样品的红外光谱图。傅里叶变换光谱仪的主要优点是：①多通道测量使信噪比提高；②没有入射和出射狭缝限制，因而光通量高，提高了仪器的灵敏度；③以氦、氖激光波长为标准，波数值的精确度可达 0.01 cm；④增加动镜移动距离就可使分辨本领提高；⑤工作波段可从可见区延伸到毫米区，使远红外光谱的测定得以实现。

2. 红外光谱法测定异氰酸酯简介

红外光谱法测定原理主要是利用异氰酸酯在 2 270 cm^{-1}处的特征吸收峰进行定量[12]，该法不受被测物稳定性较差或相对分子质量过高等因素的影响。与化学分析法和可见分光光度法相比，红外光谱法更简便、测定时间短、试剂用量少、分析成本低，但所用仪器昂贵且需有合适的溶剂。目前主要采用的是溴化钾压片法，需要测定薄片的厚度和质量等，比较繁琐，且精密度较差。

巫森鑫，杜郢等采用密封池红外光谱法测定聚氨酯预聚体中异氰酸酯基含量[13]。将预聚体样品溶于溶剂，注入到密封池，测定其在 2 270 cm^{-1}处的吸光度，就可根据标准曲线计算出样品中异氰酸酯基团的含量。

3. 红外光谱法应用实例—聚氨酯预聚体中异氰酸酯基含量的测定[13]

（1）主要仪器与试剂

傅里叶红外光谱仪；甲苯（分析纯）；4，4’-二苯基甲烷二异氰酸酯（MDI，异氰酸酯基含量为 33.48%）、甲苯二异氰酸酯（TDI，异氰酸酯基含量为 48.19%）、异佛尔酮二异氰酸酯（IPDI，异氰酸酯基含量为 37.16%）。

采用化学法测定上述异氰酸酯标准物中异氰酸酯基含量。采用甲苯将 MDI、TDI、IPDI 分别配制成所需浓度的标准溶液。

（2）测定步骤

（a）吸收波长的确定

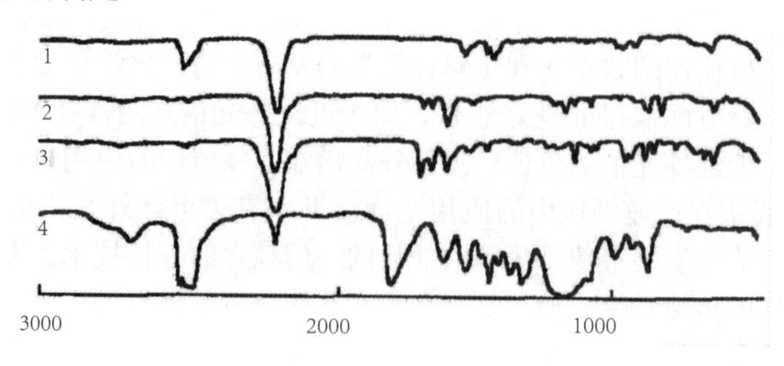

1. IPDI；　2. MDI；　3. TDI；　4. 聚氨酯预聚体

图 4.1　二异氰酸酯标准物和聚氨酯预聚体的红外光谱图

将系列标准溶液和聚氨酯预聚体溶液注入密封池中测定，获得其红外光谱图。从图4.1可知，标准物和聚氨酯预聚体在2 270 cm^{-1}处存在强吸收峰，此峰是由异氰酸酯基团的伸缩振动产生的。标准物和聚氨酯预聚体中的其它基团在此波数处不产生吸收。因此，可用此波数处产生的吸收峰强度来分析聚氨酯预聚体样品中的异氰酸酯基含量。

（b）溶剂的选择

经过试验表明，IPDI在分析纯甲苯和分析纯丙酮中，在350 min时间范围内吸光度基本稳定，因此以IPDI作标准物时可选用甲苯或丙酮作溶剂。但以MDI和TDI作标准物时，不能采用丙酮作溶剂，其吸光度随时间越来越低。这是因为分析纯丙酮比分析纯甲苯含有更多的水分，而MDI和TDI中的异氰酸酯基比IPDI中的异氰酸酯基更易与水反应导致的。因此，以IPDI作标准物时可用分析纯丙酮或甲苯作溶剂，而以MDI和TDI作标准物时则必须以甲苯作溶剂。

（c）标准曲线的绘制

称取不同量的标准溶液样品于10 mL比色管中，用溶剂稀释至5 mL刻度。将标准溶液注入密封池中，用红外光谱仪在异氰酸酯基的最大吸收波长（2 270 cm^{-1}）处测定吸光度，然后绘制标准曲线。

表4.3 标准曲线的回归方程、线性范围、相关系数和摩尔吸光系数

标准物名称	线性范围 /mg（—NCO）/5mL	回归方程	相关系数	摩尔吸光系数 /（L/moL·cm）
MDI	0～55	A=0.2863C+0.028	0.9991	1.20×10^3
TDI	0～35	A=0.3678C+0.011	0.9997	1.55×10^3
IPDI	0～60	A=0.2473C+0.022	0.9998	1.04×10^3

（d）样品中—NCO含量的测定

称取一定量聚氨酯预聚体样品于10 mL比色管中，用溶剂稀释至5 mL刻度，摇动使样品溶解。用将溶液注入密封池中，用红外光谱仪在异氰酸酯基的最大吸收波长处（2 270 cm^{-1}）测定吸光值，然后根据相应的标准曲线计算出样品中的异氰酸酯基含量。

（3）密封池红外光谱法的测定异氰酸酯基小结

上述方法采用密封池红外光谱法测定聚氨酯预聚体中异氰酸酯基含量。用密封池红外光谱法测定聚氨酯预聚体中异氰酸酯基含量时，MDI和TDI产生的聚氨酯预聚体可用分析纯甲苯作溶剂，IPDI产生的聚氨酯预聚体可用分析纯甲苯和丙酮作溶剂。绘制了以MDI、TDI和IPDI作标准物和分析纯甲苯作溶剂时的标准曲线。本红外光谱法操作简便，测定时间短，试剂用量少，分析成本低，精密度好。

4.2.3.2 分光光度法测定异氰酸酯

1. 分光光度法简介

分光光度法是通过测定被测物质在特定波长处或一定波长范围内光的吸光度或发光强度，对该物质进行定性和定量分析的方法。当一束强度为I_0的单色光垂直照射某物质的溶液后，由于一部分光被体系吸收，因此透射光的强度降至I，则溶液的透光率T为：$T=(I_0-I)/I_0$。根据朗伯一比尔定律：$A=abc$，式中A为吸光度，b为溶液层厚度（cm），c为溶液的浓度（g/L），a为吸光系数，溶液中其他组分（如溶剂等）对光的吸收可用空白液扣除。当溶液层厚度 b 和吸光系数 a 固定时，吸光度 A 与溶液的浓度成线性关系。

在定量分析时，首先需要测定溶液对不同波长光的吸收情况（吸收光谱），从中确定最大吸收波长，然后以此波长的光为光源，测定一系列已知浓度 c 溶液的吸光度 A，作出 $A\sim c$ 工作曲线。在分析未知溶液时，根据测量的吸光度 A，查工作曲线即可确定出相应的浓度。用紫外光源测定无色物质的方法，称为紫外分光光度法；用可见光光源测定有色物质的方法，称为可见光光度法。它们与比色法一样，都以朗伯-比尔定律为基础。上述的紫外光区与可见光区是常用的，但分光光度法的应用光区包括紫外光区，可见光区，红外光区。波长范围：① 200～400 nm 的紫外光区；② 400～760 nm 的可见光区；③ 2.5～25μm 的红外光区。分光光度计分为：紫外分光光度计、可见分光光度计、红外分光光度计、原子吸收分光光度计。

2. 分光光度法测定异氰酸酯简介

分光光度法测定异氰酸酯基含量的方法有[14]：①正丁胺-孔雀绿法，该法灵敏度较高，但是溶剂处理和试剂配制过于繁琐，试验条件苛刻，显色体系不稳定；②重氮偶合法，该法需要预先将试样溶于乙酸，并用乙酸-硫酸体系将异氰酸酯水解，溶解效果不好，并且水解反应不完全；③对二甲氨基苯甲醛（DMAB）法，异氰酸酯基与 DMAB 在醋酸存在下发生显色反应，形成黄色化合物。

王静、管荻华研究了分光光度法测定聚氨酯中微量异氰酸酯基的方法[15]。以 N，N-二甲基甲酰胺为溶剂，在冰醋酸存在下，异氰酸酯基与二甲氨基苯甲醛形成有色化合物，该有色化合物的最大吸收波长为 430 nm，表观摩尔吸光系数 $\varepsilon=2.80\times10^4\ \mathrm{L\cdot moL^{-1}\cdot cm^{-1}}$。在 430 nm 波长下，异氰酸酯基团浓度在 0～20 μg/10 mL 范围内符合比尔定律。

3. 分光光度法法应用实例—聚氨酯中异氰酸酯基含量的测定[15]

（1）方法原理

异氰酸酯基与对二甲氨基苯甲醛在醋酸的存在下发生如下显色反应，形成黄色化合物，见图 4.2。

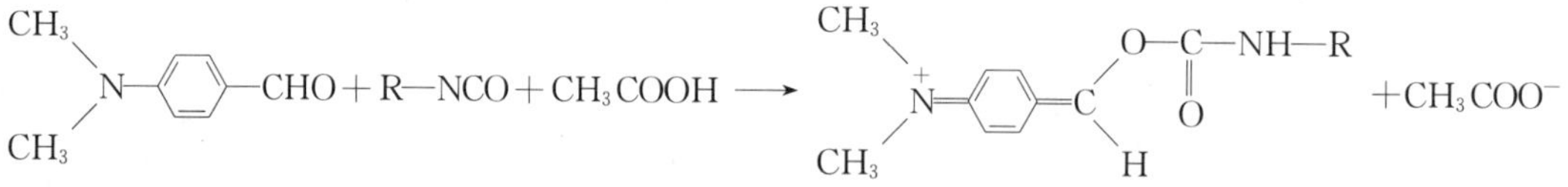

$$(CH_3)_2N-C_6H_4-CHO + R-NCO + CH_3COOH \longrightarrow (CH_3)_2\overset{+}{N}{=}C_6H_4{=}C(H)-O-C(=O)-NH-R + CH_3COO^-$$

图 4.2 方法原理反应式

（2）主要仪器与试剂

紫外可见分光光度计、分光光度计；对二甲氨基苯甲醛（分析纯）、甲苯二异氰酸酯（TDI）（含量>99.9%）；异氰酸酯基团标准溶液：准确称取 0.207 2 g TDI 于 100 mL 容量瓶中，用 N，N-二甲基甲酰胺稀释至刻度，摇匀，配成 1.000 mg/mL 储备液，密封保存，使用时用 N，N-二甲基甲酰胺稀释成 10.00 μg/mL 的工作液；显色液：准确称取 10.00 g 二甲氨基苯甲醛于 50 mL 烧杯中，用 N，N-二甲基甲酰胺溶解后，转移至 100 mL 容量瓶中，用 N，N-二甲基甲酰胺稀释至刻度。

（3）测定步骤

（a）测定波长的确定

按照实验方法配制溶液，以试剂空白为参比，用紫外可见分光光度计扫描显色溶液，得吸收光谱曲线，见图 4.3。

由图 4.3 可见，在醋酸介质中，显色物质的最大吸收波长为 430 nm。因此，本实验选择测定波长为 430 nm。

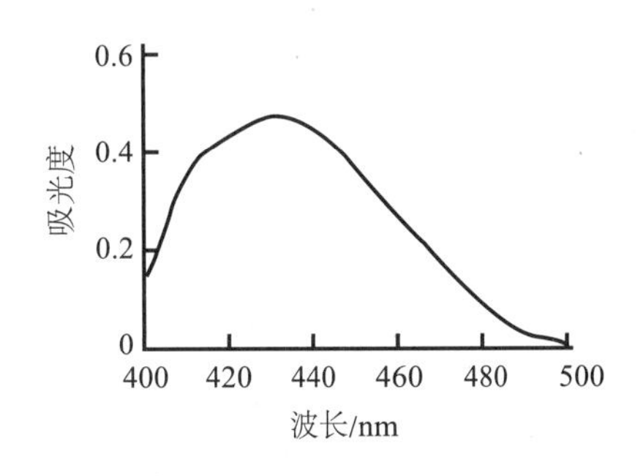

图 4.3　吸收光谱图

（b）工作曲线的绘制

在一系列 10 mL 容量瓶中，依次加入不同量异氰酸酯基团标准溶液（≤20 μg/10 mL），显色液 3.0 mL，冰醋酸 5.0 mL，用 N，N-二甲基甲酰胺稀释至刻度，摇匀，静置 20 min 后以试剂空白为参比，用 1 cm 比色皿于 430 nm 处测定吸光度，根据实验数据绘制工作曲线。异氰酸酯基团在 0～20μg/10 mL 范围内符合比尔定律，回归方程为 A=0.066 7X+0.000 3，相关系数 r=0.999 9，表观摩尔吸光系数 ε=2.80×10^4 L·moL^{-1}·cm^{-1}。

（c）样品的测定

准确称取 0.1～0.3 g 聚氨酯样品于 10 mL 比色管中，依次加入显色液 3.0 mL，冰醋酸 5.0 mL，用 N，N-二甲基甲酰胺稀释至刻度，静置 20 min 后以试剂空白为参比，用 1 cm 比色皿于 430 nm 处测定其吸光度值，根据工作曲线计算出样品中的异氰酸酯基团含量。

（4）分光光度法的测定异氰酸酯基小结

上述方法选用的 DMAB 分光光度法是测定聚氨酯中微量—NCO 含量的一种较理想方法，也是目前常用的方法。它以异氰酸酯基与二甲氨基苯甲醛在醋酸的存在下发生显色反应为基础，是测定聚氨酯中微量异氰酸酯基含量的一种较理想方法。在精确度、重现性、准确性等方面都可满足测定要求，而且所用仪器和试剂都较普通，分析成本低，操作简单，分析时间短。

4.2.3.3　滴定分析法测定异氰酸酯

1. 滴定分析法简介

滴定分析法，又叫容量分析法，是将已知准确浓度的标准溶液，滴加到被测溶液中（或者将被测溶液滴加到标准溶液中），直到所加的标准溶液与被测物质按化学计量关系定量反应为止，然后测量标准溶液消耗的体积，根据标准溶液的浓度和所消耗的体积，算出待测物质的含量。滴定分析法是一种简便、快速和应用广泛的定量分析方法，在常量分析中有较高的准确度。

根据标准溶液和待测组分间的反应类型的不同，分为四类：①酸碱滴定法——以质子传递反应为基础的一种滴定分析方法：②配位滴定法——以配位反应为基础的一种滴定分析方法；③氧化还原滴定法——以氧化还原反应为基础的一种滴定分析方法；④沉淀滴定法——以沉淀反应为基础的一种滴定分析方法。根据分析方式的不同，也可分为四类：①直接滴定法，是用标准溶液直接滴定被测物质的一种方法；②返滴定法，是先准确地加入一定量过量的标准溶液，使其与试液中的被测物质或固体试样进行反应，待反应完成后，再用另一种标准溶液滴定剩余的标准溶液；③置换滴定法，对于某些不能直接滴定的物质，也可以使它先与另一种物质起反应，置换出一定量能被滴定的物质来，然后再用适当的滴定剂进行滴定，这种滴定方法称为置换滴定法；④间接滴定法，有些物质虽然不能与滴定剂直接进行化学反应，但可以通过别的化学反应间接测定。

2. 滴定分析法测定异氰酸酯简介

中华人民共和国化工行业标准《关于聚氨酯预聚体中异氰酸酯基含量的测定（HG/T 2409—92)》规定了聚氨酯预聚体或中间产物中异氰酸酯基含量的测定方法[16]。这是最基本的—NCO含量测定方法，利用—NCO与过量的二正丁胺在甲苯中反应，反应完成后，用盐酸标准滴定溶液返滴过量的二正丁胺，其反应方程式见图4.4。测定时先定量称取样品放人干净的锥形瓶中，加入无水甲苯，溶解试样，再移人二正丁胺无水甲苯溶液，混匀，加入异丙醇及溴酚蓝指示剂，用HCl标准溶液滴至溶液颜色由蓝色变成黄色时为终点。由于甲苯与水不互容，导致HCl与二正丁胺反应可能不完全和显色不准确，滴定终点难确定。因此，该方法需要加入大量的异丙醇作为增溶剂，导致溶剂用量大，污染环境，且分析成本很高。

$$-N{=}C{=}O + (C_4H_9)_2NH \longrightarrow -\overset{H}{\overset{|}{N}}-\overset{O}{\overset{\|}{C}}-N(C_4H_9)_2 \quad \text{(a)}$$

$$HCl + (C_4H_9)_2NH \longrightarrow (C_4H_9)_2NH \cdot HCl \quad \text{(b)}$$

图4.4　方法原理反应式

熊军，孙芳等以丙酮作溶剂[17]，采用二正丁胺滴定法测定聚氨酯中的异氰酸酯基含量。将二正丁胺溶于丙酮，并使之与异氰酸酯基反应，过量的二正丁胺用HCl标准溶液滴定，即可得到样品中的异氰酸酯基含量。

3. 滴定分析法应用实例-丙酮-二正丁胺滴定法测定聚氨酯中的异氰酸酯基的测定[17]

（1）主要仪器与试剂

酸式滴定管；丙酮（分析纯），在丙酮中加入固体KMnO4至溶液呈持久粉红色，放置3～4天，然后加入无水硫酸钙脱水，蒸馏提纯；甲苯（分析纯），用前经4A的分子筛干燥，蒸馏提纯；异佛尔酮二异氰酸酯（IPDI）（分析纯）；溴甲酚绿指示剂：0.1 g溴甲酚绿溶于100 mL体积分数20%乙醇中；0.1 moI/L二正丁胺-甲苯溶液，将12.9 g二正丁胺溶于甲苯中，移入1 000 mL容量瓶中，用甲苯稀释至刻度，充分摇匀；0.1 moI/L丙酮-二正丁胺溶液，将2.6 g二正丁胺溶于丙酮中，移入200 mL容量瓶中，用丙酮稀释至刻度，摇匀，避光保存，现配现用；0.1 mol/L HCl标准溶液。

（2）测定步骤

称取1.000 0 g样品于干燥的碘量瓶中，加入10 mL丙酮溶解样品，准确加入20.00 mL二正丁胺-丙酮溶液，加塞密闭后充分振荡，静置15 min；随后，加入3滴溴甲酚绿指示剂，用0.1 mol/L HCl标准溶液滴定至终点（由蓝至黄）。同时做空白实验。然后根据如下公式（4.1）即可得到样品中的异氰酸酯基含量，

$$w_{NCO}\% = \frac{(V_0 - V) \times c \times 4.202}{m} \quad (4.1)$$

其中，V_0为空白样品消耗的HCl体积（mL），V为样品消耗的HCl体积（mL），c为HCl标准溶液的浓度（mol/L），m为样品量（g）。

（3）滴定分析法测定异氰酸酯基小结

本方法采用丙酮代替甲苯和异丙醇作溶剂，由于丙酮与水任意比互溶，不需要加入其它的增溶剂，且对溴甲酚绿指示剂显色准确，故本文采用丙酮作为溶剂溶解二正丁胺，直接与聚氨酯分子中的异氰酸酯基反应，本方法准确、简便，相对传统方法有效降低了实验成本。

另外，刘晓冬等利用电位滴定法测定异氰酸酯基含量[18]。电位滴定法其实是在化学分析法的基础上利用电位计指示终点的一种方法，原理与化学分析法相同，可用于微量异氰酸酯基的测定。前期试剂及反应与化学分析法基本相同，只是滴定时将烧杯放在滴定装置的磁力搅拌器上，插入电极，边滴边记录相应滴定剂体积下的毫升数及相应的 pH 值。用作图法（以盐酸消耗量为横坐标，以对应的 pH 值为纵坐标绘制滴定曲线）确定滴定终点。此方法利用 pH 值的变化确定滴定终点，无需指示剂，不受溶液色泽影响，提高了准确度，特别适用于聚氨酯预聚体中异氰酸酯基含量测定。

4.2.3.4 高效液相色谱法测定异氰酸酯

1. 高效液相色谱法简介

（1）基本原理

高效液相色谱法（HPLC）是 20 世纪 60 年代末 70 年代初发展起来的一种以液体做流动相的新型分离分析技术，随着技术不断改进与发展，目前已成为应用极为广泛的化学分离分析的重要手段。它是用高压输液泵将具有不同极性的单一溶剂或不同比例的混合溶剂、缓冲液等流动相泵入装有固定相的色谱柱，经进样阀注入待测样品，由流动相带入柱内，由于样品溶液中的各组分在两相中具有不同的分配系数，在两相中做相对运动时，经过反复多次的吸附-解吸的分配过程，各组分在移动速度上产生较大的差别，被分离成单个组分依次从柱内流出。在柱内各成分被分离后，依次进入检测器进行检测，从而实现对试样的分析。这种方法已成为化学、生化、医学、工业、农业、环保、商检和法检等学科领域中重要的分离分析技术，是分析化学、生物化学和环境化学工作者手中必不可少的工具。效液相色谱法（High Performance Liquid Chromatography/HPLC）又称“高压液相色谱”、“高速液相色谱”、“高分离度液相色谱”、“近代柱色谱”等。

（2）高效液相色谱仪器及其特点

高效液相色谱仪的结构一般可分为 4 个主要部分：①高压输液系统，它是高效液相色谱仪最重要的部件，一般由储液罐、高压输液泵、过滤器、压力脉动阻力器等组成，其中高压输液泵是核心部件；②进样系统，一般有两类：膈膜注射进样器和高压进样阀。隔膜注射进样器是在色谱柱顶端装一个耐压弹性膈膜，进样时用微量注射器刺穿膈膜将试样注入色谱柱，优点是装置简单、价格便宜、死体积小，但允许进样量小、重复性差。高压进样阀目前多为六通阀，进样可由定量管的体积严格控制，因此进样准确，重复性好；③分离系统—色谱柱，色谱柱是液相色谱的心脏部件，一般来说，色谱柱长 3～30 cm，内径为 4～5 mm；（d）检测系统，高效液相色谱检测器的类型基本有两种，一类是溶质性检测器，它仅对被分离组分物理或化学特性有响应，属于这类检测器的有紫外、荧光、电化学检测器等。另一类是总体检测器，它对试样和洗脱液总的化学或者物理性质都有响应，属于这类检测器的有示差折光、电导检测器等。此外还配有辅助装置附属系统包括脱气、梯度淋洗、恒温、自动进样、馏分收集以及数据处理等装置。

高效液相色谱法的优点：①高速：分析速度快、载液流速快，较经典液体色谱法速度快得多，通常分析一个样品在 15～30 min，有些样品甚至在 5 min 内即可完成，一般小于 1 小时；②高效：分离效能高。可选择固定相和流动相以达到最佳分离效果，比工业精馏塔和气相色谱的分离效能高出许多倍；③高灵敏度：紫外检测器可达 0.01 ng，进样量在 μL 数量级；④应用范围广：70％以上的有机化合物可用高效液相色谱分析，特别是在高沸点、大分子、强极性、热稳定性差化合物的分离、分析上，显示出优势；⑤柱子可反复使用：用一根柱子可分离不同化合物；⑥样品量少、容易回收：样品经过色谱柱后不被破坏，可以收集单一组分或做制备。

2. 高效液相色谱法测定异氰酸酯简介

异氰酸酯易与活泼氢反应，直接进液相分析时会与流动相等发生反应[19]，导致目标物发生变化。其次，样品中异氰酸酯基团会影响色谱柱寿命[20]。因此，在液相色谱测定时需要将其衍生化后才可进行仪器分析。一些 HPLC 分析方法用于芳香族或脂肪族异氰酸酯稳定性较差，当用甲醇或乙醇对 IPDI 进行氨基甲酸酯衍生化时，由于吸收基团相对较小，IPDI 氨基甲酸酯衍生物响应值过低，无法进行准确的定量检测，当用吡啶哌嗪对 MDI 脲衍生化时，MDI 脲标样的溶解性极差，甚至无法进样。

针对这些问题，陈为都、王小妹等[21]对脂肪族异氰酸酯采用吡啶哌嗪衍生化，芳香族异氰酸酯采取乙醇衍生化，建立了高效液相法测定芳香族或脂肪族异氰酸酯类聚氨酯预聚体中游离单体的方法。

3. 高效液相法应用实例—IPDI 及 MDI 氨酯预聚体中游离异氰酸酯的测定[21]

（1）主要仪器与试剂

红外光谱仪；高效液相色谱仪；1-（2-吡啶基）哌嗪（2PP），分析纯；异佛尔酮二异氰酸酯（IPDI），工业级；二苯基甲烷二异氰酸酯（MDI），工业级；聚醚（N210，Mn＝1 000），工业级；无水乙醇，分析纯；二甲亚砜（DMSO），分析纯；乙腈，色谱纯。

（2）聚氨酯预聚体的合成

将聚醚 N210 在 100～120 ℃，真空度 0.266 kPa 下脱水 2 h，然后冷却至 50～60 ℃，按，n_{CO}：n_{OH}＝5∶1 加入计量 IPDI 或 MDI（须先熔化），通氮气保护，在 80～85 ℃下保温反应 4 h，取样分析异氰酸酯基含量，当异氰酸酯基达到设计值时（IPDI 型聚氨酯预聚体 NCO 质量分数为 15.9％，MDI 型聚氨酯预聚体 NCO 质量分数为 14.9％），再真空脱泡，密封保存，分别得到两种聚氨酯预聚体。

（3）样品的制备

（a）IPDI—IU 标样及 PU_{IPDI}—IU 制备

先取 IPDI 0.8 mmol 溶于 3 mL 重蒸无水的 DMSO 中，然后缓慢倒入溶有 1.8 mmol 2PP 的 3 mL DMSO 中并搅拌，于 60 ℃水浴加热 30 min，然后倾人大量的重蒸水中，有白色沉淀析出，用 DMSO 重新溶解，然后用大量的重蒸水清洗，得白色沉淀，于 50 ℃真空度 0.266 kPa 下干燥 24 h，得到的白色粉末即为 IPDI 脲（IPDI—IU）标样。根据 IPDI 型聚氨酯预聚体中 NCO 的含量，按 n_{2PP}∶n_{NCO}＝2.5∶1 配比进行同上反应，得到 IPDI 型聚氨酯预聚体的脲衍生物（PU_{IPDI}—IU），供分析用。

（b）MDI—MU 标样及 PUMDI—MU 的制备

先用苯挥发法对分析纯的无水乙醇进行精制，即在无水乙醇中加入一定量的苯，于

64.9 ℃沸腾，蒸出苯、乙醇和水的三元恒沸混合物，将水全部蒸出。继续升高温度，于68.3 ℃蒸出苯和乙醇的二元混合物，将苯全部蒸出；最后升高温度到 78.5 ℃，蒸出无水乙醇。将 MDI 配成质量分数为 1%的精制乙醇溶液，于 60 ℃水浴加热 45 min。蒸出多余的乙醇后，倾入大量的重蒸水，有白色沉淀，用精制的乙醇重新溶解后再用大量的重蒸水清洗，得白色沉淀物并于 50 ℃，真空度 0.266 kPa 下干燥 24 h，得到的白色粉末即为MDI 氨基甲酸酯衍生物（MDI－Mu）标样。将 MDI 型聚氨酯预聚体配成质量分数为 1%的乙醇溶液，于 60 ℃水浴加热 1 h，得 MDI 型聚氨酯预聚体氨基甲酸酯衍生物（PU_{MDI}－MU）。

NCO 基含量采用 HG/T 2409－92 标准进行测定[16]。

（4）IPDI 型聚氨酯预聚物中游离 IPDI 含量测定

首先，对 IPDI－IU 进行红外分析（见图 4.5），发现 2 260 cm^{-1}处的异氰酸酯吸收峰已经消失，说明 IPDI 与 2PP 反应完全，异氰酸酯基团全部参与反应。

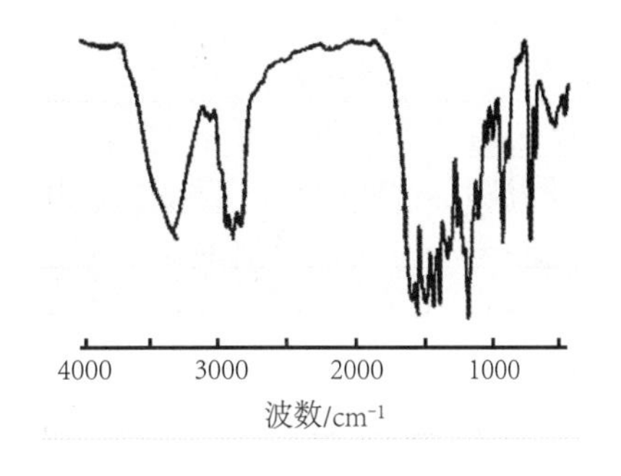

图 4.5　IPDI－IU 标样的红外光谱图

然后，精确称取 IPDI－IU 标样 1.8 mg，置于 10 mL 容量瓶中，加入乙腈溶解并稀释至刻度，并稀释成系列浓度。精密吸取各浓度溶液 1 μL，注人液相色谱仪（检测波长：254 nm，流动相：乙腈：0.1 moL/L 醋酸胺体积比 70∶30，用醋酸调节醋酸铵的 pH＝6.2；流速：0.8 mL/min），记录峰面积。以 IPDI－IU 标样的进样量为横坐标、峰面积积分值为纵坐标，绘制标准曲线，计算得回归方程：$Y=281\,52.5x-3.598\,1$。结果表明，所合成的 IPDI－IU 在 0.9～180 mg/L 范围内呈良好的线性关系。图 4.6 是 IPDI－IU 标样的 HPLC 谱图，峰 t＝5.028 min 和 t＝6.003 min 为典型的 IPDI 脲双峰，为 IPDI 的顺反异构体所致。

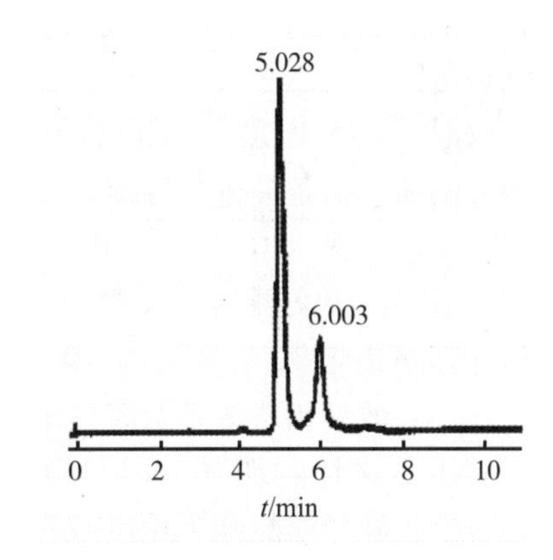

图 4.6　IPDI－IU 标样的 HPLC 谱图

取同一批次 PUIPDI－IU 样品 5 份，以上述确定的方法和色谱条件进行测定，按外标法测定 lPDI－lU 含量。图 4.7 是 PU_{IPDI}－IU 的 HPLC 谱图。

峰 t=3.605 min 为 2PP 色谱峰，t=5.070 min，t=6.035 min 为 IPDI 脲双峰。聚氨酯预聚体中游离单体含量可按如下公式（式 4.2）计算：

$$W=\frac{m_{\mathrm{mix}}\cdot C\cdot M}{M_{\mathrm{deri}}\cdot m_{\mathrm{PU}}} \tag{4.2}$$

其中，W 为 PU 预聚物中游离单体的浓度（g/g）；m_{mix}为 Pu 预聚物衍生物反应液的总质量（g）；C 为 HPLC 所测得的标样占 PU 预聚物衍生物反应液的质量分数（g/g）；M 为相应的异氰酸酯单体的摩尔质量（g/mol）；M_{deri} 为单体衍生物标样的摩尔质量

(g/mol)；m_{PU}为衍生化反应时加入的 PU 预聚物的质量（g）。

（5）MDI 型聚氨酯预聚物中游离 MDI 单体含量测定

首先，对 MDI－MU 进行红外分析（见图 4.8），发现经过乙醇衍生化后的 MDI 在 2 270 cm^{-1} 处的异氰酸酯基吸收峰已经消失，说明异氰酸酯基团全部参与反应。

精确称取 MDI－MU 1.3 mg，置于 10 mL 容量瓶中，加入甲醇溶解并稀释至刻度，并稀释成系列浓度。精密吸取各浓度溶液 1μL，注入液相色谱仪（检测波长：245 nm，流动相：甲醇－0.1 moL/L 醋酸胺＝70∶30，用醋酸调节醋酸铵的 pH＝6.2；流速：0.8 mL/min）。记录峰面积。以 MDI－MU 的进样量（μg）为横坐标、峰面积积分值为纵坐标，绘制标准曲线，计算得回归方程：Y＝779 52.2X－1.775 2（r＝0.999 9，n＝5）。结果表明，所制的 MDI－MU 在 0.65～130 mg/L 范围内呈良好的线性关系。图 4.9 是 MDI－MU 标样的 HPLC 谱图。

取同一批次 PU_{MDI}－MU 样品 5 份，按上述确定的方法和色谱条件进行测定，按外标法测定 MDI－MU 含量。图 4.10 为 PUMDI－MU 的 HPLC 色谱图，MDI 型聚氨酯预聚体中游离异氰酸酯单体含量的计算同式 4.2。

（6）高效液相法测定游离异氰酸酯小结

上述方法针对现有 HPLC 分析方法存在的问题，对脂肪族异氰酸酯采用吡啶哌嗪衍生化，芳香族异氰酸酯采取乙醇衍生化，建立了 HPLC 法测定芳香族或脂肪族异氰酸酯类聚氨酯预聚体中游离单体的方法，它可以有效地把所分析的目标峰同杂峰分离开来，而且信号强，峰狭窄，可稳定、精确地测量 IPDI 型及 MDI 型聚氨酯预聚体中游离二异氰酸酯的含量。

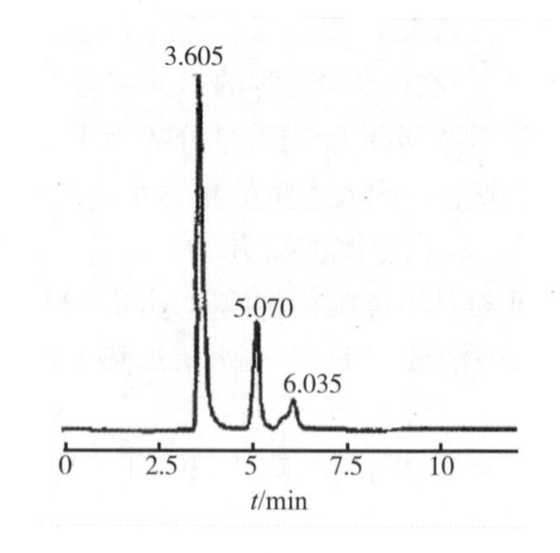

图 4.7 PUIPDI－IU 标样的 HPLC 谱图

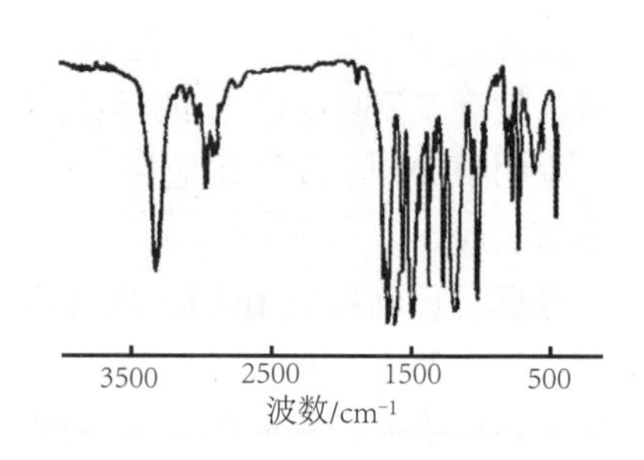

图 4.8 MDI－MU 标样的红外光谱图

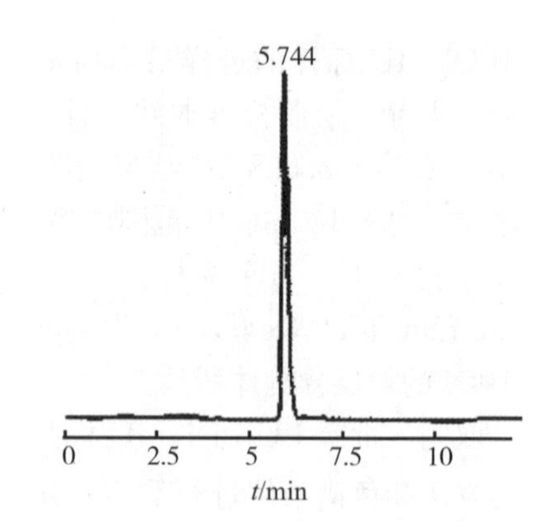

图 4.9 MDI－MU 标样的 HPLC 谱图

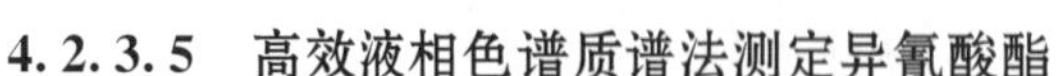

4.2.3.5 高效液相色谱质谱法测定异氰酸酯

1. 高效液相色谱质谱法简介

液质联用又叫液相色谱－质谱联用技术，它以液相色谱作为分离系统，质谱为检测系统。液相色谱（LC）能够有效的将有机物待测样品中的有机物成分分离开，而质谱（MS）能够对分开的有机物逐个的分析，物质被离子化后，经质谱的质量分析器将离子碎片按质量数分开，得到有机物分子量、结构（在某些情况下）和浓度（定量分析）的信息。液质联用体现了色谱和质谱优势的互补，将色谱对复杂样品的高分离能力，与 MS 具有高选择性、高灵敏度及能够提供相对分子质量与结构信息的优点结合起来，在药物分析、食品分析和环境分析等许多领域得到了广泛的应用。

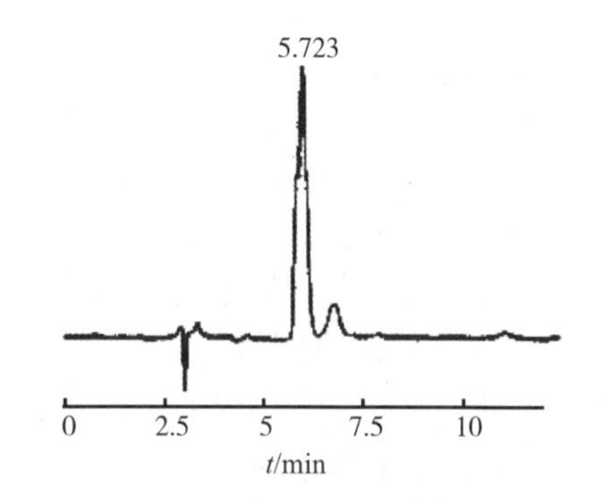

图 4.10　PUMDI－MU 标样的 HPLC 谱图

除了可以分析气相色谱－质谱（GC－MS）所不能分析的强极性、难挥发、热不稳定性的化合物之外，高效液相色谱质谱法还具有以下几个方面的优点：①分析范围广，MS 几乎可以检测所有的化合物，比较容易地解决了分析热不稳定化合物的难题；②分离能力强，即使被分析混合物在色谱上没有完全分离开，但通过 MS 的特征离子质量色谱图也能分别给出它们各自的色谱图来进行定性定量；③定性分析结果可靠，可以同时给出每一个组分的分子量和丰富的结构信息；④检测限低，MS 具备高灵敏度，通过选择离子检测（SIM）方式，其检测能力还可以提高一个数量级以上；⑤分析时间快，液质使用的液相色谱柱为窄径柱，缩短了分析时间，提高了分离效果；⑥自动化程度高，液质具有高度的自动化。

2. 高效液相色谱质谱法测定异氰酸酯简介

与液相色谱分析类似，由于异氰酸酯易与活泼氢反应，异氰酸酯无法直接进液相色谱质谱分析，一般需将异氰酸酯制成衍生物后再进行测定。

郭巧珍，杜振霞建立了聚氨酯预聚体中二苯甲烷二异氰酸酯（MDI）的超高效液相色谱-串联质谱（UPLC-MS/MS）联用的分析方法[19]。实验用甲醇作衍生试剂，将二苯甲烷二异氰酸酯衍生成二苯甲烷二氨基甲酸甲酯（MDC），通过测定二苯甲烷二氨基甲酸甲酯来确定二苯甲烷二异氰酸酯的含量，为聚氨酯预聚体中残留 MDI 检测提供可靠有效的方法。

3. 液相质谱应用实例-聚氨酯预聚体中二苯甲烷二异氰酸酯的测定[19]

（1）主要仪器与试剂

超高效液相色谱仪，配三重四极杆质谱仪；甲醇（色谱纯）、甲酸（纯度≥99%）、氨水（分析纯）、无水甲醇（分析纯）、二苯甲烷二异氰酸酯（MDC）（分析级）。

（2）检测方法

（a）二苯甲烷二异氰酸酯标准品的衍生化

由于二苯甲烷二异氰酸酯（MDI）分子中异氰酸酯基团（-NCO）的化学性质非常活泼，易与水、甲醇、胺等活泼氢化合物发生反应而不稳定。因此，MDI 的液相法分析需要把 MDI 的异氰酸根衍生保护起来，测其衍生化产物的含量，再推算 MDI 的含量。本法用甲醇作为衍生剂，反应完全后，得到产物二苯甲烷二氨基甲酸甲酯（MDC）。二苯甲烷二异氰酸酯标准品的衍生化过程：取一定量的标准品加入到 10 mL 无水甲醇中，于 60 ℃水浴加热 45 min。蒸出多余的甲醇后，倾入大量的蒸馏水，有白色沉淀，用精制的甲醇重新溶解后，再用大量的重蒸水清洗，得白色沉淀物。并于 50 ℃，真空度为 0.266 kPa 下干燥 24 h，得到白色粉末，即为二苯甲烷二氨基甲酸甲酯。

经红外光谱鉴定其衍生化后的 MDI，在 2 270 cm^{-1}处的异氰酸酯基吸收峰已经消失，说明异氰酸酯基团全部参加了反应。电喷雾质谱图只出现了衍生化后产物的准分子离子峰 m/z 314.7、331.8、336.7，分别是其加氢、加氨、加钠峰，而观察不到 MDI 的准分子离子峰 m/z250，说明 MDI 完全转变为 MDC。

(b) 聚氨酯预聚体样品中二苯甲烷二异氰酸酯标准品的衍生化

由于实际样品含量较低，因此衍生化简略为：取一定量的样品加入到 10 mL 无水甲醇中，于 60 ℃水浴加热 45 min，上层液体冷却至室温，即得到二苯甲烷二氨基甲酸甲酯的甲醇溶液，蒸出过多的甲醇，定容 1 mL。

(c) 仪器实验条件

液相色谱条件 Waters Acquity UP-LCTM BEH C18 色谱柱（2.1 mm×50 mm×1.7 μm）；柱温 25 ℃；样品温度 20 ℃；进样体积 1 μL；流动相 A 为甲醇，B 为含 0.1%（体积分数）甲酸的水溶液；线性梯度洗脱，洗脱程序：0～2 min，60%～100%A；流速 0.25 mL/min。

质谱条件电喷雾电离（ESI+）离子源，毛细管电压 3.5 kV，锥孔电压 25 V，射频透镜（RF Lens）电压 0.3 V，离子源温度 100 ℃，脱溶剂温度 200 ℃，脱溶剂气流速 600 L/h，采用选择离子监测模式。

(d) 线性关系

将 MDI 标准品衍生物 MDC 依次稀释为不同浓度来建立标准曲线，其中相当于 MDI 的质量浓度为 2～100 μg/L。以目标组分的峰面积对相应的质量浓度 X（μg/L）做标准曲线，其相关系数为 0.999 4，表明 MDI 质量浓度在 2～100 μg/L 时，具有较好的线性关系。

(e) 实际样品测定

检测了实际样品聚氨酯预聚体中游离的 MDI 含量。利用样品衍生化方法将聚氨酯预聚体甲醇衍生化，经过 0.2 μm 滤膜过滤，以除去大分子质量的高聚物，在优化条件下进行液相色谱质谱测定。

(3) 高效液相质谱法测定异氰酸酯小结

本方法采用超高效液相色谱-串联四极杆质谱联用技术建立了聚氨酯预聚体中二苯甲烷二异氰酸酯的检测方法。以甲醇－0.1%甲酸的水溶液为流动相，梯度洗脱，正离子选择离子监测模式测定，出峰在 1.24 min，且检出限（S/N>3）为 1 μg/L，实现了快速、准确地检测二苯甲烷二异氰酸酯含量，为聚氨酯预聚体中残留 MDI 检测提供了可靠、有效的方法。

4.2.3.6 气相色谱法测定异氰酸酯

1. 气相色谱法简介

(1) 基本原理

用气体作为流动相的色谱法。根据所用固定相的不同可分为两类：固定相是固体的，称为气固色谱法；固定相是液体的则称为气液色谱法。气相色谱法（gas chromatography 简称 GC）是色谱法的一种。色谱法中有两个相，一个相是流动相，另一个相是固定相。如果用液体作流动相，就叫液相色谱，用气体作流动相，就叫气相色谱。气相色谱分析是使混合物中各组分在两相间进行分配，其中一相是不动的（固定相），另一相（流动相）

携带混合物流过此固定相，与固定相发生作用，在同一推动力下，不同组分在固定相中滞留的时间不同，依次从固定相中流出，组分在固定相与流动相之间不断进行溶解、挥发（气液色谱），或吸附、解吸过程而相互分离，然后进入检测器进行检测。按色谱分离原理来分，气相色谱法亦可分为吸附色谱和分配色谱两类，在气固色谱中，固定相为吸附剂。气固色谱属于吸附色谱，气液色谱属于分配色谱。按色谱操作形式来分，气相色谱属于柱色谱，根据所使用的色谱柱粗细不同，可分为一般填充柱和毛细管柱两类。一般填充柱是将固定相装在一根玻璃或金属的管中，管内径为2～6 mm。毛细管柱则又可分为空心毛细管柱和填充毛细管柱两种。空心毛细管柱是将固定液直接涂在内径只有0.1～0.5 mm的玻璃或金属毛细管的内壁上，填充毛细管柱是近几年才发展起来的，它是将某些多孔性固体颗粒装入厚壁玻管中，然后加热拉制成毛细管，一般内径为0.25～0.5 mm。在实际工作中，气相色谱法是以气液色谱为主。

（2）气相色谱仪

气相色谱仪，将分析样品在进样口中气化后，由载气带入色谱柱，通过对欲检测混合物中组分有不同保留性能的色谱柱，使各组分分离，依次导入检测器，以得到各组分的检测信号。按照导入检测器的先后次序，经过对比，可以区别出是什么组分，根据峰高度或峰面积可以计算出各组分含量。通常采用的检测器有：热导检测器，火焰离子化检测器，氦离子化检测器，超声波检测器，光离子化检测器，电子捕获检测器，火焰光度检测器，电化学检测器，质谱检测器等。

色谱柱（包括固定相）和检定器是气相色谱仪的核心部件：①载气系统。气相色谱仪中的气路是一个载气连续运行的密闭管路系统，整个载气系统要求载气纯净、密闭性好、流速稳定及流速测量准确。②进样系统。进样就是把气体或液体样品匀速而定量地加到色谱柱上端。③分离系统分离系统的核心是色谱柱，它的作用是将多组分样品分离为单个组分。色谱柱分为填充柱和毛细管柱两类。④检测系统检测器的作用是把被色谱柱分离的样品组分根据其特性和含量转化成电信号，经放大后，由记录仪记录成色谱图。⑤信号记录或微机数据处理系统。近年来气相色谱仪主要采用色谱数据处理机。色谱数据处理机可打印记录色谱图，并能在同一张记录纸上打印出处理后的结果，如保留时间、被测组分质量分数等。⑥温度控制系统。用于控制和测量色谱柱、检测器、气化室温度，是气相色谱仪的重要组成部分。气相色谱仪分为两类：一类是气固色谱仪，另一类是气液分配色谱仪。这两类色谱仪所分离的固定相不同，但仪器的结构是通用的。

（3）气相色谱法优点

气相色谱仪分析样品有以下优点：①分离效率高，分析速度快，例如可将汽油样品在两小时内分离出200多个色谱峰，一般的样品分析可在20 min内完成。②样品用量少和检测灵敏度高，例如气体样品用量为1 mL，液体样品用量为0.1 μL固体样品用量为几微克。用适当的检测器能检测出含量在百万分之十几至十亿分之几的杂质。③选择性好，可分离、分析恒沸混合物，沸点相近的物质，某些同位素，顺式与反式异构体邻、间、对位异构体，旋光异构体等。④应用范围广，虽然主要用于分析各种气体和易挥发的有机物质，但在一定的条件下，也可以分析高沸点物质和固体样品。应用的主要领域有石油工业、环境保护、临床化学、药物学、食品工业等。

2. 气相色谱法测定异氰酸酯含量简介

气相色谱法是测定异氰酸酯较常用的方法，大多用于测定聚氨酯或预聚体中游离的异氰酸酯，气相色谱法（GC）具有定性准确、简便、快速的特点。

气相色谱法测定涂料中异氰酸酯有两个比较关键点：

①进样口温度；②内标物。TDI 预聚物加热易分解，进样口温度过高时，聚氨酯涂料分解所产生的 TDI 会影响检测结果。如聚氨酯固化剂在进样日温度 150 ℃和 250 ℃的检测实验表明：250 ℃明显增加了 TDI 峰面积。但是，当汽化室温度低于 130 ℃时，TDI 不能完全汽化，将促使测试结果偏低，所以进样口温度应很好地加以控制。另外，由于涂料基质复杂，因此需要使用内标法定量，找的合适的内标物很关键，常用的内标物有十四烷、蒽、乙二醇单丁醚、1，2，4-三氯代苯等。

现有的标准或文献有气相色谱法韩伟、王利兵等建立了聚氨酯涂料中 13 种二异氰酸酯类单体的气相色谱检测方法[22]；张燕红、夏正等建立了聚氨酯涂料中游离 TDI 的毛细管气相色谱分析方法[23]；标准检测方法《GB/T 18446—2009 色漆和清漆用漆基 异氰酸酯树脂中二异氰酸酯单体的测定》[24]等。

3. 气相色谱法应用实例 1-聚氨酯涂料中 13 种二异氰酸酯类单体的气相色谱检测方法[22]

韩伟、王利兵等建立了毛细管气相色谱氢火焰离子化法检测涂料中常用的和处于试验阶段的共 13 种二异氰酸酯，本方法能够满足日常进出口聚氨酯涂料中多种二异氰酸酯类化合物的同时检测要求。

（1）主要仪器与试剂

气相色谱仪，配氢火焰离子化检测器；乙酸乙酯（99.9%）、HDI（990%）、MDI（99.5%）、PPDI（>98%）、TMXDI（>96%）、DODI（>98%）、IPDI（>98%）、DMDPDI（>98%）、XDI（96%）、CHDI（97%）、BDI（97%）、ODI（98%）、TMPDI（98%）、TDI（99. 5%，含 2，4-异构体和 2，6-异构体）、内标物乙二醇单丁醚（≥99.5%）。

称取 0.051 6 g 乙二醇单丁醚于 50 mL 容量瓶中，用乙酸乙酯稀释并定容，充分摇匀，备用。分别称取 42～108 mg 不等的 13 种二异氰酸酯化合物于 25 mL 棕色容量瓶中，加入 1 mL 乙二醇单丁醚内标溶液，以乙酸乙酯稀释并定容，充分摇匀，置于 4℃的冰箱中避光保存。根据需要，用乙酸乙酯稀释上述标准储备溶液，配制成不同浓度的标准工作溶液。

（2）检测方法

（a）样品前处理

样品称量前先充分摇匀，然后称取约 0.5 g（精确至 0.000 2 g）样品于 5 mL 样品瓶中，加入 1 mL 乙二醇单丁醚内标溶液和 10 mL 乙酸乙酯，充分摇匀后密闭保存。样品以 5 000 r/min 离心 5～10 min 后取上层清液，用 0.45 μm 过滤膜过滤上清液，待测。

（b）色谱条件

Rtx@-1701 石英毛细管色谱柱（30 m×0.25 mm i.d.，0.25 μm，14%氰丙基苯基-86%二甲基聚硅氧烷）；进样口温度：160 ℃；进样方式：分流进样，分流比为 10；检测器温度：260 ℃；柱温程序：起始温度 150 ℃，保持 5 min，然后以 4 ℃/min 上升到

250 ℃，保持 20 min，单样分析时间为 50 min。以二异氰酸酯化合物与内标峰面积之比作为校正因子计算样品中二异氰酸酯的含量。

(c) 线性范围及线性方程

配制浓度为 250～0.05 mg/kg 的 13 种二异氰酸酯类单体的系列混合标准溶液。以色谱峰面积为纵坐标（y），浓度（mg/kg）为横坐标（x），采用线性回归方法绘制标准曲线。结果表明，13 种二异氰酸酯类单体化合物的线性范围不尽相同。其中，CHDI，HDI，TMPDI，ODI，IPDI 和 TMXDI 在 5～0.05 mg/kg 范围内具有良好的线性关系；BDI，TDI，DODI，PPDI 和 DMDPDI 在 1～50 mg/kg 范围内具有良好的线性关系；而 XDI 和 MDI 在 10～250 mg/kg 范围内具有良好的线性关系，回归方程的相关系数均大于 0.99。本方法对二异氰酸酯类单体的检出限为 0.05～10 mg/kg。加标回收率为 56%～104%。RSD 为 1.2%～6.1%。本方法相对简单而且快速，适用于油漆涂料中二异氰酸酯类化合物的高通量快速检测。

(3) 聚氨酯涂料中 13 种二异氰酸酯类单体的气相色谱检测方法小结

相对其他方法，上述方法在一次性检测异氰酸酯类化合物的种类上有所进步；但由于样品基质较为复杂，4 种二异氰酸酯类化合物 TDI、MDI、IPDI 和 HDI 的回收率有所降低，但平行进样的精密度仍然较好，能够满足生产企业的质量监督和出入境检验检疫标准的基本要求。

4. 气相色谱法应用实例 2-聚氨酯涂料中游离 TDI 的毛细管气相色谱分析[23]

张燕红、夏正等提出用毛细管气相色谱法测定聚氨酯涂料中游离 TDI 的含量的方法，该方法是在其他方法的基础上对所用色谱柱、内标物等进行筛选改进，以便快速对聚氨酯固化剂的合成和分离过程的研究进行质量监控。

(1) 主要仪器与试剂

气相色谱仪系统，配氢火焰离子化检测器；乙酸乙酯（分析纯）、1，2，4-三氯代苯（分析纯）、甲苯二异氰酸酯（TDI-80）（工业级）。

(2) 检测方法

(a) 操作条件

气化温度、柱温、检测器温度均为 150 ℃；载气：氮气，纯度＞99.9%，流速 15 mL/min；燃气：氢气，纯度＞99. 9%，流速 40 mL/min；助燃气：空气，流速 400 mL/min；气相色谱柱温箱条件：150 ℃保持 10 min；进样量：1 μL；分流比：40 比1。

(b) 标准溶液的配制

在干燥的 10 mL 容量瓶中用移液管准确加入 5 mL 乙酸乙酯，精确称取 0.03 g 1，2，4-三氯代苯和 0.03 g TDI（精确至 0.001 g）置于瓶中，盖好盖子后将样品摇匀，得到质量分数约为 0.6%的 TDI 标样溶液。

(c) 样品溶液制备

试样的称量值与样品中 TDI 的含量有关，其关系见表 4.4。

表 4.4 TDI 含量与试样量关系对照表

TDI 质量分数/%	试样质量/g
<0.5	2
>0.5，<1	1
>1，<2	0.5
>2，<4	0.2
>4	0.1

先准确配制质量分数 0.1%的 1，2，4-三氯代苯乙酸乙酯溶液，即内标物试剂。如果不配制内标物试剂，而是直接向样品中加入微量的内标物，容易引起分析误差。在干燥的 10 mL 容量瓶中准确加入 2 g 的内标物试剂，然后加入约 2 g 的被测聚氨酯涂料样品。盖好盖子后将样品摇匀，得到样品溶液。

(c) 校正因子的计算

对标样的色谱图进行积分，即可得到 1，2，4-三氯代苯和 TDI 的峰面积。按下列算式计算 TDI 的质量校正因子：$F_w = A_s W_i / A_i W_s$；式中：F_w 为相对质量校正因子；W_s 为内标物 1，2，4-三氯代苯的质量；A_s 为内标物 1，2，4-三氯代苯的峰面积；W_i 为甲苯二异氰酸酯的质量；A_i 为甲苯二异氰酸酯的峰面积。

按照标样的配制方法，在不同时期配制标样，对同一根色谱柱进行校正因子的测定，得到该柱子的校正因子。对同一根色谱柱，只要色谱系统对 TDI 的吸附达到饱和状态，则 TDI 与内标物的校正因子是稳定的，不必每次分析样品时都重复测定。采用内标法定量 TDI，用校正因子计算样品 TDI 含量时，要保证样品测试条件和标样测试条件完全一致。

(d) 样品中 TDI 含量的计算

对样品的色谱图进行积分，即可得到 1，2，4-三氯代苯和 TDI 的峰面积。按下列算式计算样品中 TDI 的百分含量：$X\% = F_w A_i W_s / A_s W_i$，式中 $X\%$ 为样品中游离 TDI 的百分含量；F_w 为相对质量校正因子；W_s 为内标物 1，2，4-三氯代苯的质量；A_s 为内标物 1，2，4-三氯代苯的峰面积；W_i 为样品的质量；A_i 为 TDI 的峰面积。

(3) 聚氨酯涂料中 13 种二异氰酸酯类单体的气相色谱检测方法小结

上述研究建立了用气相色谱内标法测定聚氨酯涂料中游离 TDI 含量的方法。该法采用 DB-5 毛细管柱分离，FID 检测器，用 1，2，4-三氯代苯作内标，溶剂、TDI 和内标物分离完全，分析结果重现性好，精确度高，分析时间短。分析结果表明，采用该法的平均回收率为 97.2%～100.7%，相对标准偏差为 1.6%～2.5%，且该方法快速、精确，用于实际样品的测定，结果令人满意。

5. 气相色谱法应用实例 3-GB/T 18446—2009 色漆和清漆用漆基 异氰酸酯树脂中二异氰酸酯单体的测定[24]

(1) 主要仪器与试剂

气相色谱仪、分析天平；乙酸乙酯、甲苯二异氰酸酯、六亚甲基二异氰酸酯、异佛尔酮二异氰酸酯、二苯基甲烷二异氰酸酯、十四烷（内标）、蒽（内标），均为分析纯。

内标溶液：称取约 1.4 g 十四烷或蒽，准确至 0.1 mg，置于 1 000 mL 容量瓶中，用乙酸乙酯稀释至刻度。

二异氰酸酯单标溶液：称取 1.4 g 相关的二异氰酸酯单体，准确至 0.1 mg，置于

1 000 mL容量瓶中，用乙酸乙酯稀释至刻度。

标准溶液：用移液管吸取 10 mL 内标溶液和 10 mL 标准溶液置于样品瓶中或锥形瓶中，用 25 ml 量筒加入 15 ml 醋酸乙烯酯并混合均匀。

（2）检测方法

（a）仪器检测条件

对于进样口和色谱柱规定的温度取决于受试的多异氰酸酯树脂的热稳定性。许多多异氰酸酯树脂中的二异氰酸酯单体含量，例如带有缩二脲结构的那些树脂，在高温时会发生变化。在这种情况下，应采用示例中规定的温度。玻璃材质的衬管应根据需要进行清洗和更换，至少每天工作开始时应这样做。

①HDI 与 TDI 测定条件

色谱柱：石英毛细管，长 15 m，内径 0.32 mm，膜厚 0.25（苯基甲基硅酮树脂 OV®1701），进样口温度 125 ℃、柱温 130 ℃、检测器温 250 ℃。内标物选用十四烷。

②IPDI 测定方法与条件

色谱柱：石英毛细管，长 15 m，内径 0.32 mm，膜厚 0.25（苯基甲基聚硅氧烷树脂 OV®1701），进样口温度 160 ℃、柱温 140 ℃、检测器温 250 ℃。内标物选用蒽。

③MDI 测定方法与条件

色谱柱：石英毛细管，长 15 m，内径 0.32 mm，膜厚 0.25（苯基甲基硅酮树脂 OV®1701），进样口温度 160 ℃、柱温 140 ℃、检测器温 250 ℃。内标物选用蒽。

（b）校正因子的测定每次分析之前，重复注入标准溶液，直至测定的二异氰酸酯单体的峰面积与内标物封面积的比值恒定，使色谱柱处于最佳状态。在调节分离柱时应经常注入标准溶液，直至封面积比值恒定。然后，循环式试验已表明在注入五次标准溶液后即可得到一个近似的恒定值。选择合适的载气流速、柱填料、柱长，以使运行时间不得超过 10 min。对每一次的校正色谱图，用下式进行计算校正因子：$f=(m_{D1}\times A_{S1})/(m_{S1}\times A_{D1})$；式中：$f$ 为相对质量校正因子；m_{S1} 为内标物的质量；m_{D1} 为二异氰酸酯的质量；A_{D1} 为二异氰酸酯的峰面积；A_{S1} 为内标物峰面积。（c）样品的测定

①样品称样

称取试样，准确至 0.1 mg，置于锥形瓶中，用移液管移取 10 mL 内标溶液。加入约 25 mL 的乙酸乙酯，密封锥形瓶并充分摇晃使样品溶解。样品称样量取决于预期的二异氰酸酯含量，见表 4.4。取该溶液进行气相色谱分析。

②含量计算

按下列算式计算样品中二异氰酸酯含量：$w_{D1}=(m_1\times A_2\times f)/(m_2\times A_1)$，式中 m_1 为内标物的质量；m_2 为样品的质量；A_2 为试验溶液中二异氰酸酯峰面积；A_1 为试验溶液中内标物的峰面积。

（3）GB/T 18446—2009 检测方法小结

该法是当前测定涂料中异氰酸酯含量的主要方法，其根据测定目标物的不同分别选择了不同的内标物种类与不同的进样口温度，使得检测结果更为准确可靠。

4.2.3.7　气相色谱质谱法测定异氰酸酯含量

1. 气相色谱质谱简介

（1）原理

气相色谱对有机化合物具有有效的分离、分辨能力，而质谱则是准确鉴定化合物的有效手段，由两者结合构成的色谱—质谱联用技术，可以在计算机操控下，直接用气相色谱分离复杂的混合物（如原油、岩石抽提物）样品，使其中的化合物逐个地进入质谱仪的离子源，可用电子轰击，或化学离子化等方法，使每个样品中所有的化合物都离子化，每个化合物有规律地形成一系列碎片离子与分子离子组合，然后在磁场（或电场）作用下，按这些离子的质荷比进行扫描记录，最后运用计算机处理资料，依据每种化合物的色谱保留时间，以及质谱的分子离子与关键碎片离子组成的断裂型式，结合标样或标准谱图，对化合物逐个作出定性鉴定与定量分析。气相色谱-质谱分析一般应用于分析分子量不大，有一定挥发性，在汽化或高温下不分解的物质，或分子量大，但可以通过各处理，衍生为易挥发的化合物。

（2）气相色谱-质谱联用仪

①真空系统。2 级真空，机械泵和涡轮分子泵，机械泵一般时前级真空，也就是在机械泵把真空降到一定水平后才启动涡轮分子泵，以保护分子泵。所以仪器从大气压到真空合适的状态一般要经过一段时间的；②进样系统。从分离装置来的组分（气体或者液体）或者从直接进样杆进液体或者固体样品；③离子源。主要作用是使欲分析的 样品实现离子化，尤其是中性物质带上电荷。样品本身性质的差异，决定了离子化的方式不能有万能的离子源，离子源的类型也是多种多样；④质量分析器，质量分析器是质谱仪的核心部件，因此常以质量分析器的类型来命名一台质谱仪；⑤检测器。目前是光电倍增器应用较广；⑥采集数据和控制仪器的工作站。

（3）气相色谱-质谱联用技术特点

①气相色谱具有极强的分离能力，质谱对未知化合物具有独特的鉴定能力，且灵敏度极高，因此 GC-MS 是分离和检测复杂化合物的最有力工具之一 ；②实时采集功能提供了全扫描与选择离子扫描的数据采集，可获得准确的定性、定量结果数据。可以有选择地只检测所需要的目标化合物的特征离子，而不检测不需要的质量离子，加大地提高了检测灵敏度；③分析取样量少，检出限可达纳克级，灵敏度高。

2. *气相色谱质谱法测定异氰酸酯含量简介*

相对气相色谱法，气相色谱-质谱联用法的抗基质干扰能力更强，定性、定量也更为准确。薛希妹，薛秋红等建立了包括游离二异氰酸酯在内的溶剂型涂料中 16 种有害物质（甲醇、卤代烃、苯系物和游离二异氰酸酯）的 GC-MS 同时检测方法[25]。

3. *应用实例-溶剂型涂料中二异氰酸酯等 16 种有害物质的气相色谱-质谱同时检测方法*[25]

薛希妹，薛秋红等建立了二异氰酸酯等有害物质（甲醇、卤代烃、苯系物和游离二异氰酸酯）的 GC-MS 同时检测方法。样品中加入 2-溴丙烷和 1，2，4-三氯苯作内标。用乙腈超声萃取并经有机膜过滤后，用 GC-MS 进行测定，内标法定量。

（1）主要仪器与试剂

气相色谱-质谱联用仪、电子天平；甲苯二异氰酸酯、已烷二异氰酸酯、乙酸乙酯、正己烷、乙腈、1，2，4-三氯苯（作为二异氰酸酯内标物）等，上述试剂均为色谱纯。

苯系物和游离二异氰酸酯组的标准储备液及内标储备液的配制同上，质量浓度均为1 000 mg/L。

（2）检测方法

（a）仪器条件

DB-VRX 色谱柱：30 m×0.25 mm，1.40 μm；进样口温度：125 ℃；传输线温度：280 ℃；载气：He（纯度为 99.999%），柱流速：0.8 mL/min；进样量：1 μL；升温程序：初温 40 ℃（保持 5 min），以 10 ℃/min 升至 150 ℃（保持 2 min），再以 30 ℃/min 升至 250 ℃（保持 10 min）；分流进样，分流比：20∶1；EI 源：70 eV；离子源温度：230 ℃；四极杆温度：150 ℃；质谱检测方式：选择离子模式，TDI 特征质核比为 145.0、174.0（定量）、206.9，HDI 特征质核比为 41.0、56.0（定量）、85.0（其他物质略）；调谐方式：自动调谐。

（b）异氰酸酯的线性范围

取适量混合标准储备液，加入与待测物相同数量级的内标储备液，分别稀释成 5、20、50、100、150、200 mg/L 的系列标准溶液，按本方法进行测定，内标法定量。结果表明，在该质量浓度范围内，各化合物与内标物的峰面积比与其质量浓度（mg/L）的线性关系良好。

（c）涂料样品的前处理及测定

准确称取 0.5 g 涂料样品（精确至 0.1 mg）于 40 mL 配样瓶中，加入 10 mL 乙腈，为防止待测物挥发，将样品瓶盖拧紧后用注射器准确加入内标储备液（0.1 mL 的 2-溴丙烷、1 mL 的 1，2，4-三氯苯），超声混匀，静置后用注射器取上清液，用有机膜过滤至进样瓶中，进行 GC-MS 测定。

（3）涂料中二异氰酸酯等 16 种有害物质的气相色谱-质谱同时检测方法小结

上述研究建立了溶剂型涂料中有害物质的 GC-MS 同时检测方法，一次进样即可完成甲醇、卤代烃、苯系物和游离二异氰酸酯等 16 种化合物的检测。优化了样品前处理过程、校正内标化合物和进样口温度，避免了由于预聚物受热分解而产生的假阳性结果。对实际样品的检测结果表明，该法选择性好、灵敏度高、分析速度快，为我国室内装饰、装修涂料中有害物质的检测提供了技术支持。

4.3　环氧树脂涂料中环氧氯丙烷及表氯醇检测方法

环氧树脂是一种重要的热固性树脂，它优良的物理机械性能和电绝缘性能、与各种材料的黏接性能以及使用工艺的灵活性，是其他热固性塑料所不具备的[26]。因此它能制成涂料、复合材料、浇铸料、胶黏剂、模压材料和注射成型材料，在国民经济的各个领域中得到广泛的应用。环氧树脂涂料以环氧树脂为主要成膜物质，具有附着力高、耐化学药品性能优异、硬度高、耐磨性好、耐溶剂性能优等特点，在工业上应用广泛[27]。作为环氧树脂涂料主要原料的环氧树脂大多数以表氯醇为原料合成的，例如应用较普遍的双酚 A 型环氧树脂由双酚 A 和表氯醇反应生成，因此，在环氧树脂涂料中或残留着一定的环氧氯丙烷和表氯醇。环氧氯丙烷是一种有毒物质，被认为可能致癌物质[28]。若涂料中残留环氧氯丙烷，其会随涂料使用挥发而影响空气环境，或因残留于食品罐环氧树脂内涂层而影响食品安全。当前，一些环境标准对空气中环氧氯丙烷浓度进行了限制[29]，而国内外一些法规还限制了食品罐等环氧树脂涂层中环氧氯丙烷含量[30-31]。

4.3.1 环氧氯丙烷的种类及理化性质

环氧氯丙烷，又名表氯醇，无色液体，有似氯仿气味，易挥发，不稳定。能与乙醇、乙醚、氯仿、三氯乙烯和四氯化碳等混溶，不溶于水，不能与石油烃混溶。由于分子结构中含有活泼的氯原子和环氧基，所以化学性活泼，水解时先生成 α-氯甘油，再生成甘油。密度（20 ℃）1.181 2 g/mL，熔点－57.2 ℃，沸点 117.9 ℃，折光率（n25/D）1.435 85，闪点（开杯）40 ℃。环氧氯丙烷有毒，属于中等毒性，动物实验证明有潜在致癌作用，应避免长期接触。有强烈刺激作用及致敏作用，可引起眼和皮肤刺激症状，严重者可发生肺水肿，肝、肾受损害。长期接触可引起中毒性神经衰弱综合征。

4.3.2 环氧氯丙烷的限量

当前，一些环境标准对环境空气中环氧氯丙烷浓度进行了限制，《工业企业设计卫生标准》TJ36－79 规定：车间空气中有害物质的最高容许浓度 1 mg/m^3、居住区大气中有害物质的最高容许浓度 0.20 mg/m^3。国内外食品接触材料法规对食品包装环氧树脂涂层中环氧氯丙烷进行了限制，《食品安全国家标准 食品接触用涂料及涂层》GB 4806.10－2016、韩国食品接触材料法规规定：食品接触环氧树脂涂层中环氧氯丙烷迁移量不得超过 0.01 mg/L。但是，暂未有涂料中环氧氯丙烷的含量限量要求。

4.3.3 涂料中环氧氯丙烷的检测方法

与涂料中异氰酸酯含量检测有着众多的研究和方法不同，涂料中环氧氯丙烷含量的检测方法或标准并不多。考虑到涂料中组分较为复杂以及环氧氯丙烷具有挥发性等特点，马明等[32-33]对涂料中环氧氯丙烷的检测主要采用顶空进样-气相色谱（质谱）法测定。下面将对这些方法进行简要介绍，并通过应用实例来阐述检测过程。

4.3.3.1 顶空-气相色谱法测定环氧树脂涂料中环氧氯丙烷单体的残留量

1. 顶空进样法简介

顶空进样法是气相色谱法中一种方便快捷的样品前处理方法，其检测过程是将待测样品置入一密闭的容器中，通过加热升温使挥发性组分从样品基体中挥发出来，在气液（或气固）两相中达到平衡，直接抽取顶部气体进行色谱分析，从而检验样品中挥发性组分的成分和含量。使用顶空进样技术可以免除冗长繁琐的样品前处理过程，避免有机溶剂对分析造成的干扰、减少对色谱柱及进样口的污染，是一种重要的分离分析方法。

顶空技术是建立在被测物质在气-液或气-固相中的达到两相平衡的基础之上的，以气-液两相体系为例。一旦达到气-液平衡，顶空分析体系内部就满足以下等式关系，见式(4.3)。

$$c_g = \frac{c_0}{K+\beta} \tag{4.3}$$

式中：c_g 为气相中样品浓度（mol/L）；c_0 为样品起始浓度（mol/L）；K 为分配系数(平衡常数)，挥发性组分在液气两相中的浓度之比；β 为气液相体积比。在恒温封闭体系中，K 和 R 是常数，因此，只要测定顶空气相浓度 C_g 获得初始浓度 Co。

2. 顶空进样应用实例 1-顶空-气相色谱法测定环氧树脂涂料中环氧氯丙烷单体的残留量[32]

马明、马腾洲等建立了环氧树脂涂料中环氧氯丙烷残留量的顶空-气相色谱测定方法，样品经 DMAC 超声溶解后，通过自动顶空进样装置加热平衡样品，最后取顶空气体直接进气相色谱分析。

（1）主要仪器与试剂

气相色谱仪，配氢火焰离子化检测器）、顶空自动进样仪、超声波清洗仪；环氧氯丙烷（纯度≥99%）；N，N-二甲基乙酰胺（色谱纯）。

（2）检测方法

（a）仪器条件

①顶空条件

顶空平衡温度：120 ℃；定量环温度：125 ℃；传输线温度：130 ℃；顶空平衡时间：20 min；环平衡时间：0.05 min；加压时间：0.2 min；进样时间：1 min。②色谱柱：HP-INNOWAX 30 m×0.32 mm（内径）×0.50 μm（膜厚）；进样口温度：250 ℃；柱温箱：40 ℃恒温保持 1 min，以 15 ℃/min 升至 130 ℃，再以 30 ℃/min 升至 230 ℃保持 5 min；载气：氮气；柱流速：1.5 mL/min；进样模式：分流进样，分流比 20∶1；检测器温度：300 ℃；尾吹气流量：25 mL/min；燃烧气：氢气，40 mL/min；助燃气：空气，400 mL/min。

（b）标准曲线的制作

准确称取 100 mg 的环氧氯丙烷，置于 10 mL 容量瓶中，用 DMAC 稀释配制成 10.0 mg/mL 环氧丙烷储备液。移取环氧氯丙烷储备液（10.0 mg/mL）2.0 mL 置于 100 mL容量瓶中，用 DMAC 稀释成浓度为 200 mg/L 环氧氯丙烷标准溶液。分别移取环氧氯丙烷标准溶液（200 mg/L）25、50μL 及 0.10、0.25、0.50、1.0、2.5、5.0 mL 于 8 个 10 mL 容量瓶中，分别加入 DMAC 稀释至刻度，混匀制成标液（每毫升分别含环氧氯丙烷 0.5、1、2、5、10、20、50、100 μg）。移取上述溶液 5.0 mL 于 20 mL 顶空瓶中，快速盖上盖子密封后将顶空瓶置于顶空进样器中，按照测试条件测试。

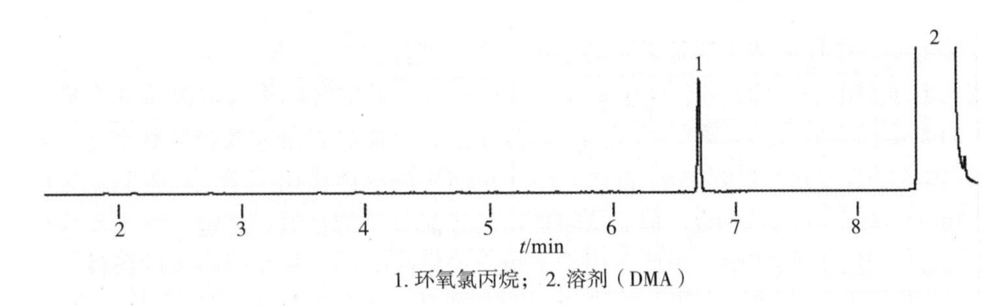

1. 环氧氯丙烷； 2. 溶剂（DMA）

图 4.11　环氧氯丙烷标准溶液色谱图

（b）样品的处理与测定

称取 0.2 g（精确至 0.1 mg）涂料样品于 20 mL 顶空瓶中，加入 5.0 mL 的 DMAC 后快速盖上盖子密封。将顶空瓶放入超声波清洗仪超声溶解样品后，将顶空瓶置于顶空进样器中，按照上述仪器条件测试。

对于目标物含量高的样品，可用 DMAC 将样品溶液进一步稀释后再进行分析，使分析溶液中目标化合物的浓度保持在测试线性范围之内。

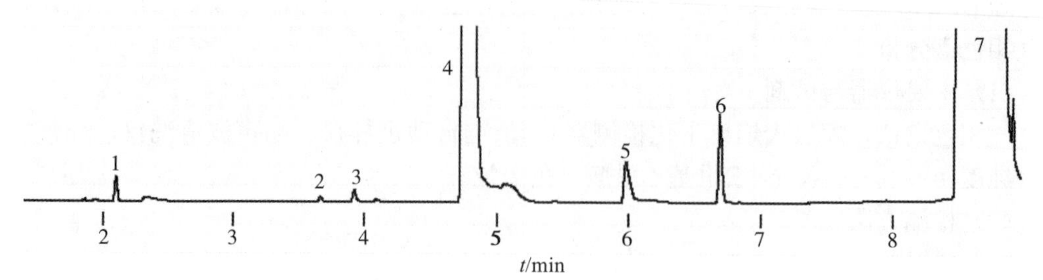

1、2、3、4、5. 样品中会发行杂质；6. 环氧氯丙烷；7. 溶剂（DMA）

图 4.12　涂料样品中添加环氧氯丙烷色谱图

（d）标准曲线、线性范围及检出限

在经过优化的实验条件下，以峰面积为纵坐标、环氧氯丙烷质量为横坐标作标准曲线，其线性回归方程为 $y=0.2077x+0.3482$，相关系数为 0.999 5，线性范围为 2.5～500 μg。选择不含目标化合物的环氧树脂涂料作为空白基质添加环氧氯丙烷，以信噪比（S/N）为 3 确定环氧氯丙烷的方法检出限为 5 mg/kg。

（3）结论

本文建立了测定环氧树脂涂料中环氧氯丙烷残留量的顶空-气相色谱法。本方法操作简单、快速、背景干扰低，具有良好的准确度和精密度，在测定环氧树脂涂料中环氧氯丙烷残留量时具较强的实用性。

4.3.4　环氧树脂涂料中表氯醇的检测方法

4.3.4.1　负化学离子源简介

离子源是使中性原子或分子电离，并从中引出离子束流的装置。它是各种类型的离子加速器、质谱仪、电磁同位素分离器、离子注入机、离子束刻蚀装置、离子推进器以及受控聚变装置中的中性束注入器等设备的不可缺少的部件。

相比电子轰击源（EI），化学电离源（CI）增加了甲烷气体作为电离缓冲介质，高能电子束的能量吸收后，通过离子作用到样品分子上。具体过程是在系统抽真空之后，先充入大量甲烷气体，与少量样品分子混合，电子束与甲烷气体作用几率大，得到稳定的烷类离子产物（CH5+，C2H5+），但能量较低，与样品分子结合后，经过一系列反应即可得到样品离子，用于后续实验。因此多用于不稳定的样品分子。从化学电离的条件分，有低压（<0.1 Pa）化学电离、中压（1～2 000 Pa）化学电离和大气压化学电离。从化学反应的类型分，有正化学电离和负化学电离。正化学电离发生的分子-离子反应主要有质子转移反应、电荷交换反应、亲电加成反应；负化学电离发生的分子-离子反应主要有电子捕获反应、负离子加成反应等。

4.3.4.2　顶空进样应用实例 2-顶空-气相色谱-NCI 质谱法测定水性环氧树脂涂料中表氯醇[33]

负化学离子源（NCI）质谱法是一种软电离方法，对含氯、溴等电负性基团化合物有高选择性和高灵敏度。可见，顶空-气相色谱-NCI 质谱法是测定涂料中表氯醇的理想方法，且该法在国内、外尚未见报道。本文建立了水性环氧树脂涂料中表氯醇残留量的顶空-气相色谱NCI质谱测定方法，样品经水超声溶解后，通过自动顶空进样仪加热、取样、进样气质分析。本法操作简单、快速、灵敏度高、背景干扰低。

（1）主要仪器与试剂

气相色谱-质谱仪（配负化学离子源）、顶空自动进样仪；表氯醇（纯度≥99.5%）；蒸馏水（Milli-Q超纯水）；N，N-二甲基乙酰胺（DMAC）。

（2）试验方法

（a）仪器条件

①顶空条件

顶空平衡温度：80 ℃；定量环温度：90 ℃；传输线温度：100 ℃；顶空平衡时间：40 min；环平衡时间：0.05 min；加压时间：0.2 min；进样时间：0.5 min。②色谱条件

色谱柱：HP-INNOWAX 30 m×0.32 mm（内径）×0.25 μm（膜厚）；进样口温度：200 ℃；柱温箱：40 ℃恒温保持1 min，以10 ℃/min升至100 ℃，再以30 ℃/min升至220 ℃保持5 min；载气：氦气；柱流速：1.5 mL/min；进样模式：分流进样，分流比15∶1；溶剂延迟：5 min。

③质谱条件

电离方式：负化学离子源（NCI）；反应气：甲烷（纯度≥99.999%）；电离能量：70 eV；色谱-质谱接口温度：250 ℃；离子源温度：150 ℃；四极杆温度：150 ℃；扫描方式：选择离子监测模式（SIM），特征离子为m/z 35、37，定量离子为m/z 35。

（b）标准曲线的制作

准确称取100 mg的表氯醇，置于100 mL容量瓶中，用DMAC稀释配制成1.0 mg·mL^{-1}环氧氯丙烷储备液。移取表氯醇储备液（1.0 mg·mL^{-1}）0.5 mL置于100 mL容量瓶中，用水稀释成浓度为5.0 mg·L^{-1}表氯醇标准溶液。分别移取表氯醇标准溶液40、100 μL及0.2、0.4、1.0、2.0、4.0 mL于7个10 mL容量瓶中，分别加入水稀释至刻度，混匀制成标液（每毫升分别含表氯醇0.02、0.05、0.1、0.2、0.5、1、2 μg）。移取上述溶液5.0 mL于20 mL顶空瓶中，快速盖上盖子密封后将顶空瓶置于顶空进样器中，按照1.3.1中的条件测试。标准色谱图见图4.13。在经过优化的实验条件下，以峰面积为纵坐标、表氯醇浓度为横坐标作标准曲线，其线性回归方程为$y=4435.561x-158.723$，相关系数为0.999，线性范围为0.05～5.0 μg/mL。选择不含目标化合物的水性环氧树脂涂料作为空白基质添加表氯醇，以信噪比（S/N）为3确定表氯醇的方法检出限为0.2 mg/kg。

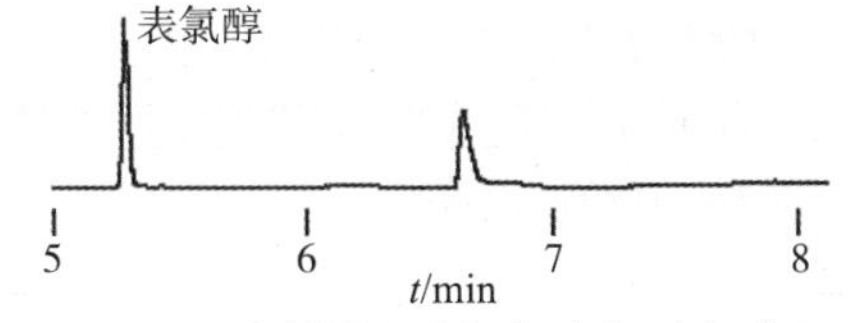

图4.13　涂料样品中添加表氯醇色谱图

（c）样品的处理与测定

称取1.0 g（精确至0.1 mg）涂料样品于10 mL容量瓶中，加入8 mL水后盖上盖子，并将其置于超声波清洗仪超声溶解。加入水至刻度后，摇匀，移取5.0 mL溶液至顶空瓶后用盖子密封，将顶空瓶置于顶空进样器中，按照上述仪器条件测试。对于目标物含量高的样品，可用水将样品溶液进行适当稀释后再进行分析。同时，带空白检测。

（3）结论

本文建立了测定水性环氧树脂涂料中表氯醇的顶空-气相色谱-NCI质谱法。本方法操

作简单、快速、背景干扰低、灵敏度高，是测定水性环氧树脂涂料中表氯醇的有效方法。

参考文献：

[1] 肖九梅.聚氨酯涂料的应用及其研发进展[J].上海涂料，2012，50(11)：37-40.

[2] 刘道春.聚氨酯涂料应用前景[J].化学工业，2013，31(5)：31-35.

[3] 李晓明，张义新，冯辉霞，等.聚氨酯涂料研究现状及发展[J].应用化工，2010，39(7)：1091-1095.

[4] GB 18581—2009 室内装饰装修材料 溶剂型木器涂料中有害物质限量[S].

[5] HG/T 3950—2007 抗菌涂料[S].

[6] GB 50325—2010 民用建筑工程室内环境污染控制规范[S].

[7] GB/T 22374—2008 地坪涂料材料[S].

[8] GB/T 23446—2009 喷涂聚脲防水涂料[S].

[9] HJ457—2009 环境标志产品技术要求 防水涂料[S].

[10]HJ/T 414—2007 环境标志产品技术要求 室内装饰装修用溶剂型木器涂料[S].

[11]JC 1066—2008 建筑防水涂料中有害物质限量[S].

[12]钱锦，刘珊珊，李晓庆，等.聚氨酯工业中异氰酸酯基含量检测方法的研究进展[J].当代化工，2015，44(12)：2928-2930.

[13]巫森鑫，杜郢，杨阳，等.红外光谱法测定聚氨酯预聚体中异氰酸酯基含量[J].涂料工业，2010，40(7)：69-72.

[14]鲁艳，艾照全，蔡婷，等.聚氨酯体系中异氰酸酯基含量测定的改进研究[J].粘接，2013(11)：82-86.

[15]王静，管获华.分光光度法测定聚氨酯中微量异氰酸酯基[J].聚氨酯工业，2003，18(4)：49-51.

[16]HG/T2409—1992 聚氨酯预聚体中异氰酸基含量的测定[S].

[17]熊军，孙芳，杜洪光.丙酮-二正丁胺滴定法测定聚氨酯中的异氰酸酯基[J].分析试验室，2007，26(8)：73-76.

[18]刘晓冬.电位滴定法测定聚氨酯中游离-NCO的含量[J].化学工程师，2002，89(2)：28-29.

[19]郭巧珍，杜振霞.UPLC-MS/MS测定二苯甲烷二异氰酸酯[J].质谱学报，2011，32(2)：112-116.

[20]刘秀玲，曾宪海，黄长荣，等.液相色谱-质谱法对氨基甲酸酯反应产物中残留的异佛尔酮二异氰酸酯含量的测定[J].分析测试学报，2008，27(s1)：256-257.

[21]陈为都，王小妹，黄仲立.IPDI及MDI型聚氨酯预聚体中游离二异氰酸酯含量测定[J].聚氨酯工业，2009，24(2)：43-46.

[22]韩伟，王利兵，赵青，等.聚氨酯涂料中13种二异氰酸酯类单体的气相色谱检测方法[J].分析化学，2010，38(9)：1337-1341.

[23]张燕红，夏正斌，黄洪，等.聚氨酯涂料中游离TDI的毛细管气相色谱分析[J].聚氨酯工业，2009，24(4)：43-46.

[24]GB/T 18446—2009 色漆和清漆用漆基异氰酸酯树脂中二异氰酸酯单体的测定.

[25]薛希妹，薛秋红，刘心同，等.溶剂型涂料中16种有害物质的气相色谱-质谱同时检测方法[J].分析测试学报，2011，30(5)：522-526.

[26]胡志鹏.国内环氧树脂涂料发展透视[J].中国石化，2007(9)：30-31.

[27]范亚平，任天斌，黄艳霞，等.水性环氧树脂涂料及其固化机理的研究[J].涂料工业，2006，36(7)：17-21.

[28]朱铭洪.气相色谱测定空气中环氧氯丙烷方法的改进[J].江苏预防医学，2006，17(3)：68-69.

[29]TJ36—79 工业企业设计卫生标准[S].

[30]COMMISSION REGULATION (EU)No10/2011 of 14 January 2011-on plastic materials and articles intended to

come into contact with food[J]. Official Journal of the European Union,2011,15(1):1-89.
[31]GB 4806.10—2016 食品安全国家标准 食品接触用涂料及涂层[S].
[32]马明,马腾洲,清江,等.顶空-气相色谱法测定环氧树脂涂料中环氧氯丙烷单体的残留量[J].现代化工,2015,35(8):182-184.
[33]马明,闵红,周宇艳,等.顶空-气相色谱-负化学离子源质谱法测定水性环氧树脂涂料中表氯醇[J].环境化学,2015,34(5):1017-1020.

第5章 涂料中醛类物质检测技术

5.1 概述

近年来，随着社会发展和人民生活水平的不断提高，家庭居室装饰装修越来越受到人们的青睐。居室装饰装修给人们带来美观和舒适的同时，其装饰装修材料释放的空气污染物对人体的危害也不容忽视。很多研究证实，室内空气中污染物的浓度普遍高于室外，而且高达数倍。据报道，全世界每年有280万人直接或间接死于装修污染，大量的研究数据显示，人长时间暴露在污染物超标的环境中，急慢性呼吸系统的发病率提高，孕妇流产的可能性增大，儿童的死亡率提高。涂料作为室内装饰、装修的必要材料，因此其是否安全、有毒有害物是否超标已成为人们十分关心的问题。涂料主要由成膜物质、颜料、填料以及各种助剂所组成，所用的溶剂和稀释剂中会不断挥发出各种有毒有害的物质，使居住者在无形中受到危害。涂料中的甲醛是含有的危害性较大一种物质，在诸多的室内空气污染物中，甲醛以其来源广、毒性大、污染时间长等特点，已成为主要且污染比较严重的室内空气污染物之一[1]，室内甲醛污染已成为社会关注的焦点。本章节将介绍涂料中的甲醛等醛类物质及其常用的检测方法。

5.2 涂料中醛类物质的种类及理化性质

涂料中甲醛的来源主要有两个方面：①将甲醛作为溶剂添加到涂料中；②涂料在用树脂合成时残留了未反应的游离甲醛或已参与反应但生成不稳定基团的甲醛。这些甲醛在热压过程中被释放出来，或随着涂料的干燥成膜，以挥发物的形式释放到环境中，从而对人类和其他生物造成健康威胁[2]。除了甲醛，涂料中还会含有其他一些醛类，如乙醛[3]等，它们均是一类带有强烈刺激性气味的化合物，常用作涂料中的溶剂或树脂原料，因其干扰机体代谢，具有致癌、致畸性，对人体健康也会造成严重损害。为了降低涂料产品的安全风险，减少室内空气的挥发物污染，提高室内空气的净化程度，减少醛类物质对人体的危害，必须对涂料中醛类特别是甲醛含量进行检测。常见的醛类物质有以下几类：甲醛、乙醛、丙醛、苯甲醛、正戊醛、对甲基苯甲醛等，下面对其理化性质做简要介绍。

5.2.1 甲醛

甲醛（formaldehyde），化学式HCHO或CH_2O，又名蚁醛，常温下是一种无色，具有强刺激性气味的气体，对人眼、鼻等有刺激作用。甲醛的密度为1.067 kg/m^3，比空气略大，相对分子量30.3，熔点为−92℃，沸点为−19.5℃，易溶于水、醇和醚，35%～40%的甲醛溶液称为福尔马林。甲醛水溶液需低温保存，否则甲醛容易挥发而且易自聚成低聚物。甲醛的羰基易与醇、氨、亚硫酸氢钠等进行加成反应。甲醛容易被氧化成甲酸，在不同条件下聚合成二聚甲醛或多聚甲醛，受热易发生解聚作用，并在室温下可缓解释放甲醛。甲醛危害极大，具有致癌性、致突变性等，甲醛浓度过高会引起急性中毒，表现为咽喉烧灼痛、呼吸困难、肺水肿、过敏性紫癜、过敏性皮炎、肝转氨酶升高、黄疸等。

5.2.2　乙醛

乙醛（acetaldehyde），又名醋醛，分子式为C_2H_4O，相对分子质量为44.05，无色易流动液体，有辛辣刺激性气味，易挥发。熔点−121 ℃，沸点20.8 ℃，相对密度小于0.804～0.811。能跟水、乙醇、乙醚、氯仿等互溶。易燃易挥发，蒸气与空气能形成爆炸性混合物，爆炸极限4.0%～57.0%（体积）。市场上出售的大都是40%乙醛水溶液，要想得到纯度高的乙醛，可往三聚乙醛中加入1%～5%的98%的浓硫酸，蒸馏制得。冷凝水要用冰水，盛接瓶放在冰水中，小心操作。得到的乙醛密封放到冰箱中。乙醛的中毒症状表现为体重减轻、贫血、谵妄、视听幻觉、智力丧失和精神障碍。

5.2.3　丙醛

丙醛，化学式为C_3H_6O，分子量为58.08，通常情况下是无色易燃液体，熔点−81 ℃，沸点47～49 ℃，有刺激性，相对密度（水=1）为0.80。丙醛溶于水，与乙醇和乙醚混溶。用于制合成树脂、橡胶促进剂和防老剂等，也可用作抗冻剂、润滑剂、脱水剂等。在紫外光、碘或热的影响下，分解而成二氧化碳和乙烷等。用空气、次氯酸盐和重铬酸盐氧化时生成丙酸，用氢还原时生成正丙醇，与过量甲醛作用生成甲基丙烯醛。毒性等级为中级，丙醛低浓度接触对眼、鼻有刺激性。高浓度接触有麻醉作用，以及引起支气管炎、肺炎、肺水肿。可致眼、皮肤灼伤。易经完整皮肤吸收。

5.2.4　苯甲醛

苯甲醛的分子式为C_7H_6O，分子量为106.12，沸点为178～185 ℃，密度为1.041 5 g/cm^3，折光率为1.544 0～1.546 0，闪点为63 ℃。苯甲醛纯品为无色液体，工业品为无色至淡黄色液体，有苦杏仁、樱桃及坚果香。苯甲醛微溶于水，可混溶于乙醇、乙醚、苯、氯仿。苯甲醛可被氧化为具有白色有不愉快气味的苯甲酸固体，在容器内壁上结晶出来。苯甲醛对眼睛、呼吸道黏膜有一定的刺激作用。由于其挥发性低，其刺激作用不足以引致严重危害。

5.2.5　正戊醛

正戊醛，分子式为$C_5H_{10}O$，分子量为86.132 3，是一种无色液体，闪点为−8 ℃，熔点为−91.1 ℃，沸点为103 ℃，相对密度（水=1）为0.81，相对密度（空气=1）2.96。微溶于水，溶于乙醇、乙醚，属于易燃品，易燃，具刺激性。正戊醛对健康有危害，蒸气对眼及上呼吸道黏膜有刺激作用。正戊醛可用作香料、橡胶促进剂。

5.2.6　对甲苯甲醛

对甲苯甲醛，分子式为C_8H_8O，分子量为120.14，常温下为无色或淡黄色透明液体，有温柔的花香和杏仁香气味，相对密度（水=1）为1.02，沸点为204 ℃，相对蒸气密度（空气=1）为4.1，闪点为80 ℃。对甲苯甲醛微溶于水，易溶于醇、醚。对甲苯甲醛的主要用途为有机合成用中间体，可用作聚酯合成原料，为环氧化剂、增塑剂、凝胶剂、聚合物添加剂，还用来合成医药、香料的原料。对甲基苯甲醛低毒，口服有害，限量使用，不慎接触对皮肤、眼睛、黏膜有刺激作用。

5.3 涂料中甲醛的限量

相对其他醛类，甲醛的化学毒性和危害性更大，更容易对人体造成伤害，世界卫生组织（WHO）将甲醛确定为可疑致癌物质，国际癌症研究机构（IARC）已经于2004年将甲醛列为第一类致癌物质，美国健康和公共事业部及公共卫生局发布的致痛物质报告，也将甲醛列入一类致癌物剧，它是室内主要空气污染物之一。因此，国内外法规对涂料中对甲醛有着明确的限量规定，而其他醛类化合物暂无限量要求。

5.3.1 国内对涂料中甲醛的限量

我国涉及涂料中游离甲醛限量的标准主要有9个[4-12]，其中，国家标准4个，行业标准5个。这9个标准分别对相应的油漆涂料产品中游离甲醛含量作了限量要求，如表5.1所示。

表5.1 中国国家标准和行业标准对油漆涂料中游离甲醛的限量要求

标准编号	标准名称	产品种类	游离甲醛限量/mg/kg	备注
GB 18582—2008	室内装饰装修材料内涂料中有害物质	水性墙面涂料 水性墙面腻子	≤100 ≤100	
GB 50325—2001	民用建筑工程室环境污染控制规范（2006版）	室内用水性涂料	≤100	民用建筑工程
GB/T 20623—2006	建筑涂料用乳液	内墙涂料用乳液	≤80	
GB/T 22374—2008	地坪涂料材料	水性地坪涂装材料 无溶剂型地坪涂装材料 溶剂型地坪涂装材料	≤100 ≤100 ≤500	室内环境的地坪涂料装材料
HG/T3950—2007 HG/T3951—2007	抗菌涂料 建筑涂料用水性色浆	合成树脂乳液水性内用抗菌涂料 室内用的建筑涂料用水性色浆	≤100 ≤100	
HJ457—2009	环境标志产品技术要求防水涂料	挥发性固化型双组分聚合物水泥防水涂料液料 挥发固化型单组分丙烯酸酯聚合物乳液防水涂料	≤100 ≤100	粉料未作要求
HJ/T 201—2005	环境标志产品技术要求 水性涂料	水性内墙涂料 水性外墙涂料 水性墙体用底漆 水性木器漆 水性防腐涂料 水性防水涂料	≤100 ≤100 ≤100 ≤100 ≤100 ≤100	
JC 1066—2008	建筑防水涂料中有害物质限量	水性建筑防水涂料A级有害物质限量要求 水性建筑防水涂料B级有害物质限量要求	≤100 ≤200	

由表 5.1 可以看出，我国溶剂型涂料中游离甲醛的限量较高，GB/T 2374－2008《地坪涂装材料》中要求溶剂型地坪涂装材料中游离甲醛的限量为 500 mg/kg。相对于溶剂型涂料而言，我国水性涂料中游离甲醛的限量较为严格，GB 18582－2008《室内装饰装修材料内墙涂料中有害物质限量》、GB 50325－2001《民用建筑工程室内环境污染控制规范》(2006 年版)、GB/T22374－2008《地坪涂装材料》、HJ457－2009《环境标志产品技术要求 防水涂料》、HJ/T 201－2005《环境标志产品技术要求水性涂料》、JC 1066－2008《建筑防水涂料中有害物质限量》等标准均要求各种水性涂料中游离甲醛的含量≤100 mg/kg；而 GB/T 20623－2006《建筑涂料用乳液》中，则要求内墙涂料用乳液中游离甲醛的限量为 80 mg/kg。

5.3.2　国外对涂料中甲醛的限量

通过对欧盟、美国、日本等发达地区及国家的相关标准和法规的收集和整理，发现欧盟、美国和日本直接关于油漆涂料中游离甲醛限量要求的标准和法规较少，具体标准和法规如表 5.2 所示。

表 5.2　外标准对油漆涂料中游离甲醛的限量要求

标准/法规编号	标准/法规名称	产品名称	游离甲醛限量
2009/543/EC	室外用色漆和清漆为获取欧共体生态标签建立的生态标准	室外用色漆和清漆	≤0.001%
2009/544/EC	室外用色漆和清漆为获取欧共体生态标签建立的生态标准	室外用色漆和清漆	≤0.001%
GS－11	油漆涂料绿色标志环境标准	色漆和清漆	禁用
日本法律第 201 号	建筑基准法	第 1 类禁止使用的建筑材料	≤7.0 mg/L
		第 2 类严格限制使用的装修材料	≤2.1 mg/L
		第 3 类适当限制使用的装修材料	≤0.7 mg/L
		第 4 类不限制使用的装修材料	≤0.4 mg/L
JIS A 6021：2000	建筑用防水涂料	防水涂料	—
JIS A 6909：2003	建筑用装饰涂料	装饰涂料	—
JIS K 5960：2003	家用内墙涂料	内墙涂料	—
JIS K 5663：2003	合成树脂乳胶漆和密封剂	乳胶漆和密封剂	—
JIS K 5961：2003	家用室内木地板清漆	木地板清漆	—
JIS K 5970：2003	室内地板用涂料	地板用涂料	—

欧盟有关油漆涂料中甲醛限量要求的标准或法规仅发现有 2009/543/EC 和 2009/544/EC 两个生态指令，它们是欧盟为获取欧共体生态标志而对室内和室外用色漆和清漆建立的生态标准。其对甲醛的规定为：不得在涂料中添加游离的甲醛，甲醛聚合物也仅可以添加一定的数量，以确保涂料着色后产品中游离甲醛总量不超过 0.001%（即 10 mg/kg)。由表 5.2 可以看出，欧盟室外用和室内用色漆和清漆中游离甲醛的限量为 0.001%，即 10 mg/kg，而我国环境标志产品标准 HJ/T201－2005 中水性内墙涂料、水性外墙涂料、水性墙体用底漆的游离甲醛限量为 100 mg/kg，GB18582－2008 和 GB50325－2001（2006 年版）规定室内用涂料中游离甲醛的含量≤100 mg/kg。相比之下，我国对油漆涂料中游

离甲醛的限量要宽松得多。因此，我国的油漆涂料想通过欧盟生态标志的认证还很困难，须加大对油漆涂料的研究，努力减少和控制甲醛及甲醛供体的使用。

美国有关油漆涂料中甲醛限量要求的标准或法规较少，GS—11《油漆涂料绿色标志环境标准》对墙漆、防锈漆、反射涂料、地坪漆、底漆、内层漆等涂料中甲醛的含量作了限量要求，规定获得绿色标志认证的色漆和清漆中不得含有甲醛，而我国尚没有标准作出类似严格的规定。

目前，日本JIS A6021：2000《建筑用防水涂料》、JIS A6909：2003《建筑用装饰涂料》、JIS K 5960：2003《家用内墙涂料》、JIS K5663：2003《合成树脂乳胶漆和密封剂》、JIS K5961：2003《家用室内木地板清漆》、JIS K 5970：2003《室内地板用涂料》等标准中均没有对相关产品中甲醛作限量要求，仅《建筑基准法》法规对建筑装修材料中的甲醛问题作了规定，并将释放有害物质甲醛的建筑装修材料分为4类，并严格限制或禁止这些建筑材料在居室内的使用。其中，第1类为禁止使用的建筑材料，甲醛含量平均值为5.0 mg/L，最大值为7.0 mg/L，这类建筑装修材料不得在家庭居室或宾馆的客房内使用；第2类为严格限制使用的装修材料，甲醛含量平均值为1.5 mg/L，最大值为2.1 m/L，如果在室内使用该类装修材料，其使用总量不得超过地面和墙体面积的30%；第3类为适当限制使用的装修材料，甲醛含量平均值为0.5 mg/L，最大值为0.7 mg/L，如果使用该类装修建材，总使用量不得超过房间地面面积的2倍；第4类为不限制使用的装修材料，甲醛含量平均值为0.3 mg/L，最大值为0.4 mg/L。与日本相比，我国对油漆涂料产品中甲醛的限量要求比较详细，但限量值相对较为宽松。

5.4 涂料中醛类物质的检测方法

涂料中甲醛含量的常用测定方法包括：分光光度法、气相色谱法、高效液相色谱法等，另外，还有使用高效液相色谱法同时测定涂料中甲醛、乙醛、丙醛等多种醛类的定量测定方法。下面将对这些方法进行简要介绍，并通过应用实例来阐述检测过程。

5.4.1 分光光度法测定涂料中甲醛

分光光度法是涂料中甲醛传统的测定方法，因其操作简单、设备成本低、测定快速等优点而被广泛应用。涂料样品中的游离甲醛首先通过蒸馏被吸收液收集，在一定条件下，与显色剂显色，通过在特定波长下的吸光度进行定量测试。主要有乙酰丙酮法、副品红法等。

乙酰丙酮法方法的原理是甲醛与乙酰丙酮在过量铵盐条件下生成黄色化合物，该化合物在412 nm波长处有最大吸收，经乙酰丙酮显色后用紫外可见分光光度计比色测定甲醛含量。测定时涂料先进行水蒸气蒸馏收集后，于乙酸－乙酸铵缓冲溶液中与乙酰丙酮作用，在恒温水浴60 ℃条件下0.5 h生成稳定的黄色化合物，在波长412 nm处测定吸光度值，其吸光度值与含量符合朗伯比尔定律。乙酰丙酮法是测定甲醛较为理想的分析方法，目前在各个领域已得到了广泛的应用。此法的优点是不受乙醛的干扰，而且稳定性好，误差小，比色液可稳定12 h不变。缺点是生成稳定的生色物质需要约60 min的诱导期，另外，该法在含SO_2的环境中测定有一定的影响，使用$NaHSO_3$作为保护剂则可以消除，四氯络汞酸胺为吸收液也可以消除[13]。该方法是国家标准中涂料中甲醛含量的首选方法，费用少、应用广泛、选择性强。乙酰丙酮显色剂，相对较为稳定，线性关系较好，测定线性范围较宽，适合测定含量较高的甲醛，但因其需要蒸馏，给操作者带来很大不方便，且有一定毒性，蒸馏过程存在安全隐患。王维我等[14]对乙酰丙酮分光光度法测定内墙涂料中甲醛含量方法中显色剂乙酰丙酮蒸馏与不蒸馏处理作了相关探讨，通过对空白实验校准曲线的检验以及样品的加标回收实验，确证不经蒸馏与蒸馏后使用的乙酰丙酮试剂其显著性水平存在差异，不经蒸馏的乙酰丙酮不可取得同蒸馏同样精度的实验结果。本方法适用于游离甲醛含量为 0.005～0.5 g/kg 的涂料。超过此含量的涂料经适量稀释后可按此方法测定。

品红亚硫酸法早在 1866 年由希夫氏提出。原理是亚硫酸与副品红生成无色的希夫试剂（品红-亚硫酸溶液），随后在硫酸存在的条件下，希夫试剂再与醛作用生成紫红色络合物，在 570 nm 波长处有最大吸收。加硫酸生成蓝色化合物，是甲醛的特有反应。对于测定涂料中的甲醛来说，此法操作简单、特异性强、测量范围广，不受其它醛和酚的干扰，特异性很好，但重现性、精确性比乙酰丙酮法较差，且温度对其影响较大。此法中还使用了浓硫酸和有毒的汞试剂，另外，生色物质的诱导期较长，在室温下需要约 60 min[15]。有研究通过改变试剂加入次序而避免了汞试剂的使用，同时提高了该方法的稳定性与灵敏度。但是，通过采用停流技术或流动注射技术可加快显色，缩短诱导期。

5.4.1.1　乙酰丙酮法检测实例——紫外分光光度法测定涂料中的甲醛

斯佳彬参考 GB/T 23993－2009《水性涂料中甲醛含量的测定》，采用乙酰丙酮分光光度法，测定了水性涂料中的甲醛含量，结果显示，该方法操作方便，简单易行[16]。

（1）主要仪器与试剂

紫外分光光度法、1cm 石英比色皿、蒸馏装置、电加热套、水浴锅；乙酸铵、冰乙酸、乙酰丙酮。

乙酰丙酮的乙酸铵溶液：称取乙酸铵 25 g 溶于水后，加冰乙酸 3 mL 及乙酰丙酮 0.25 mL，再加水至 100 mL，调整 pH＝6，混匀转入棕色瓶中于冰箱中可稳定保存 30 天；甲醛标准储备溶液：1 000 mg/L；甲醛标准使用溶液：取 1 mL 甲醛储备溶液用水定容至 100 mL，得到 10 mg/L 的标准使用溶液。此溶液需临时配制。

（2）测定过程

（a）标准曲线的绘制

分别取甲醛标准使用液 0、0.50、1.00、2.00、5.00、8.00 mL 于 50 mL 比色管中并用纯水定容（分别相当于 0.00、5.00、10.00、20.00、50.00、80.00 μg 的甲醛）。分别加乙酰丙酮的乙酸铵溶液 2.50 mL，摇匀，置于 60 ℃恒温水浴中加热 30 min，室温下放置 30 min，使冷却。以零点作为比色时的参比液，用 1 cm 比色皿于波长 412 nm 处测定吸光度，以含量为横坐标、吸光度为纵坐标，获得标准曲线，在 0～80 μg 范围内，线性关系良好，线性相关系数 R_2＝0.999。标准曲线为 $y=0.00386x-0.00412$，方法检出限为 0.2 μg。

（b）样品前处理

准确称取样品 0.5 g 置于已预先加入 20 mL 水的蒸馏瓶中，见图 5.1。并在蒸馏瓶中加入少量沸石，在馏分接收器中预先加入适量水，浸没馏分出口。加热蒸馏，使试样蒸至近干，取下馏分接收器，将清洗蒸馏器的洗液也一并转移，定容至 100 mL，加乙酰丙酮的乙酸铵溶液 5.00 mL，摇匀，置于 60 ℃恒温水浴中加热 30 min，室温下放置 30 min，使冷却。以零点作为比色时的参比液。用 1 cm 比色皿于波长 412 nm 处测定吸光度。

(c) 结果计算

用式 (5.1) 计算涂料中甲醛含量

$$C = m/W \times f \quad (5.1)$$

式中：C—甲醛含量，单位为毫克每千克 (mg/kg)；

m—从标准工作曲线上查得的甲醛质量，单位为微克 (μg)；

W—样品质量，单位为克 (g)；

f—稀释因子。

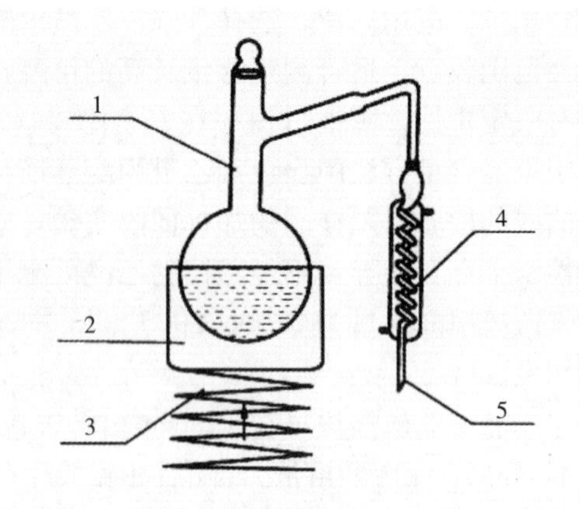

图 5.1　蒸馏装置示意图

5.4.1.2　副品红法检测实例——涂料中甲醛的光度法测定

卢志刚等选用品红-亚硫酸钠法测定涂料中甲醛含量[17]，确定了方法的最佳试验条件，并通过比较发现该法与常规的分光光度法（如乙酰丙酮法）检测结果基本一致。

(1) 主要仪器与试剂

紫外分光光度计、电热恒温水浴锅。

甲醛标准溶液：1 g/L ，用时稀释成 10 mg/L 的工作溶液；品红-亚硫酸钠溶液：2 g/L，称取碱性品红 0.2 g 溶于 50 mL 热水中，搅拌，趁热过滤，加 100 g/L 的 Na_2SO_3 溶液 20 mL，加浓盐酸 4 mL，稀释至 100 mL，将溶液移入棕色瓶中，放置过夜。

乙酰丙酮溶液：5 g/L，称取乙酸铵 25 g，加入水 50 mL 溶解，加冰乙酸 3 mL，已蒸馏过的乙酰丙酮试剂 0.5 mL，移入 100 mL 容量瓶中，稀释至刻度。水为去离子水。

(2) 测定方法

(a) 标准曲线的绘制

于 50 mL 容量瓶中，加入 2 g/L 品红-亚硫酸钠溶液 0.6 mL，6 mol/L 硫酸 1.0 mL，然后加入甲醛系列标准溶液 2 mL，以水为参比，用 1 cm 比色皿在波长 580 nm 处，测定吸光度。移取一系列甲醛标准溶液，按试验方法进行测定，绘制工作曲线，品红-亚硫酸钠法的线性范围为 0.20～1.00 mg/L，r=0.999 9。

(b) 样品前处理

称取搅拌均匀后的样品 2.000 g，置于已预先加入 50 mL 水的蒸馏瓶中，轻轻摇匀，再加水 200 mL，在馏分接受器中预先加入适量的水，浸没馏分出口，馏份接受器外部加冰冷却。加热蒸馏，微沸后控制在 60～70 min 内收集馏分 200 mL，取下馏分接受器，待达到室温时定容至 250 mL。然后，在 50 mL 容量瓶中，加入 2 g/L 品红-亚硫酸钠溶液 0.6 mL，6 mol/L 硫酸 1.0 mL，然后加入馏分溶液 2 mL，以水为参比，用 1 cm 比色皿在波长 580 nm 处，测定吸光度。

(c) 结果计算

用式 (5.2) 计算涂料中甲醛含量

$$C = (c \times v)/W \times f \quad (5.2)$$

式中：C—涂料中甲醛含量，单位为毫克每千克（mg/kg）；

c—从标准工作曲线上查得的甲醛浓度，单位为毫克每升（mg/L）；

v—样品蒸馏并定容后获得的溶液体积，单位为微克（mL）；

W—样品质量，单位为克（g）；

f—稀释因子。

5.4.2　气相色谱法测定涂料中甲醛

气相色谱法是一种应用广泛的分离分析方法，它具有选择性好、分析速度快、样品用量少、检测灵敏度高等特点，尤其对异构体和多组分混合物的定性、定量分析更能发挥其作用，因而得到了较多的应用。气相色谱法灵敏度高、无干扰、分离度好。气相色谱法主要有衍生气相色谱法、顶空-气相色谱法等。

衍生法指衍生剂和甲醛在一定条件下发生作用生成衍生物，用有机溶剂（石油醚等）提取，再经色谱柱分离后用检测器检测。目前，常用的衍生剂是 2，4-二硝基苯肼（DNPH），它和甲醛在一定条件下发生反应，生成 2，4-二硝基苯腙。衍生气相色谱法一般用于甲醛的微量测定。衍生后进样具有较好的选择性，无机离子和部分有机物都不会对该实验产生干扰。甲醇、乙醇、乙酸等对实验不会造成干扰，而且乙醛与衍生剂的反应物和甲醛与衍生剂的反应物在色谱柱上能很好分离，不干扰测定。该法具有快速、灵敏度高、预处理简单、检测限低、衍生物稳定、抗干扰能力强，试剂易保存等优点。但此法对仪器设备要求很高。

顶空气相色谱法是一种新型的定量分析甲醛的方法，根据甲醛沸点低的特性，取适量涂料样品于顶空瓶中，加水定容、密封，置于恒温水浴一段时间待甲醛在气-液两相达到平衡后，在保温条件下取样品瓶中顶部气体注入气化室，测甲醛峰面积定量。此法无需对甲醛进行蒸馏、衍生化等复杂前处理，整个检测过程操作简单、快速，灵敏度高，是一种测定涂料中甲醛的十分环保的检测方法。

5.4.2.1　衍生气相色谱法应用实例——气相色谱-质谱联用法测定内墙涂料中的游离甲醛

孟飞燕等建立了内墙涂料中游离甲醛的气相色谱-质谱联用测定方法[18]，该方法简便快捷、准确可靠。加标回收率在 87.5%～94.6%之间；相对偏差小于 5%，检出限为 0.5 mg/kg。

（1）主要仪器与试剂

气相色谱-质谱联用仪、数控超声波清洗器、水浴锅；石油醚、盐酸、二次蒸馏水。

甲醛标准溶液（1 g/L）：直接购买或标定，使用时再稀释成所需浓度；2，4-二硝基苯肼（2 g/L）：称取 2.0 g 2，4-二硝基苯肼，加 2 mol/L 的盐酸溶解定容至 1 L，配制成 2 g/L 的衍生试剂，置于棕色瓶中，此溶液可保存 3 个月。

（2）检测方法

（a）仪器条件

色谱柱：DB-5 毛细管柱（30 m×0.25 mm×0.25 μm）；色谱柱温度程序：初始温度 160 ℃，10 ℃/min 升至 250 ℃，保持 10 min；载气：高纯氦（纯度>99.999%）；流速：恒流（1 mL/ min）；无分流进样；进样口温度：280 ℃；进样量：1 μL；溶剂延迟：5 min；色谱-质谱接口温度：250 ℃；EI 离子源温度250 ℃；电子能量 70 eV ；选择离子检测（SIM）m/z 63、79、210。甲醛标样衍生物2，4-二硝基苯腙的气相色谱-质谱SIM图（见图5.2）。

（b）样品处理

取2.0 g样品，加水稀释至20 mL，超声提取30 min。转速5 000 r/ min下离心分离10 min，准确移取10.00 mL样品上清液，加1 mL的DNPH衍生试剂，混合均匀，60 ℃水浴中恒温60 min。标准溶液与样品同时进行衍生。衍生产物2，4-二硝基苯腙用石油醚萃取3次，每次10 mL，合并萃取液于60 ℃水浴浓缩后，移入5 mL容量瓶，定容至刻度。

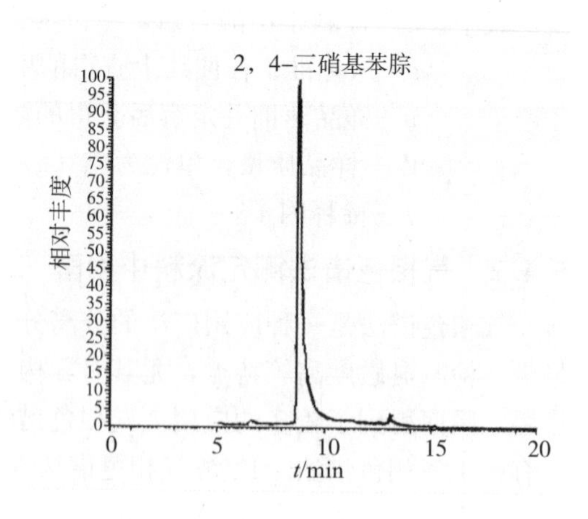

图5.2 2，4-二硝基苯腙的气相色谱-质谱SIM图

（c）线性范围及检出限

在已确定的最佳衍生条件下，对甲醛标液进行衍生后进行GC-MS-SIM测定，以峰面积（A）和浓度（c）作定量工作曲线。实验结果显示，目标化合物在0.1～100 mg/L范围内具有良好的线性，线性回归方程为：$A=818531c+46539$，相关系数（r）为0.999 4；最低检出浓度为0.1 mg/L，以取样量1.0 g计，本法对样品的检出限为0.5 mg/kg。

（d）结果计算

用式（5.3）计算涂料中甲醛含量

$$C=(c\times v)/W\times f \tag{5.3}$$

式中：C—涂料中甲醛含量，单位为毫克每千克（mg/kg）；

c—从标准工作曲线上查得的甲醛浓度，单位为毫克每升（mg/L）；

v—溶解样品所用的水体积，单位为毫升（mL）；

W—涂料样品质量，单位为克（g）；

f—稀释因子。

5.4.2.2 顶空气相色谱法应用实例——顶空-气相色谱质谱法快速测定水性涂料及胶黏剂中游离甲醛含量

马明，周宇艳等建立了顶空-气相色谱质谱法快速测定水性涂料及胶黏剂中游离甲醛含量[19]。样品经水溶解后置于顶空进样仪中，在80 ℃下加热20 min，使甲醛在气液两相间达到平衡，取顶空气体进气相色谱仪并以质谱检测器选择离子模式检测。以PLOT/Q毛细管柱实现甲醛与空气及其他干扰物的色谱分离，以保留时间及碎片离子相对丰度比定性，外标法定量该本法简便、快速、重复性好，可用于水性涂料、胶黏剂中游离甲醛含量的快速分析。

（1）主要仪器与试剂

气相色谱-质谱联用仪、顶空自动进样仪、超声波清洗机、20 mL顶空瓶及密封瓶盖；甲醛标准溶液（浓度1.00 mg/mL）、水（Milli-Q超纯水）。

（2）检测方法

（a）顶空条件

顶空平衡温度：80 ℃；定量环温度：85 ℃；传输线温度：90 ℃；顶空平衡时间：

20 min；环平衡时间：0.05 min；加压时间：0.2 min；进样时间：1 min；传输线气体流速：20 mL/min。

（b）色谱条件

色谱柱：HP-PLOT/Q 15 m×0.32 mm（内径）×20 μm（膜厚）；进样口温度：200 ℃；柱温箱：80 ℃恒温保持1 min，以20 ℃/min升至240 ℃，保持5 min；载气：氦气；柱流速：1.5 mL/min；进样模式：分流进样，仪器设置分流比1∶1。

（c）质谱条件

电离方式：电子轰击（EI）；电子能量：70 eV；色谱-质谱接口温度：250 ℃；离子源温度：230 ℃；四级杆温度：150 ℃；扫描方式：选择离子模式，特征离子为28、29、30，定量离子为29。

（d）标准曲线的制作

使用水将甲醛标准溶液（浓度为1.00 mg/mL）稀释成100.0、50.0、20.0、10.0、5.0、2.0、1.0 mg/L。分别取5.0 mL上述溶液至20 mL顶空瓶中，快速封盖（每瓶中分别相当于含甲醛500、250、100、50、25、10、5 μg）。将顶空瓶置于顶空进样器的样品盘中，按设置好的分析条件进行分析，获取甲醛的保留时间及各浓度对应的峰面积，并绘制浓度（mg/L）-峰面积关系的外标法工作曲线，以峰面积为纵坐标、甲醛浓度为横坐标作标准曲线，其线性回归方程为 $y=448.9777x+16.6253$，相关系数为0.999 7，线性范围为1.0～100.0 mg/L。选择不含甲醛的涂料及胶黏剂作为空白基质添加甲醛，以信噪比（S/N）为3确定各目标化合物的方法检出限为5 mg/kg；以信噪比（S/N）为10确定各目标化合物的方法检出限为10 mg/kg。

甲醛标准溶液色谱图见图5.3。

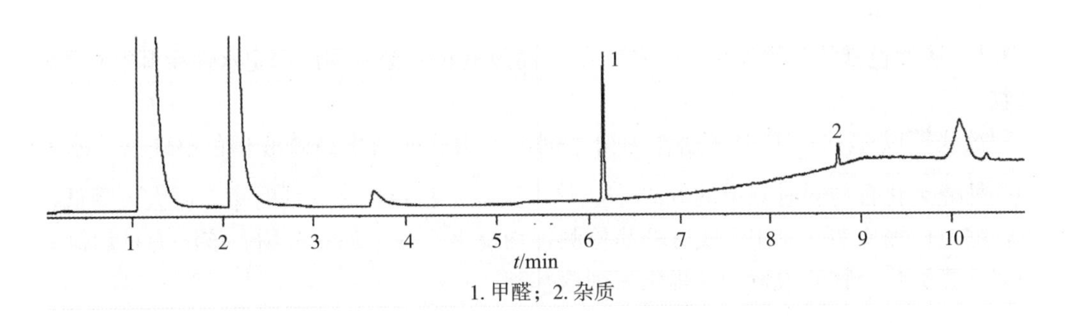

1. 甲醛；2. 杂质

图5.3　甲醛标准溶液色谱图

（e）样品的处理与测定

称取0.5 g（精确至0.1 mg）水性涂料（或胶黏剂）样品于20 mL顶空瓶中，加入5.0 mL水后快速封盖并将顶空瓶放入超声波清洗仪进行超声处理，待样品在水中完全溶解均匀后，将顶空瓶置于顶空进样器中，按照上述仪器条件测试。同时，带空白试验。对于甲醛含量较高的样品，可用水将其浓度稀释至测试线性范围内后再进行分析。

（f）结果计算

用式（5.4）计算涂料中甲醛含量

$$C=(c\times v)/W\times f \tag{5.4}$$

式中：C—涂料中甲醛含量，单位为毫克每千克（mg/kg）；

c—从标准工作曲线上查得的甲醛浓度，单位为毫克每升（mg/L）；

v—溶解样品所用的水体积，单位为毫升（mL）；

W—涂料样品质量，单位为克（g）；

f—稀释因子。

5.4.3 液相色谱法测定涂料中醛类

色谱法（HPLC）是20世纪70年代迅速发展起来的一种高效、高速、高自动化和高灵敏度的分离分析技术。它具有应用广泛的特点，如：不受试样挥发性和相对分子量的限制，可用于分离高沸点、相对分子量较大、热稳定性差的有机化合物，它还可以利用多种溶剂做流动相，对于性质和结构相似的物质，分离的可能性比气相色谱更大。目前用于HPLC的检测器有多种，如紫外可见吸收检测器（UV）、荧光检测器（FLD）、二极管阵列检测器（DAD）、示差折光检测器（RID）、电化学检测器（ED）等。除FLD和ED等选择性检测器的灵敏度接近气相色谱检测器，其它液相色谱检测器的灵敏度都比气相色谱检测器的灵敏度差。

近年来，用高效液相色谱（HPLC）法测定甲醛的报道日益增多，大多采用2，4-二硝基苯肼（DNPH）与甲醛发生衍生反应，生成2，4-二硝基苯肼-甲醛腙，溶剂萃取后用紫外检测器检测，也有采用反应后直接进样测定的方法来测定甲醛。在甲醛衍生物的检测中，应用最多的是二极管阵列检测器DAD和紫外可见吸收检测器UV。2，4-二硝基苯肼（DNPH）与甲醛发生衍生反应主要利用了甲醛存在醛基这一官能团，一方面增加紫外吸收，另一方面提高醛类化合物的稳定性。那么从原理上讲，也可通过2，4-二硝基苯肼（DNPH）与其他醛类发生衍生化反应来同时测定涂料中几种醛类的含量。

5.4.3.1 液相色谱法应用实例——柱前衍生高效液相色谱法同时测定水性涂料中6种醛类化合物

程欲晓等以2，4-二硝基苯肼作为衍生剂，采用柱前衍生高效液相色谱建立了水性涂料中6种醛类化合物同时测定的方法[20]，检出限低，稳定性好，耗时短，可大大降低检测成本，缩短检测周期，应用于实际样品检测，均检出6种醛类化合物。该法为日后制定涂料中多种醛类化合物的限量标准提供了理论基础。

（1）主要仪器与试剂

高效液相色谱仪、二极管阵列检测器、pH计、电子分析天平；甲醛、乙醛、丙醛、苯甲醛、正戊醛、对甲基苯甲醛、甲醇、乙腈、2，4-二硝基苯肼、硫酸、盐酸、磷酸、无水乙酸钠、乙酸。

混合醛标准储备液（200 mg/L）：分别准确称取0.02 g（精确至0.000 1 g）甲醛、乙醛、丙醛、苯甲醛、正戊醛和对甲基苯甲醛标准品于100 mL容量瓶中，超纯水定容，4 ℃避光保存。2，4-二硝基苯肼乙腈溶液（1 000 mg/L）：准确称取0.1 g（精确至0.000 1 g）2，4-二硝基苯肼于100 mL容量瓶中，乙腈定容，4 ℃避光保存。乙酸钠缓冲溶液（pH=3）：称取24 g无水乙酸钠，用100 mL超纯水溶解，不断滴加乙酸至pH=3，4 ℃避光保存。市售纯硫酸、盐酸、磷酸均稀释100倍待用。

(2) 检测方法

(a) 仪器条件

色谱柱：Eclipse XDB-C18 色谱柱，150 mm×4.6 mm×5 μm；进样体积：20 μL；柱温 35 ℃；检测器波长：365 nm；流动相：乙腈∶水=65∶35 (v∶v)；流速：1 mL/min；等度洗脱。

(b) 样品前处理

准确称取 0.2 g (精确至 0.000 1 g) 市售涂料样品于 20 mL 玻璃瓶中，加入 10 mL 超纯水，室温下超声 10 min，取 1 mL 超声后溶液于 10 mL 容量瓶中，加入 1 mL 2，4-二硝基苯肼乙腈溶液，0.2 mL 稀释后的盐酸溶液，1 mL 缓冲溶液，于 60 ℃下衍生 30 min，冷却，乙腈定容，经 0.45 m PTFE 疏水针式过滤器过滤，进样分析。

(c) 标准曲线绘制

分别准确移取 0.04、0.06、0.08、0.1、0.2、0.4、0.6、0.8、1.0 mL 混合标准储备液于 100 mL 容量瓶中，超纯水定容，摇匀，得到浓度为 0.08 ～ 2.0 mg/L 的标准工作溶液，按样品前处理方法进行处理，过滤后滤液供液相色谱测定，色谱图见图 5.4。

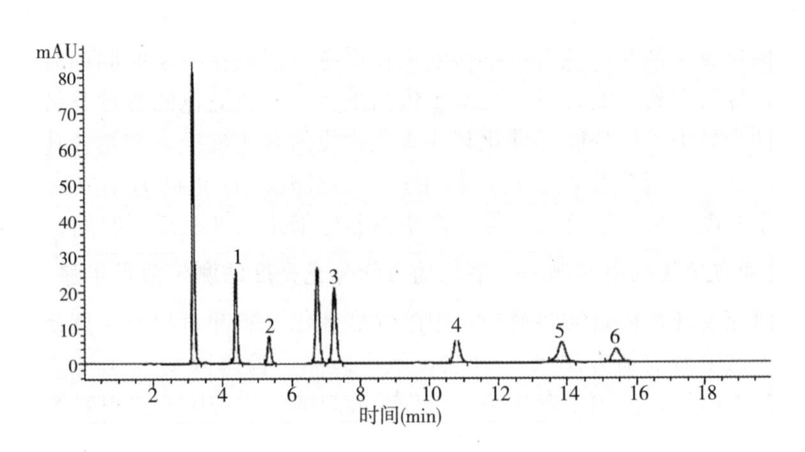

图 5.4　六种醛类目标化合物高效液相色谱图

以各目标化合物质量浓度为横坐标，各目标化合物的峰面积为纵坐标，绘制标准工作曲线，见表 5.3。

表 5.3　线性方程及检出限

醛类	线性范围/ (mg/L)	线性方程	r2	检出限/ (mg/kg)
甲醛	0.2～2.0	Y=20.7493X+44.909 0	0.997 6	0.05
乙醛	0.08～2.0	Y=7.8202X+1.588 9	0.999 3	1.00
丙醛	0.08～—2.0	Y= 49.7935X—0.005 1	1.000	0.50
苯甲醛	0.08～1.6	Y= 23.4518X—0.555 0	0.999 3	1.50
正戊醛	0.2～2.0	Y= 13.2110X—0.384 7	0.999 2	2.50
对甲苯甲醛	0.2～2.0	Y= 15.9726X—0.638 4	0.999 1	2.00

（d）结果计算

以外标标准工作曲线法进行定量分析。在优化的液相色谱条件下，将所测得的样品的响应值，扣除空白实验响应值后，按所绘制的标准工作曲线上求得样品中各目标化合物浓度。实验中需保证样品中待测组分浓度在线性范围内。

按式（5.5）计算目标化合物的含量：

$$M=\frac{(A-b)\times V}{a\times m} \tag{5.5}$$

其中：M—样品中目标化合物含量，单位：mg/kg；

A—目标化合物峰面积（mAu＊s）；

b—目标化合物标准工作曲线的截距；

V—乙腈作为样品提取剂时的用量，单位：L；

a—目标化合物标准工作曲线的斜率；

m—样品质量，单位：kg。

5.4.4 催化动力学法

催化动力学法是分光光度法的一种，它不是直接测定被测物质的吸收，而是以被测离子为催化剂，催化氧化剂对有色有机染料的氧化反应，根据在一定时间内有机染料被氧化退色的程度来计算被测离子的含量，其基本依据是有机染料退色的程度与被测离子的浓度成正比。在酸性介质中，甲醛能够催化某些有色物质的氧化反应，使褪色速率加快，在一定范围内褪色速度与甲醛含量成正比，利用这一特征建立催化动力学方法来测定甲醛含量。催化动力学光度法虽灵敏度高，但需严格控制好催化条件及反应时间。

5.4.4.1 催化动力学法应用实例——催化动力学分光光度法测定痕量甲醛

王晓晖等研究发现在稀硫酸溶液中，甲醛强烈催化溴酸钾氧化亚甲蓝褪色，在此基础上建立了测定痕量甲醛的新方法[21]。该法灵敏度较高，检出限为 3.315×10^{-8} g·mL^{-1}，选择性较好，操作简便，已用于食用菌、杏仁和漆料的浸泡液中痕量甲醛的测定。

（1）主要仪器与试剂

可见分光光度计、数显恒温水浴锅；甲醛标准溶液：用37%～40%的甲醛溶液配制1.00 μg/mL 储备液，用碘量法标定，用时稀释为10.00 μg/mL；0.10 mol/L H_2SO_4 溶液；0.012 5 g/L 的亚甲蓝；0.10 mol/L 的溴酸钾溶液。所用试剂均为分析纯以上，水为二次蒸馏水。

（2）检测方法

（a）工作曲线的绘制

分别移取甲醛标准溶液0.00、1.40 mL 于两支10.00 mL 具塞刻度比色管中，各加入0.10 mol/L 的 H_2SO_4 溶液0. 50 mL，0.10 mol/L 的溴酸钾溶液4.00 mL，0.012 5 g/L 亚甲蓝溶液3.00 mL 加水稀释至10.00 mL，混匀后置于（25.0±0. 1）℃恒温槽中保持5 min，迅速取出，用流水冷却2～3 min，终止反应。用1 cm 比色皿以水为参比，在664 nm波长处测定催化体系和非催化体系的吸光度 A 和 A，计算 $\triangle A=A_0-A$ 的值。

在已确定的试验条件下，仅改变甲醛的用量，按实验方法进行试验。结果表明，在2.00 mL 体积内甲醛质量浓度在0～0.80 μg/mL 范围内，具有良好的线性关系，其线性回归方程为：$\Delta A=0.0416C$ 甲醛$+0.007\ 5$，相关系数 r=0.994 2。对试剂空白进行11次平行测定，计算出该法的检出限为：5.18×10^{-8} mg/mL。

(b) 样品分析

取甲醛试液 1.00 mL 置于小烧杯中，并分别加入 10.00 mL 水稀释，再分别取 0.20 mL 样品置于 10.00 mL 具塞刻度试管中，按照上述实验方法进行操作。

(c) 结果计算

用式 (5.6) 计算涂料中甲醛含量

$$C = (c \times v)/W \times f \tag{5.6}$$

式中：C—涂料中甲醛含量，单位为毫克每千克 (mg/kg)；

c—从标准工作曲线上查得的甲醛浓度，单位为毫克每升 (mg/L)；

v—溶剂体积，单位为毫升 (mL)；

W—涂料样品质量，单位为克 (g)；

f—稀释因子。

参考文献：

[1] 刘君卓，郝兰英. 室内装修与不良建筑物综合症[J]. 环境与健康，2002，19(1)：23-25.
[2] 戴继勇，陶学明，张士胜. 国内外油漆涂料中甲醛安全限量标准的研究[J]. 电镀与涂料，2011，30(10)：76-79.
[3] 吕海涛，邓锐，臧丽丽. 高效液相色谱法测定家用装饰材料中甲醛、乙醛的含量[J]. 福建分析测试，2009，18(4)：28-31.
[4] GB 18582—2008 室内装饰装修材料内涂料中有害物质[S].
[5] GB 50325—2001 民用建筑工程室环境污染控制规范(2006 版)[S].
[6] GB/T 20623—2006 建筑涂料用乳液[S].
[7] GB/T 22374—2008 地坪涂料材料[S].
[8] HG/T3950—2007 抗菌涂料[S].
[9] HG/T3951—2007 建筑涂料用水性色浆[S].
[10] HJ457—2009 环境标志产品技术要求防水涂料[S].
[11] HJ/T 201—2005 环境标志产品技术要求 水性涂料[S].
[12] JC 1066—2008 建筑防水涂料中有害物质限量[S].
[13] 安从俊，丁哨兵，杨波，等. 室内空气环境中微(痕)量甲醛的主要分析方法[J]. 武汉大学学报(理学版)，2001，47(4)：433-437.
[14] 王维我，彭慧莲. 乙酰丙酮分光光度法测定内墙涂料中甲醛含量方法的探讨[J]. 福建分析测试，2007，16(2)：87-91.
[15] 胡冠九，尹卫萍. 室内空气中甲醛的测定方法[J]. 环境监测管理与技术，2002，14(6)：12-13.
[16] 斯佳彬. 紫外分光光度法测定涂料中的甲醛[J]. 现代食品，2017，2(4)：116-117.
[17] 赵金伟，程薇，卢志刚，等. 涂料中甲醛的光度法测定[J]. 理化检验-化学分册，2005，41(1)：17-18.
[18] 孟飞燕，张文敏，张大亮，等. 气相色谱-质谱联用法测定内墙涂料中的游离甲醛[J]. 创新科技，2013(6)：64-65.
[19] 马明，周宇艳，马腾洲. 顶空-气相色谱质谱法快速测定水性涂料及胶粘剂中游离甲醛含量[J]. 分析试验室，2015，34(5)：558-561.
[20] 陈潜，周宇艳，程欲晓，等. 柱前衍生高效液相色谱法同时测定水性涂料中 6 种醛类化合物[J]. 色谱，2014，32(3)：230-234.
[21] 王晓晖，陈晓红，张连丽，等. 催化动力学分光光度法测定痕量甲醛[J]. 广东微量元素科学，2008，15(12)：45-47.

第 6 章 涂料中增塑剂的检测技术

6.1 概述

增塑剂是一种工业上被广泛使用的高分子材料助剂。增塑剂从化学结构分类有脂肪族二元酸酯类、苯二甲酸酯类、苯多酸酯类、苯甲酸酯类、多元醇酯类、氯化烃类、环氧类、柠檬酸酯类、聚酯类等多种。其中以邻苯二甲酸酯类增塑剂的生产和消费量最大，在涂料中加入增塑剂的作用是增加涂膜的柔软性，对于某些本身是脆性的涂料基料来说，要获得具有较好的柔软性和其他机械性能的涂膜，增塑剂是必不可少的。涂料中增塑剂的加入对涂膜的许多性能如张力强度、强韧性、延伸性、渗透性和附着力都有一定的影响。所添加的增塑剂的类型和用量根据涂料中基料树脂的不同以及涂料使用要求的不同而不同。例如：邻苯二甲酸二丁酯（DBP）这种增塑剂对各种树脂都有良好的混容性，因而在涂料中使用较广，常用于硝酸纤维素涂料和聚醋酸乙烯乳液等涂料中。邻苯二甲酸二辛酯（DNOP）它的性能和邻苯二甲酸二丁酯（DBP）相似，但它挥发性较小，耐光性和耐热性较好，常用于硝酸纤维素涂料和聚氯乙烯塑溶胶和有机溶胶涂料中。邻苯二甲酸酯类增塑剂也可用作农药载体、驱虫剂、黏合剂、高分子助剂、印刷油墨用软化剂、电容器油、化妆品、香味品、润滑剂和去泡剂等的生产原料。其具有脂溶性、难分解性和高累积性，能损害人类的生殖系统，影响生物体内激素的正常分泌，导致细胞突变，致畸和致癌。世界各国纷纷加强对邻苯二甲酸酯类增塑剂的监管，美国、欧盟等国家与组织对邻苯二甲酸二异辛酯（DEHP）、邻苯二甲酸二丁酯（DBP）、邻苯二甲酸丁苄酯（BBP）、邻苯二甲酸二异壬酯（DINP）、邻苯二甲酸二异癸酯（DIDP）和邻苯二甲酸二辛酯（DNOP）等邻苯二甲酸酯类增塑剂的使用均有明确的限制。

6.2 增塑剂的种类

增塑剂种类繁多，目前商品化的有 500 多种，其中以邻苯二甲酸酯类增塑剂的生产和消费量最大。邻苯二甲酸酯一般为无色透明的油状黏稠液体，是邻苯二甲酸的一类重要衍生物，通常是从萘和邻二甲苯催化氧化生成邻苯二甲酸酐，然后邻苯二甲酸酐与各种醇类酯化而获得的。常见的邻苯二甲酸酯类有 11 种（详细信息见表 6.1、表 6.2），分别是邻苯二甲酸二甲酯（DMP）、邻苯二甲酸二乙酯（DEP）、邻苯二甲酸二丙酯（DPrP）、邻苯二甲酸二丁酯（DBP）、邻苯二甲酸二戊酯（DAP）、邻苯二甲酸二己酯（DHP）、邻苯二甲酸丁基苄基酯（BBP）、邻苯二甲酸二（2-乙基己基）酯（DEHP）、邻苯二甲酸二正辛酯（DnOP）、邻苯二甲酸二异壬酯（DiNP）、邻苯二甲酸二异癸酯（DiDP）。由表 6.2 可知邻苯二甲酸酯类化合物水溶性低，水解慢，易溶于有机溶剂，难挥发且具高脂溶性，属于中等极性物质。

表 6.1　常见的邻苯二甲酸酯中英文名称及结构简式

中文名	英文名	简称	分子量	分子式（结构简式）	CAS NO
邻苯二甲酸二甲酯	Dimethyl phthalate ester	DMP	194.2	$C_{10}H_{10}O_4$ 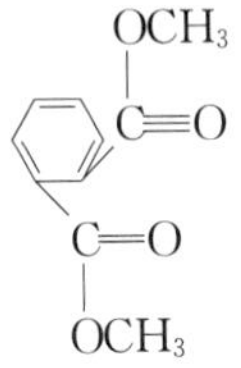 OCH_3 C=O C=O OCH_3	131-11-3
邻苯二甲酸二乙酯	Diethyl phthalate ester	DEP	222.2	$C_{12}H_{14}O_4$ 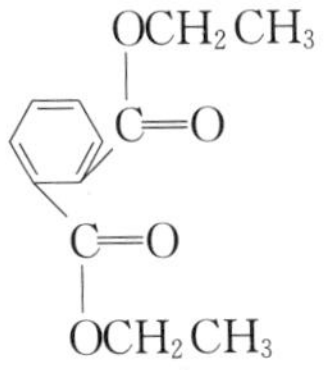 OCH_2CH_3 C=O C=O OCH_2CH_3	84-66-2
邻苯二甲酸二丙酯	Dipropyl phthalate ester	DPrP	250	$C_{14}H_{18}O_4$ 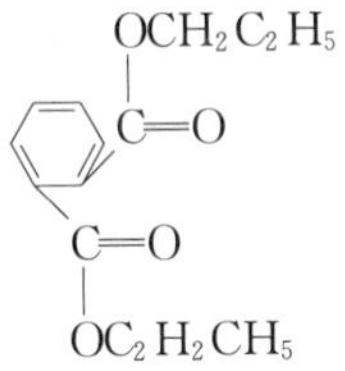 $OCH_2C_2H_5$ C=O C=O $OC_2H_2CH_5$	131-16-8
邻苯二甲酸二丁酯	Dibutyl phthalate ester	DBP	278.3	$C_{16}H_{22}O_4$ 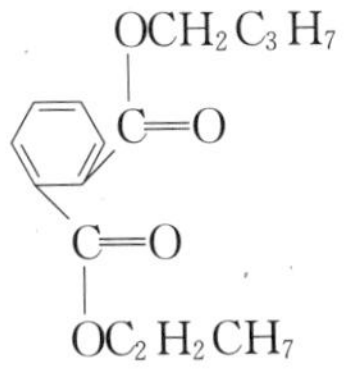 $OCH_2C_3H_7$ C=O C=O $OC_2H_2CH_7$	84-74-2
邻苯二甲酸二戊酯	Diamyl phthalate ester	DAP	306	$C_{18}H_{26}O_4$ 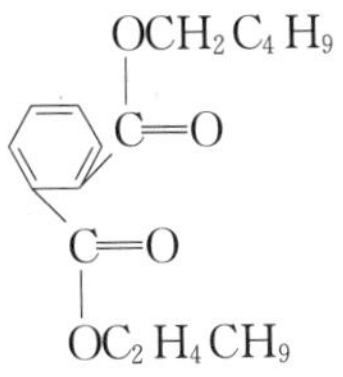 $OCH_2C_4H_9$ C=O C=O $OC_2H_4CH_9$	131-18-0

（续表）

中文名	英文名	简称	分子量	分子式（结构简式）	CAS NO
邻苯二甲酸二己酯	Dihexyl phthalate ester	DHP	334	$C_{20}H_{30}O_4$ $OCH_2C_5H_{11}$ C=O C=O $OC_2H_5CH_{11}$	68515-50-4
邻苯二甲酸丁基苄基酯	Benzyl-n-butyl phthalate ester	BBP	312	$C_{19}H_{20}O_4$ OCH_2— C=O C=O OC_4H_9	85-68-7
邻苯二甲酸二（2-乙基己基）酯	Di-2-ethylh exyl phthalate	DEHP	391	$C_{24}H_{38}O_4$ C_2H_5 $OCH_2CHC_4H_9$ C=O C=O $OCH_2CHC_4H_9$ C_2H_5	117-81-7
邻苯二甲酸二正辛酯	Di-n-octyl phthalate	DnOP	391	$C_{24}H_{38}O_4$ $OCH_2C_7H_{15}$ C=O C=O $OC_2H_7CH_{15}$	117-84-0
邻苯二甲酸二异壬酯	Diisononyl phthalate	DiNP	419	$C_{26}H_{42}O_4$ CH_3 $OCH_2CHC_6H_{13}$ C=O C=O $OC_2H_2CHC_6CH_{13}$ CH_3	28553-12-0

（续表）

中文名	英文名	简称	分子量	分子式（结构简式）	CAS NO
邻苯二甲酸二异癸酯	Diisodecyl phthalate	DiDP	419	$C_{28}H_{46}O_4$ 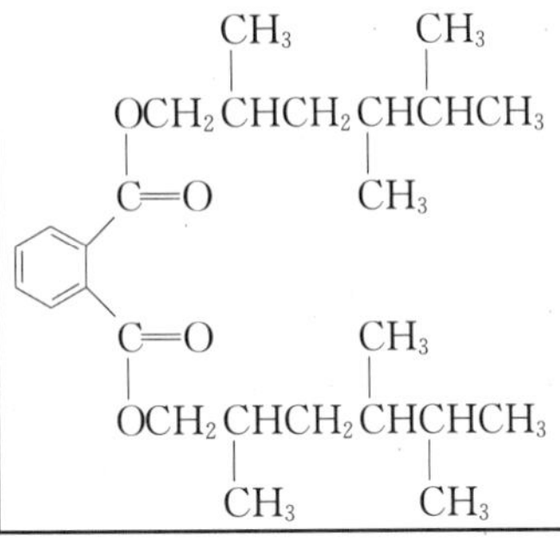	68515-49-1

表 6.2　常见的邻苯二甲酸酯的物理化学参数

化合物名称	水溶度 /（mg/L）	蒸汽压 /Pa	比重（20℃）/（g/cm³）	沸点 /℃	熔点 /℃
邻苯二甲酸二甲酯（DMP）	4000	0.22	1.192	—	5.5
邻苯二甲酸二乙酯（DEP）	1080	0.22	1.118	298	−40
邻苯二甲酸二丙酯（DPrP）	108	—	—	317	—
邻苯二甲酸二丁酯（DBP）	11.2	9.73×10^{-3}	1.042	340	−35
邻苯二甲酸二戊酯（DAP）	182	—	—	350	—
邻苯二甲酸二己酯（DHP）	0.24	1.87×10^{-3}	1.011	345	−27
邻苯二甲酸丁基苄基酯（BBP）	2.69	1.20×10^{-3}	1.011	372	−27
邻苯二甲酸二（2-乙基己基）酯（DEHP）	0.135	9.47×10^{-5}	0.986	384	−47
邻苯二甲酸二正辛酯（DnOP）	3	2.53×10^{-2}	0.978	—	−25
邻苯二甲酸二异壬酯（DiNP）	0.2	7.20×10^{-5}	0.970	—	−48
邻苯二甲酸二异癸酯（DiDP）	1.7×10^{-4}	6.80×10^{-6}	0.961	—	—

6.3　增塑剂的危害

急性毒性是指实验动物一次接触外来化学物质后所引起的中毒效应，甚至引起死亡。实验目的以求得到受试化学物质对实验动物的致死剂量，观察和估测一半动物致死时的剂量，称为半致死量，以 LD_{50} 表示，单位为 mg/kg，mg 是化学物质剂量，kg 为实验动物体重。LD_{50} 愈大，毒性愈低；反之，LD_{50} 愈小，毒性愈大。如表 6.3 所示。

表 6.3　外来化合物急性毒性分级标准

毒性分级	小鼠一次经口 LD_{50}（mg/kg）	小鼠吸入 2 h（LC_{50} μL/L）	兔经皮 LD_{50}/（mg/kg）	WHO 大鼠一次经口 LD_{50}/（mg/kg）	WHO 对人可能致死 /（g/60kg 人体重）
剧毒	<10	<50	<10	<1	0.1
高毒	$10\leqslant LD_{50}<100$	$50\leqslant LD_{50}0<500$	$10\leqslant LD_{50}<50$	$1\leqslant LD_{50}<50$	3
中等毒	$100\leqslant LD_{50}<1\ 000$	$500\leqslant LD_{50}<5\ 000$	$50\leqslant LD_{50}<500$	$50\leqslant LD_{50}<500$	30
低毒	$1\ 000\leqslant LD_{50}<10\ 000$	$5\ 000\leqslant LD_{50}<50\ 000$	$500\leqslant LD_{50}<5\ 000$	$500\leqslant LD_{50}<5\ 000$	250
微毒	≥10 000	≥50 000	≥5 000	≥5 000	≥1 000

表 6.4 几种常见邻苯二甲酸酯增塑剂的急性毒性[1-7]

化合物名称	大鼠口服 LD_{50}/（mg /kg）
邻苯二甲酸二正辛酯（DnOP）	5 370
邻苯二甲酸二乙酯（DEP）	＞5 000
邻苯二甲酸二丁酯（DBP）	＞8 000
邻苯二甲酸丁基苄基酯（BBP）	2 330
邻苯二甲酸二丙酯（DPrP）	1 000
邻苯二甲酸二正戊酯（DnPP）	8 000
邻苯二甲酸二正己酯（DnHP）	30 000
邻苯二甲酸二环己酯（ DCHP）	30 000
邻苯二甲酸二（2-乙基己基）酯（DEHP）	31 000

表 6.4 显示常用邻苯二甲酸酯增塑剂急性毒性除 DPrP、BBP 以外都没毒性，所以大多数品种长期以来被认为是无害物质，因此大量生产；其中，DnHP、DCHP、DEHP 达到 30 000 mg /kg，可与毒性较低的环氧类增塑剂相媲美。环氧类增塑剂是指环氧大豆油等，在国外用作接触食品的塑料制品增塑剂。

但是，邻苯二甲酸酯是一类环境雌激素物质。邻苯二甲酸酯具有苯环基取代基，分子量在 200 和 400 之间，分子尺寸较小，当邻苯二甲酸酯进入人体后，与相应的激素受体结合，产生与激素相同的作用，从而影响生殖、发育，长期接触可对人体造成慢性毒害，主要表现为人和动物的生殖毒性，胎儿受母体激素影响极大，导致男性胎儿已出现尿道下裂，睾丸停止发育，精子数量减少，阴茎变小等。此外，还可以导致生殖细胞的基因损害和遗传变异等造成内分泌失调，使卵子质量发生异常变化，最终导致女性习惯性流产、停产、早产和胎儿畸形等。不仅如此，邻苯二甲酸酯类增塑剂还被怀疑增加男性患睾丸癌和前列腺癌，女性患阴道癌、子宫癌、卵巢癌、乳房癌的几率[8-9]。

1982 年，权威机构美国国家癌症研究所对邻苯二甲酸二辛酯（ DNOP）、邻苯二甲酸二异辛酯（DEHP）的致癌性进行了生物鉴定，认为 DNOP 和 DEHP 可引发啮齿类动物的肝脏癌症。国际癌症研究所（IARC）已经将 DEHP 列为潜在促癌剂，美国环保署也将 DEHP 列为致癌物（第 2B 类）[10]。2011 年 2 月，欧盟将 DEHP、BBP 和 DBP 3 种邻苯二甲酸酯类增塑剂作为首批通过的 REACH 需授权物质正式纳入 REACH 法规授权名单，其判定依据是上述物质具有生殖毒性（第 1B 类）。美国环保局（EPA）将 DEHP、DBP、BBP、DINP、DIDP 和 DNOP 这 6 种邻苯二甲酸酯类化合物列入“水体中 129 中优先控制污染物名单”，DEHP、DBP、DMP 被列入“重点控制空气中 190 种有害污染物名单”。美国国家疾病预防控制中心，常年监测人体尿液中邻苯二甲酸酯类化合物及其代谢物含量，定期公布这些数据。中国将 DMP、DBP 和 DEHP 列入“中国水中优先污染物黑名单”。此外，针对此前台湾地区发现的饮料等食品中非法添加邻苯二甲酸酯类非食用物质事件，我国将邻苯二甲酸酯列入“食品中可能违法添加的非食用物质和易滥用的食品添加剂品种名单”。表 6.5 列出了邻苯二甲酸酯的致癌性及生殖毒性信息，致癌性部分以国际癌症研究所（IARC）的分类为主。

表 6.5　邻苯二甲酸酯的致癌性与生殖毒性信息

化合物名称	应用范围	致癌性	生殖毒性
邻苯二甲酸二甲酯（DMP）	溶剂、个人卫生用品、护理用品、油墨	未列入致癌物分类中	动物：不明显；人类：研究中
邻苯二甲酸二乙酯（DEP）	溶剂、护理用品、油墨	未列入致癌物分类中	动物：有；人类：研究中
邻苯二甲酸二丁酯（DBP）	食品包装、乳胶黏合剂、溶剂	未列入致癌物分类中	动物：有；人类：研究中
邻苯二甲酸丁基苄基酯（BBP）	建筑材料（含 PVC）、人造皮革、汽车内饰、塑化剂	动物：有3类	动物：有；人类：研究中
邻苯二甲酸二（2－乙基己基）酯（DEHP）	食品包装、医疗器材、建筑材料、塑化剂	动物：有3类	动物：有；人类：研究中
邻苯二甲酸二正辛酯（DnOP）	地板胶、聚乙烯瓷砖、帆布、塑化剂	未列入致癌物分类中	动物：不明显；人类：研究中
邻苯二甲酸二异壬酯（DiNP）	鞋底、建筑材料、塑化剂	动物：有未列入致癌物分类中	动物：不明显；人类：研究中
邻苯二甲酸二异癸酯（DiDP）	电缆线、胶鞋、地毯黏胶、橡胶衬垫	未列入致癌物分类中	动物：不明显；人类：研究中

6.4　暴露水平

邻苯二甲酸酯类化合物广泛的应用于塑料制品、食品包装、建筑材料、医疗用品、清洁剂以及儿童玩具和儿童护理品中，易挥发进入环境介质中，是普遍存在的环境激素类污染物[11]。邻苯二甲酸酯类化合物可通过呼吸、饮食和皮肤接触等途径进入人体[12]。由于其没有与高分子物质聚合，且分子量较小，所以此类物质迁移特性比较显著。关于增塑剂的暴露水平的研究举两个例子进行说明：

例一[13]，同济大学基础医学院有关科研小组的一项科学研究评估了食品接触材料来源的邻苯二甲酸酯类物质暴露情况，结果发现在抽检的98个样品中，共有37个样品被检出含有DEHP、BBP、DBP等物质，分别存在于尼龙餐具、PVC密封圈和硅胶模制品中，最高含量达到8.8mg/kg，其中DEHP和DBP的平均含量为1.06 mg/kg。由此可见，仅食品来源的邻苯甲酸酯类物质已经使人类处于高暴露风险水平，如果再考虑大气环境、水体污染、化妆品及个人护理产品、玩具，以及服装纺织品等其他摄入途径，人体的邻苯二甲酸酯暴露量会更大，健康风险更高。

例二[14]，为了了解油漆工人体内邻苯二甲酸酯的污染特性和暴露水平，2013年在哈尔滨市采集了10个油漆工人和10个普通人群的尿液样品，分析尿液中14种邻苯二甲酸酯类化合物代谢物的质量分数水平。结果表明，邻苯二甲酸酯类化合物代谢物普遍存在于油漆工人和普通人群体内，邻苯二甲酸单甲酯（mMP）、邻苯二甲酸单丁酯（mBP）和邻苯二甲酸单异丁酯（miBP）是主要代谢物。油漆工人尿液中邻苯二甲酸酯类化合物代谢物的质量分数水平高于普通人群，低相对分子质量邻苯二甲酸酯是油漆涂料中主要添加的邻苯二甲酸酯类物质，哈尔滨市油漆工人体内邻苯二甲酸酯代谢物的质量分数显著高于普通人群，说明油漆工人可暴露于油漆涂料中释放出来的邻苯二甲酸酯。哈尔滨市油漆工人体内的邻苯二甲酸二甲酯（DMP）、邻苯二甲酸二丁酯（DBP）和邻苯二甲酸二异丁酯（DIBP）的平均日暴露量分别为0.48、0.30、0.26 μg/（kg·d），普通人群体内DMP、DBP和DIBP的平均日暴露量分别为0.23、0.16、0.14 μg/（kg·d），油漆工人体内的DMP、DBP和DIBP的平均日暴露量是普通人群的2倍，DBP在两类人群中的日暴露量差异显著（P<0.05），DMP和DIBP差异不显著（P=0.089和P=0.069）。但油漆工人和普通人群对邻苯二甲酸酯的日暴露量均低于美国EPA给出的最大参考暴露剂量，说明其暴露风险均处于安全水平。

6.5 国内外涂料中增塑剂限制相关法规

6.5.1 我国对涂料中增塑剂限制相关法规

我国对涂料中增塑剂限制主要涉及玩具领域，于2009年出台了国家强制性标准GB 24613—2009《玩具用涂料中有害物质限量》，对玩具用涂料中的6种邻苯二甲酸酯类增塑剂的测定与限量作了详细的规定。标准规定玩具用涂料中邻苯二甲酸二异辛酯（DEHP）、邻苯二甲酸二丁酯（DBP）和邻苯二甲酸丁苄酯（BBP）三种增塑剂的总含量小于等于0.1%以及邻苯二甲酸二异壬酯（DINP）、邻苯二甲酸二异癸酯（DIDP）和邻苯二甲酸二辛酯（DNOP）三种增塑剂的总含量小于等于0.1%。并于2014年重新修订了国家强制性标准GB 6675—2014《玩具安全》，该标准1—4部分是在参照ISO 8124标准的基础上制定的，主要技术指标与ISO 8124一致，同时与ISO 8124相比较，增加了玩具中6种邻苯二甲酸酯类增塑剂的限量要求，该限量与欧盟现行规定等同。标准规定所有产品包括可放入口中的产品中邻苯二甲酸二异辛酯（DEHP）、邻苯二甲酸二丁酯（DBP）和邻苯二甲酸丁苄酯（BBP）三种增塑剂的总含量小于等于0.1%以及可放入口中的产品邻苯二甲酸二异壬酯（DINP）、邻苯二甲酸二异癸酯（DIDP）和邻苯二甲酸二正辛酯（DNOP）三种增塑剂的总含量小于等于0.1%。

表6.6 我国法规对于涂料中增塑剂限量的规定

标准编号	标准名称	检测项目	限量要求
GB 24613—2009	玩具用涂料中有害物质限量	邻苯二甲酸二异辛酯（DEHP）、邻苯二甲酸二丁酯（DBP）和邻苯二甲酸丁苄酯（BBP）总和/%≤	0.1
		邻苯二甲酸二异壬酯（DINP）、邻苯二甲酸二异癸酯（DIDP）和邻苯二甲酸二辛酯（DNOP）总和/%≤	0.1
GB 6675.1—2014	玩具安全 第1部分：基本规范	邻苯二甲酸二异辛酯（DEHP）、邻苯二甲酸二丁酯（DBP）和邻苯二甲酸丁苄酯（BBP）总和/%≤	0.1
		邻苯二甲酸二异壬酯（DINP）、邻苯二甲酸二异癸酯（DIDP）和邻苯二甲酸二辛酯（DNOP）总和/%≤	0.1

6.5.2 国外对涂料中增塑剂限制相关法规

国外没有专门针对涂料中增塑剂限制的相关法规，但是对于儿童玩具、儿童护理产品等含有的增塑剂都有明确的规定。例如美国消费品安全改进法案 CPSIA/HR4040 规定禁止销售、制造、进口含有浓度超过 0.1%邻苯二甲酸二异辛酯（DEHP）、邻苯二甲酸二丁酯（DBP）或邻苯二甲酸丁苄酯（BBP）的儿童玩具和儿童护理产品，儿童产品不能含有浓度超过 0.1%的邻苯二甲酸二异壬酯（DINP）、邻苯二甲酸二异癸酯（DIDP）或邻苯二甲酸二辛酯（DNOP）。根据法案的定义，儿童玩具是指生产商专为儿童使用而设的消费品；儿童护理产品是指生产商专为协助 3 岁或以下儿童入睡或进食，或协助儿童吃奶或出牙而设的消费品。欧洲 REACH 及欧盟指令 2005/84/EC 对玩具和儿童护理品中的邻苯二甲酸盐的限量作了明确规定，邻苯二甲酸二异辛酯（DEHP）、邻苯二甲酸二丁酯（DBP）和邻苯二甲酸丁苄酯（BBP）的总和小于等于 0.1%以及邻苯二甲酸二异壬酯（DINP）、邻苯二甲酸二异癸酯（DIDP）和邻苯二甲酸二辛酯（DNOP）的总和小于等于 0.1%。

表 6.7　国外法规对于涂料中增塑剂限量的规定

国家/地区	标准法规	检测项目	限量要求
欧盟	欧洲 REACH 及欧盟指令 2005/84/EC 玩具和儿童护理品中的邻苯二甲酸盐	邻苯二甲酸二异辛酯（DEHP）、邻苯二甲酸二丁酯（DBP）和邻苯二甲酸丁苄酯（BBP）总和/%≤	0.1
		邻苯二甲酸二异壬酯（DINP）、邻苯二甲酸二异癸酯（DIDP）和邻苯二甲酸二辛酯（DNOP）总和/%≤	0.1
美国	美国消费品安全改进法案 CPSIA/HR4040	邻苯二甲酸二丁酯（DBP）/%≤	0.1
		邻苯二甲酸丁苄酯（BBP）/%≤	0.1
		邻苯二甲酸二异辛酯（DEHP）/%≤	0.1
		邻苯二甲酸二辛酯（DNOP）/%≤	0.1
		邻苯二甲酸二异壬酯（DINP）/%≤	0.1
		邻苯二甲酸二异癸酯（DIDP）/%≤	0.1

6.6　样品的前处理技术

6.6.1　固体样品

6.6.1.1　索氏提取

索氏提取又名沙式提取，是从固体物质中萃取化合物的一种方法。索氏提取是利用溶剂回流和虹吸原理，使固体物质连续不断地被纯溶剂萃取，保持提取溶剂与样品充分反应，因而消除了振荡提取中的传质不平衡，其设备花费低、提取样品范围广、且易于操作，迄今仍被广泛使用。但索氏提取技术需要较长提取时间，受提取物干扰影响较大，提取过程需要消耗大量溶剂，大量的提取溶剂不仅花费高而且随环境造成新的污染，因此此技术不宜于处理大批量样品。

汪蓉等[15]将涂料经溶剂提取或涂膜经索氏提取后，提出液中邻苯二甲酸酯类单体 DEHP、DBP、BBP、DNOP 可用 DB－1 30.0 m×Φ0.25 mm×0.5 μm 色谱柱同时分离，GC-FID 或 GC-MSD 全扫描测定，DINP、DIDP 采用 GC-MSD 选择离子扫描单独测定。采用 GC-MSD 测定时，方法的回收率不低于 95%，DEHP、DBP、BBP、DNOP 的最小检出限（LODs）均为 0.04 μg/mL，最低定量限（LOQ）均为 0.35 μg/mL。选择扫描时，

DINP、DIDP 的 LODs、LOQ 分别为 0.4 、3.5 μg/mL。本实验还对超声提取与索氏提取两种样品前处理方法进行了比较。涂膜样品超声提取与索氏提取的 PAEs 测试结果对比结果见表 6.8，由表 6.8 可见，对于涂膜样品，超声提取 20 min、30 min 后 PAEs 测试结果无明显差异，索氏提取 60 min、90 min、120 min 后 PAEs 的测试结果也无明显差异，但索氏提取测试结果显著高于超声提取后的测试结果。

表 6.8 涂膜样品超声提取与索氏提取的 PAEs 测试结果对比

PAEs 提取方法	时间	涂料样品 1#			涂料样品 2#			涂料样品 3#		
		DEHP /%	BBP /%	总和 /%	DEHP /%	BBP /%	总和 /%	DEHP /%	BBP /%	总和 /%
超声萃取	10 min	3.10	0.38	3.38	2.95	0.31	3.26	3.25	0.44	3.69
	20 min	3.21	0.42	3.63	3.08	0.38	3.46	3.45	0.48	3.93
	30 min	3.20	0.43	3.63	3.10	0.37	3.47	3.47	0.47	3.94
索氏提取	60 min	3.36	0.44	3.80	3.13	0.41	3.54	3.55	0.50	4.05
	90 min	3.35	0.45	3.80	3.14	0.42	3.56	3.53	0.49	4.02
	120 min	3.37	0.45	3.82	3.13	0.42	3.55	3.57	0.51	4.08

6.6.1.2 超声波提取

超声波是指频率为 20 kHz～50 kHz 的电磁波，它是一种机械波，需要能量载体和介质来进行传播。超声波在传递过程中存在着正负压强交变周期，在正相位时，对介质分子产生挤压，增加介质原来的密度；负相位时，介质分子稀疏、离散，介质密度减小。也就是说，超声波在溶剂和样品之间产生声波空化作用，导致溶液内气泡的形成、增长和爆破压缩，从而使固体样品分散，增大样品与萃取溶剂之间的接触面积，提高目标物从固相转移到液相的传质速率。另外超声波的热作用和机械作用也能促进超声波强化萃取，使有效成分迅速逸出。超声波提取的优点是回收率好，适用样品范围广，样品提取时间较短，操作简单易行、维护保养方便。GB 24613－2009 附录 C《邻苯二甲酸酯类的测定-气质联用法》该标准就是用丁酮溶剂对试样中的 6 种邻苯二甲酸酯类进行超声波提取。对提取液定容后，用气相色谱/质谱联用仪（GC-MS）测定。邻苯二甲酸二丁酯（DBP)、邻苯二甲酸丁苄酯（BBP)、邻苯二甲酸二异辛酯（DEHP）和邻苯二甲酸二辛酯（DNOP）的检出限均为 0.002%；邻苯二甲酸二异壬酯（DINP）和邻苯二甲酸二异癸酯（DIDP）的检出限均为 0.01%。具体操作为：液态样品的制备时，将待测样品搅拌均匀。按产品明示的施工配比制备混合试样，搅拌均匀后，称取约 1 g（精确至 0.1 mg）置于 50 mL 具塞锥形瓶中，加入 20 mL 丁酮稀释试样，于超声波发生器中提取 10 min，冷却后，用滤膜过滤提取液置于 50 mL 容量瓶中。残渣再用 20 mL 丁酮超声提取 5 min，合并滤液于同一容量瓶中。然后用丁酮稀释至刻度，供 GC-MS 分析。固态样品的制备时，在室温下用粉碎设备将其粉碎，使颗粒尺寸的直径小于 5 mm。称取粉碎后的试样约 1 g（精确至 0.1 mg）置于 50 mL 具塞锥形瓶中，加入 20 mL 丁酮，于超声波发生器中提取 10 min，冷却后，用滤膜过滤提取液置于 50 mL 容量瓶中。残渣再用 20 mL 丁酮超声提取 5 min，合并滤液于同一容量瓶中。然后用丁酮稀释至刻度，供 GC-MS 分析。

6.6.2　液体样品

6.6.2.1　液-液萃取法

液-液萃取法是最具有历史且使用较广泛的前处理方法，利用物质在两种互不相溶（或微溶）的溶剂中溶解度或分配系数的不同，使物质从一种溶剂内转移到另一种溶剂中。经过反复多次萃取，将绝大部分的化合物提取出来。尽管液-液萃取法兼有富集和降低基体干扰的作用，但是液-液萃取法对于多组分残留危害物质的提取效果经常不理想，并且该方法需要使用较大量的有机溶剂，并易引入新的杂质，涉及费时的浓缩步骤，同时易导致被测物的损失，当组分含量较低时，用液-液萃取法有时难以满足分析测定的要求，因此液-液萃取法的使用逐渐在减少。目前在涂料中增塑剂的测定中并不常使用该方法。该方法通常被用于测定水试样中的邻苯二甲酸酯类化合物。王翠等[16]采用液液萃取结合气相色谱-质谱法对地表水和生活饮用水中的三种邻苯二甲酸酯类化合物进行了分析。结果表明，三种邻苯二甲酸酯类化合物在 12 min 内可以全部检出，并且分离效果较好，方法的检出限为 2 μg/L，相对标准偏差为 1.3%～7.1%。黄素华等[17]用正己烷萃取饮用水中的邻苯二甲酸二丁酯和邻苯二甲酸二（2-乙基己基）酯，结合超高压液相色谱法（紫外检测器）进行分析。两种化合物的检出限分别为 0.3 μg/L 和 0.4 μg/L，回收率分别为 95.0%～99.7%和 98.0%～106.5%，相对标准偏差分别为 1.59%～3.86%和 1.99%～3.86%。戚文炜等[18]用二氯甲烷萃取结合气相色谱法对环境水中的 6 种邻苯二甲酸酯类化合物进行了测定。方法的检出限为 0.18～0.39 μg/L，加标回收率为 73.5%～114.6%，相对标准偏差为 0.47%～1.83%。

6.6.2.2　固相萃取法

固相萃取是 20 世纪 70 年代初发展起来的一种样品前处理技术，也是近年来研究发展最快的一种制备和净化技术。固相萃取的基本原理是基于样品组分在固定相和流动相之间分配系数或吸附系数的差异。它利用固体吸附剂将目标化合物吸附，使之与样品的基体及干扰化合物分离，然后用洗脱液洗脱或加热解脱，从而达到分离和富集目标化合物的目的。与液-液萃取法相比，固相萃取具有高回收率和富集倍数高、有机溶剂用量少、简化样品预处理过程等优点。常用的固相萃取填料种类见表 6.9。

表 6.9　常用固相萃取填料

	固定相	极性	作用机理
吸附剂	硅胶	极性	吸附；氢键
	氧化铝	极性	吸附；氢键
	硅藻土	极性	吸附
键合相（改性硅胶）	$-C_{18}H_{37}$（C_{18}或 ODS）	非极性	范德华力；π—π 作用
	$-C_8H_{17}$（C_8）	非极性	范德华力；π—π 作用
	$-C_6H_5$	非极性	范德华力；π—π 作用
	$-(CH_2)_3CN$	极性	极性;氢键
	$-(CH_2)_3NH_2$	极性	极性;氢键
	$-(CH_2)_3C_6H_4SO_3H$	离子性	阳离子交换
	$-(CH_2)_3N(CH_3)_3Cl$	离子性	阴离子交换
多孔聚合物	苯乙烯/二乙烯苯共聚物	非极性	尺寸排阻

其中吸附型填料包括硅胶、硅藻土、氧化铝等；键合相型填料（改性硅胶）分为正相填料、反向填料和离子交换型填料等。正相填料含有氨基、氰基、二醇基等，反相填料含有C6、C8、C18、氰基、环己基、苯基等，离子交换型填料含有季铵盐、氨基、二氨基、苯磺酸基、羧基等。此外还有聚合物，如苯乙烯－二乙烯苯共聚物等。可以根据检测对象和目标物选择各种吸附剂，也可以两个或多个吸附剂来保留复杂样品中的每一个组分。在美国SPA建立的分析水样中增塑剂的方法中，允许使用固相萃取法代替液－液萃取法处理试样[19]。

刘付建等[20]建立了一种检测水性墙体涂料中20种邻苯二甲酸酯的分散固相萃取净化（d-SPE）/气相色谱－质谱联用（GC-MS）分析方法。称取水性涂料样品0.25 g）（精确至0.01 g）于10 mL具塞离心管中，加入2 mL水，充分涡旋溶解后，加入乙腈（正己烷饱和）-叔丁基甲醚（9∶1）至10 mL，盖上塞子后涡旋2 min，取8 mL提取液d-SPE分散试管（1 200 mg无水硫酸镁和400 mg N-丙基乙二胺（PSA））中，涡旋振荡2 min后，4 000 r/min离心5 min，取上清液供GC-MS测定，必要时，用乙腈（正己烷饱和）－叔丁基甲醚（9∶1）将样液进一步稀释后，供GC－MS测定，外标法定量。20种邻苯二甲酸酯在0.01～10 mg/L范围内线性关系良好（$r>0.99$），方法的检出限（LOD）为0.07～1.40 mg/kg，定量下限（LOQ）为0.3～4.7 mg/kg，加标回收率为86.3%～115.3%，相对标准偏差（RSD，$n=6$）小于8%。具体检测结果见表6.10。

该研究还对提取条件和净化条件的选择进行了讨论。水性涂料是以水为分散介质和稀释剂的涂料，不同水性墙体涂料的配方不完全相同，主要包括水性树脂基料、填料、成膜剂、增稠剂和着色剂等各种助剂，此外，水性墙体涂料还可分为面漆（乳胶漆）、底漆、中层漆等。结合邻苯二甲酸酯类物质的特性，需要优选出一种通用的提取条件。水性墙体涂料呈黏稠状，用水稀释分散后，有利于促进样品基质的分散并提高样品的提取效率，在此条件下，本实验考察了正己烷、乙腈、叔丁基甲醚、乙腈（正己烷饱和）-叔丁基甲醚（9∶1）作为提取剂时的提取效果，发现对于常见的聚丙烯酸乳液、聚醋酸乙烯-丙烯酸乳液和聚苯乙烯-丙烯酸乳液等面漆样品，可以采用正己烷或叔丁基甲醚进行液液萃取，并获得良好的提取回收率，但对于一些底漆样品，如聚丙烯酸水性环保透明底漆，由于组分配比不同，采用正己烷或叔丁基甲醚液液萃取时会出现混合的均匀相体系，较难离心分层；使用乙腈作为提取液时，乙腈可以沉淀试样中的高分子基材，澄清提取液；采用乙腈（正己烷饱和）-叔丁基甲醚（9∶1）混合溶剂的整体提取效果较单一乙腈好，原因在于乙腈中添加叔丁基甲醚后对邻苯二甲酸酯类物质的溶解性比乙腈更好，混合溶剂除了可以沉淀大分子物质外，还可以提高回收率。因此，该实验选用乙腈（正己烷饱和）-叔丁基甲醚（9∶1）作为最佳提取剂。

为了进一步去除提取液中的干扰物质，该实验采用基质分散固相萃取技术作为净化方法。对比考察了5种脱水净化材料（A. 无水Na_2SO_4；B. 含1 200 mg无水硫酸镁和400 mg N-丙基乙二胺（PSA）的d-SPE分散试管；C. 含1 200 mg无水硫酸镁、400 mg N-丙基乙二胺（PSA）和400 mgC18的d-SPE分散试管；D. 含1 200 mg无水硫酸镁、400 mg N-丙基乙二胺（PSA）和400 mgCarb的d-SPE分散试管）的脱水净化效果。结果表明，材料B的回收率最高（20种待测物的回收率为85%～113%，净化效果最好，主要因为无水硫酸镁具有较强的吸水干燥能力，可以去除上机测试前提取液中的水分；而PSA

是高纯硅胶基质的极性吸附剂，其主要吸附机理为极性作用或弱阴离子交换作用，可去除基体中的有机酸和极性色素等杂质。因此，该实验选用含 1 200 mg 无水硫酸镁和 400 mg N-丙基乙二胺（PSA）的 d-SPE 分散试管进行净化。

表 6.10　20 种邻苯二甲酸酯类化合物的检测结果

化合物名称	定量离子 /（m/z）	方法的检出限（LOD）/（mg/kg）	定量下限（LOQ）/（mg/kg）	回收率 /%	相对标准偏差（n=6）/%
邻苯二甲酸二甲酯（DMP）	163，77	0.20	0.7	86.3～102.8	2.5～4.5
邻苯二甲酸二乙酯（DEP）	149，177	0.15	0.5	96.8～100.3	2.2～4.2
邻苯二甲酸二异丙酯（DIPP）	149，209	0.08	0.3	99.4～105.4	2.1～5.4
邻苯二甲酸二丙酯（DPRP）	149，191	0.10	0.4	99.1～109.3	1.6～4.6
邻苯二甲酸二异丁酯（DIBP）	149，223	0.07	0.3	98.4～110.2	1.9～5.1
邻苯二甲酸二丁酯（DBP）	149，223	0.10	0.4	96.3～107.8	1.9～7.8
邻苯二甲酸二（2-甲氧基）乙酯（DMEP）	59，149	0.50	1.8	91.2～105.3	2.6～6.5
邻苯二甲酸二（4-甲基-2-戊基）酯（BMPP）	149，85	0.17	0.6	97.4～107.7	1.5～7.4
邻苯二甲酸二（2-乙氧基）乙酯（DEEP）	149，55	0.35	1.2	91.3～101.2	3.2～5.5
邻苯二甲酸二戊酯（DPP）	149，237	0.17	0.6	93.1～103.4	2.0～6.2
邻苯二甲酸二己酯（DHXP）	149，251	0.20	0.7	97.1～111.4	2.8～6.0
邻苯二甲酸丁基苄基酯（BBP）	149，91	0.20	0.7	90.6～109.4	2.9～6.4
邻苯二甲酸二（2-丁氧基）乙酯（DBEP）	149，101	0.60	2.0	89.7～99.3	3.5～6.0
邻苯二甲酸二环己酯（DCHP）	149，167	0.18	0.6	100.3～112.4	2.6～6.2
邻苯二甲酸二庚酯（DHP）	149，150	0.20	0.7	99.1～111.1	2.2～6.1
邻苯二甲酸二（2-乙基）己酯（DEHP）	149，167	0.20	0.7	101.2～113.2	2.6～6.3
邻苯二甲酸二苯酯（DPHP）	225，77	1.40	4.7	93.1～98.6	3.2～6.3
邻苯二甲酸二正辛酯（DNOP）	149，279	0.40	1.4	96.6～106.8	2.4～5.7
邻苯二甲酸二壬酯（DNP）	149，293	0.40	1.4	99.8～109.2	2.6～5.8
邻苯二甲酸二癸酯（DDP）	149，307	0.60	2.0	102.7～110.4	3.2～6.1

6.6.2.3　固相微萃取

固相微萃取（Solid Phase Microextraction，SPME）是一种新型的、高效的样品预处理技术，是由加拿大 Waterloo 大学 Pawliszyn 及其合作者 Arthur 等提出的。固相微萃取摒弃了固相萃取技术需要柱填充物和使用溶剂进行解吸的弊病，集采样、萃取、浓缩、进样于一体，大大加快了分析检测速度。固相微萃取根据有机物与溶剂之间“相似相溶”的原理，利用萃取头表面的色谱固定相的吸附作用，将组分从样品基质中萃取富集起来，从而完成样品的前处理过程。其操作步骤主要分为萃取过程和解吸过程。萃取过程是将含有吸附涂层的萃取纤维暴露于样品中，达到了平衡，拔出涂层纤维完成萃取过程。解吸过程是将已完成的萃取过程的涂层纤维插入分析仪器进样口中，进行解吸并进样分析。常用的固相微萃取涂层材料（见表 6.11）有聚二甲基硅氧烷、聚丙烯酸酯、聚二甲基硅氧烷-二乙烯基苯、聚二甲基硅氧烷-碳分子筛、聚乙二醇-二乙烯基苯以及聚乙二醇-高温树脂等等。

表 6.11 常用固相微萃取涂层材料

涂层材料	缩写	应用范围
聚二甲基硅氧烷	PDMS	非极性，弱极性物质
聚丙烯酸酯	PA	极性半挥发物质
聚二甲基硅氧烷-二乙烯基苯	PDMS-DVB	极性挥发物质
聚二甲基硅氧烷-碳分子筛	PDMS-Carboxen	气体硫化合物和有机挥发物（VOC）
聚乙二醇-二乙烯基苯	CW-DVB	极性物质
聚乙二醇-高温树脂	CW-TRR	极性物质

刘芃岩等[21]采用固相微萃取结合气相色谱法分析了环境水中痕量邻苯二甲酸酯类化合物。选用 100 μm 聚二甲基硅烷萃取纤维，在磁力搅拌条件下，对水样中的邻苯二甲酸酯类化合物萃取富集 60 min，然后直接注入 GC 进样口，在 250 ℃温度下解吸 4 min 后进行分析测定，13 种邻苯二甲酸酯类化合物能得到充分提取和分离，检出限 0.02～0.83 μg/L，回收率 75.3%～111.0%，相对标准偏差（$n=3$）2.1%～8.0%，均能满足环境水中痕量邻苯二甲酸酯的测定要求。王超英等[22]采用固相微萃取结合高效液相色谱法分析了环境水中痕量邻苯二甲酸酯类化合物。选用 65 μm 聚二甲基硅烷/乙烯苯（PDMS/DVB）涂层，室温下萃取富集 30 min，纯乙腈解吸 2 min，以 V(乙腈)∶V(水)为 60∶40 为流动相在 1 mL/min 的流速下进行梯度洗脱，采用 C18 反相色谱柱，紫外检测波长 228 nm，高效液相色谱分析测定。方法的检出限为 0.11～2.20 μg/L，回收率 82%～128%，相对标准偏差（$n=6$）2.5%～9.6%。

6.7 涂料中增塑剂的检测技术

目前，涂料中增塑剂的检测方法主要有气相色谱法（GC）、液相色谱法（LC）和气相色谱-质谱联用法（GC-MS）。其中气相色谱法（GC）和液相色谱法（LC）只能依靠保留时间进行定性，易受杂质干扰。气相色谱-质谱联用法（GC-MS）用保留时间与特征离子对已知目标物进行分析，定性定量优势明显。

6.7.1 高效液相色谱法

高效液相色谱法（High Performance Liquid Chromatography，HPLC）的主要优势在于可以分析高沸点、挥发性差的有机物。利用高效液相色谱法分离和分析邻苯二甲酸酯类物质具有灵敏度高，选择性好和快速简便等优点。反相高效液相色谱是指以强疏水性的填料作固定相、以可以和水混溶的有机溶剂作流动相的液相色谱。正相液相色谱是指以亲水性的填料作为固定相（如在硅胶上键合羟基、氨基或氰基的极性固定相），以疏水性溶剂或混合物作为流动相（如己烷）的液相色谱。用 HPLC 分析邻苯二甲酸酯类化合物一般使用反相液相色谱 C_8 或 C_{18} 柱，用乙腈和水或甲醇和水做流动相进行梯度洗脱，也可以使用正相液相色谱，氰基柱或胺基柱，用正己烷和二氯甲烷作为流动相均可。检测器一般使用紫外检测器，邻苯二甲酸酯类在 225 nm 处紫外吸收最强。

贾丽等[23]采用高效液相色谱法测定了硝基涂料中的邻苯二甲酸酯类化合物含量。样品搅拌均匀后，涂膜，干燥，待挥发性有机物挥发后，粉碎，用乙醇提取其中的邻苯二甲酸酯类，以 V(乙腈)∶V(水)为 70∶30 为流动相，采用 C18 柱，紫外检测器，直接用高效液相色谱分析，外标法定量。该方法的精密度为 2.05%～4.93%，回收率为 79.5%～106.0%，检出限为邻苯二甲酸二甲酯（DMP）0.14 ng，邻苯二甲酸二乙酯（DEP）0.22 ng，邻苯二甲酸二丁酯（DBP）0.61 ng。叶曦雯等[24]应用高效液相色谱法同时测定水性涂料中 11 种邻苯二甲酸酯类环境激素化合物（PAEs）的含量；样品中先加入无水 Na_2SO_4，充分搅拌进行脱水处理以部分或全部消除杂质的干扰，后加入甲醇超声提取；在 3 000 r/min 下离心 5 min，取上层清液，以乙腈和水为流动相在 1.2 mL/min 的流速下进行梯度洗脱，采用 C8 柱，紫外检测器，高效液相色谱分析测定；对样品前处理和色谱分析条件进行了优化，11 种邻苯二甲酸酯类物质在 5～500 mg/L 范围线性关系良好，加标回收率为 92%～101%，相对标准偏差（RSD）小于 5%。

1. 应用实例[23]

采用高效液相色谱法二极管阵列检测器测定了硝基涂料中的邻苯二甲酸酯类化合物含量。

（1）仪器与试剂

Thermo Finnigan Surveyor 高效液相色谱仪，配自动进样器，PDA（光电二极管列阵检测器）检测器；DMP 、DEP 、DBP 均由北京微量化学研究所提供；甲醇、乙醇、乙腈，色谱纯；所用水为石英亚沸高纯水蒸馏器蒸馏水。

（2）试验方法

（a）色谱条件

色谱柱：ZORBAX SB-C18，3 mm×100 mm，3.5 μm。流动相组成：V(乙腈)∶V(水)＝70∶30。时间：0～10 min。流速：400 μL/min。检测波长：275 nm。进样量：2 μL。

（b）标准溶液的配制

准确称取邻苯二甲酸二甲酯、邻苯二甲酸二乙酯、邻苯二甲酸二丁酯各 0.1 g 置于 10 mL 容量瓶中，用甲醇稀释并定容至刻度，充分摇匀，得到质量浓度分别为 10 mg /mL 的混合标准储备液，再逐级用甲醇稀释至所需的浓度，备用。

（c）涂料样品的预处理

将样品搅拌均匀后，准确称取涂料样品 5 g，按涂料产品规定的要求在玻璃板上制备涂膜，常温干燥 24 h，待挥发性有机物挥发后（即恒重后），粉碎涂膜。

准确称取粉碎后的样品 0.05 g，加入乙醇 10 mL，摇匀，静置后取上清液稀释（稀释 20 倍）至进样小瓶中，在液相色谱仪上测定。

（3）条件选择

（a）样品预处理溶剂的选择

比较了常用的几种溶剂的提取效果。乙酸乙酯和丙酮，能很快的将硝基涂料溶解，形成无色透明的溶液，硝基涂料中高分子的树脂也被溶解，不宜上液相色谱柱，污染色谱柱。甲醇和乙腈，逐渐将硝基涂料溶解，形成白色乳液，静置没有分层，过 0.45 μm 的滤膜，发生堵塞。乙醇作为溶剂时，硝基涂料既没全溶，又能把邻苯二甲酸酯类化合物提取出来。故选择乙醇为提取溶剂。

（b）色谱条件的选择

淋洗液的选择：在反相色谱中，常用的淋洗液为甲醇-水、乙腈-水。该实验进行等度淋洗，使用以上两种淋洗液体系，均能使各物质分离完全，但使用乙腈-水体系，分析时间短，基线更平稳。故选择乙腈-水为淋洗液。

淋洗梯度的确定：以等度淋洗，选择 V(乙腈)∶V(水)为 60∶40 或 65∶35 作流动相，3 种酯类虽被分开，但分析时间较长。选择 V(乙腈)∶V(水)为 75∶25 作流动相，虽然分析时间较短，但是二甲酯和二乙酯的分离度很差，为了更有效的分离，选择 V(乙腈)∶V(水)为 70∶30 作为流动相。3 种物质分离较好，且在 10 min 内完成分离过程。

测定波长的选择：根据标样物质的紫外扫描得出，邻苯二甲酸酯类在 225 nm 处紫外吸收最强，但硝基涂料中的稀释剂苯系列物质在 225 nm 处也有吸收，综合考虑，为了避免苯系物的干扰，该实验选择 275 nm 为 3 种酯类的测定波长。

（4）分析结果

将 10 mg/mL 的混合标准储备液分别稀释成 50、25、10、5、2.5、1 mg/L 的标准系列溶液，均取 2 μL 进样测定，以峰面积对质量浓度做回归方程并计算检出限。邻苯二甲酸二甲酯（DMP）的检出限为 0.14 ng，邻苯二甲酸二乙酯（DEP）的检出限为 0.22 ng，邻苯二甲酸二丁酯（DBP）的检出限为 0.61 ng。

在空白涂料中添加 3 种邻苯二甲酸酯类，用所选择的样品预处理方法，平行制备 5 份试样，对 5 个试样连续测试，测定方法的重复性，它们的相对标准偏差为邻苯二甲酸二甲酯 2.05%，邻苯二甲酸二乙酯 2.49%，邻苯二甲酸二丁酯 4.93%。

选择不添加任何邻苯二甲酸酯类的硝基涂料样品进行回收率实验。称取 5 g 空白样品，添加酯类标准物质各 0.1 g 和 0.2 g，按样品预处理方法进行测定，邻苯二甲酸酯类的回收率分别为：邻苯二甲酸二甲酯 79.5 %～93.1 %，邻苯二甲酸二乙酯 88.5%～106.0 %，邻苯二甲酸二丁酯 84.2 %～95.0 %。

按该方法对市售 2 种硝基清漆类涂料进行测定，外标法定量。结果表明。2 种硝基清漆均未检出邻苯二甲酸二甲酯和邻苯二甲酸二乙酯，其中一种硝基清漆检出邻苯二甲酸二丁酯，含量为 3.43%，另一种未检出邻苯二甲酸二丁酯。

6.7.2 气相色谱-质谱联用法

气相色谱-质谱联用法是将分离分析能力强的气相色谱与定性能力强的质谱相结合的一种高效检测方法。气相色谱作为进样系统能够在几分钟内有效分离几十种混合物，满足了质谱分析对样品组分纯度的要求，质谱作为检测器具有较强的定性能力，能给出化合物的分子量、元素组成、分子结构等信息，弥补了气相色谱定性的不足；同时，质谱的多种扫描方式和质量分析技术，可以选择性的检测目标化合物的特征离子，能有效地排除基质和杂质峰的干扰，提高检测的灵敏度。因此，气相色谱-质谱联用可以充分发挥气相色谱的高分离效率和质谱的高专属性与高灵敏度。

运用气相色谱-质谱联用对样品进行定量分析，可以采用归一化法、外标法、内标法，带内标的外标法等。为了提高检测灵敏度和减少其它杂质峰的干扰，在 GC-MS 定量分析中通常采用选择离子检测方式（SIM）进行检测，对于待测组分，可以选择一个或几个特征离子，而相邻组分或本底中不存在这些离子，这样能有效地排除基质和杂质峰的干扰，大幅度降低信噪比，提高检测的灵敏度。

张凡等[25]建立了涂料中6种常见邻苯二甲酸酯类化合物的气相色谱-质谱联用法测定方法。以正己烷为萃取溶剂超声萃取涂料中的邻苯二甲酸酯类化合物，采用气相色谱-质谱联用的选择离子检测方式（SIM）进行检测。色谱柱为DB-5MS弹性石英毛细管柱（30 m×0.25 mm×0.25 μm），载气为高纯氦气，流量26.8 cm/sec；柱温为80 ℃，以15 ℃/min升至290 ℃，保持20 min；进样口温度为280 ℃；不分流进样，进样量1 μL，离子源温度230 ℃；电子轰击能量70 eV；接口温度250 ℃；电子倍增器电压1.0kV；扫描范围：100～500 u；质量扫描方式SIM，溶剂延迟10.5 min。6种邻苯二甲酸酯的线性相关系数r>0.99，回收率在83%～107%，相对标准偏差（RSD）为3.9%～8.4%。具体检测结果见表6.12。

表6.12　6种邻苯二甲酸酯类化合物的检测结果

化合物名称	定量离子 /（m/z）	检测限 /（μg/L）	回收率 /%	相对标准偏差 /%
邻苯二甲酸二丁酯（DBP）	149	0.97	89～101	4.3～7.5
邻苯二甲酸丁基苄基酯（BBP）	149	3.30	89～104	4.4～8.4
邻苯二甲酸二（2-乙基己基）酯（DEHP）	149	2.45	93～107	5.2～7.7
邻苯二甲酸二正辛酯（DNOP）	279	0.84	85～92	3.9～6.8
邻苯二甲酸二异壬酯（DINP）	293	8.28	83～98	5.6～8.1
邻苯二甲酸二异癸酯（DIDP）	307	8.06	94～100	4.9～7.8

6.7.2.1　应用实例：GB 24613-2009 附录C 邻苯二甲酸酯类的测定——气质联用法

该标准适用于玩具用涂料中邻苯二甲酸酯类含量的测定。原理是用丁酮溶剂对试样中的邻苯二甲酸酯类进行超声波提取。对提取液定容后，用气相色谱/质谱联用仪（GC-MS）测定。采用全扫描的总离子流色谱图（TIC）和质谱图（MS）进行定性，选择离子检测（SIM）和外标法进行定量。邻苯二甲酸二丁酯（DBP）、邻苯二甲酸丁苄酯（BBP）、邻苯二甲酸二异辛酯（DEHP）和邻苯二甲酸二辛酯（DNOP）的检出限均为0.002%；邻苯二甲酸二异壬酯（DINP）和邻苯二甲酸二异癸酯（DIDP）的检出限均为0.01%。

（1）试剂与仪器

丁酮、校准化合物（邻苯二甲酸二丁酯、邻苯二甲酸丁苄酯、邻苯二甲酸二异辛酯、邻苯二甲酸二辛酯、邻苯二甲酸二异壬酯、邻苯二甲酸二异癸酯）（纯度≥98%）、标准储备溶液：分别准确称取适量邻苯二甲酸酯类校准化合物，用丁酮配制成浓度为5 000 mg/L的标准储备溶液，0～4 ℃保存，有效期6个月；混合标准工作溶液：采用逐级稀释的方法，用丁酮稀释标准储备溶液成适用浓度的混合标准工作溶液，0～4 ℃保存，有效期3个月。

气相色谱/质谱联用仪（GC-MS）、进样器（容量至少为进样量的二倍）、样品瓶、离心机（离心力约为5 000±500 g，$g=9.806\ 65\ m/s^2$）、容量瓶、具塞锥形瓶、粉碎设备、超声波发生器（功率500 W）、滤膜（适用于有机溶剂，孔径0.45 μm）、天平（精度0.1 mg）。

邻苯二甲酸酯类是实验室内常见的污染物，试剂、溶剂和玻璃器皿等均可能被邻苯二甲酸酯类污染，而造成干扰。因此分析过程中，避免使用塑料器皿。此外，玻璃器皿使用前，必须放在高温炉中以 400 ℃烘烤 2～4 h，或以分析纯溶剂冲洗。

（2）测试条件

色谱柱：5%二苯基/95%二甲基聚硅氧烷毛细管柱，30 m×0.25 mm×0.25 μm，例如：DB-5MS 毛细管柱。

柱温：起始温度 60 ℃保持 0.75 min，然后以 30 ℃/min 升至 180 ℃，保持 1 min，再以 15 ℃/min 升至 280 ℃，保持 7 min；

进样口温度：280 ℃；色谱-质谱接口温度：280 ℃；离子源温度：230 ℃；载气流速：1.0 mL/min；进样方式：不分流进样，0.75 min 后开阀；进样量：1.0 μL；电离方式：EI；电离能量：70 eV；测试方式：全扫描的总离子流色谱图（TIC）和质谱图（MS）进行定性，选择离子检测（SIM）和外标法进行定量。

6 种邻苯二甲酸酯类的参考保留时间和选择离子及其丰度比参见表 6.13；总离子流色谱图和选择离子色谱图参见图 6.1、图 6.2、图 6.3、图 6.4、图 6.5。

也可根据所用气相色谱-质谱联用仪的性能及待测试样的实际情况选择最佳的气相色谱-质谱测试条件。

表 6.13　6 种邻苯二甲酸酯的测定参数

组别	邻苯二甲酸酯名称	保留时间/min	定量离子/（m/z）	定性离子/（m/z）
1	邻苯二甲酸二丁酯（DBP）	9.6	149	150、205、223
	邻苯二甲酸丁苄酯（BBP）	12.0	149	150、206、238
	邻苯二甲酸二异辛酯（DEHP）、	13.0	149	150、167、279
2	邻苯二甲酸二辛酯（DNOP）	14.4	279	261、390
	邻苯二甲酸二异壬酯（DINP）	13.2～17.0	293	347、418
	邻苯二甲酸二异癸酯（DIDP）	13.8～18.0	307	321、446

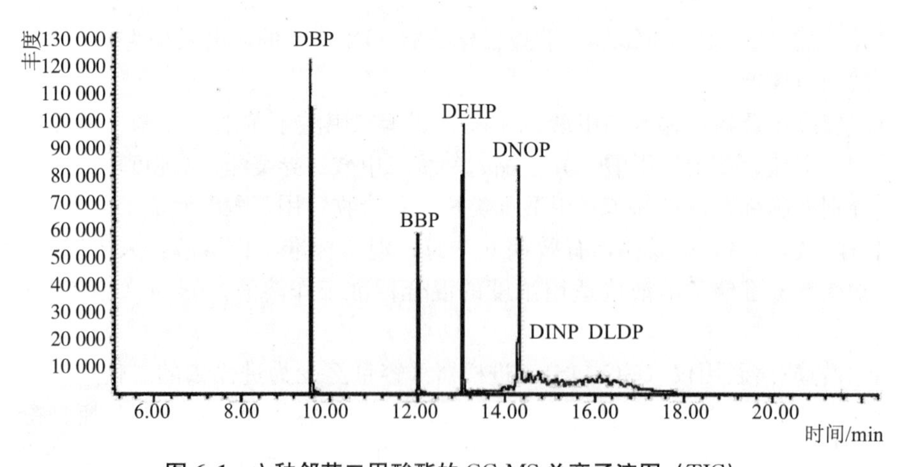

图 6.1　六种邻苯二甲酸酯的 GC-MS 总离子流图（TIC）

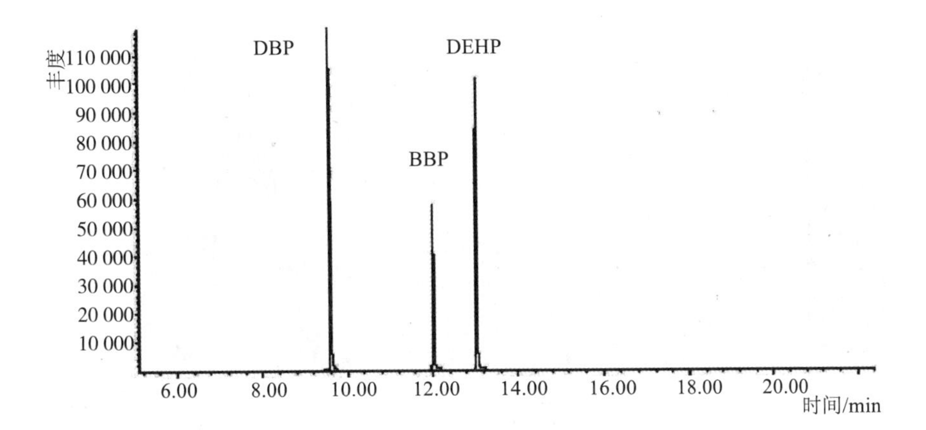

图6.2　DBP、BBP、DEHP的GC-MS选择离子色谱图（SIM）

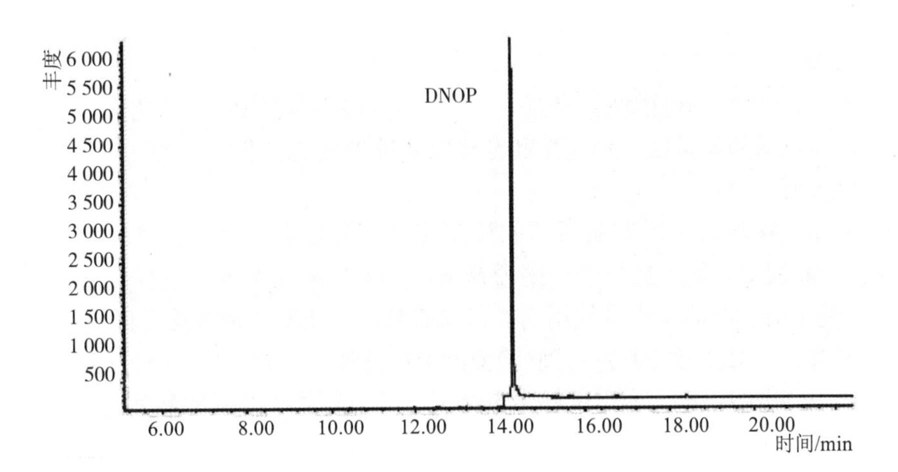

图6.3　DNOP的GC-MS选择离子色谱图（SIM）

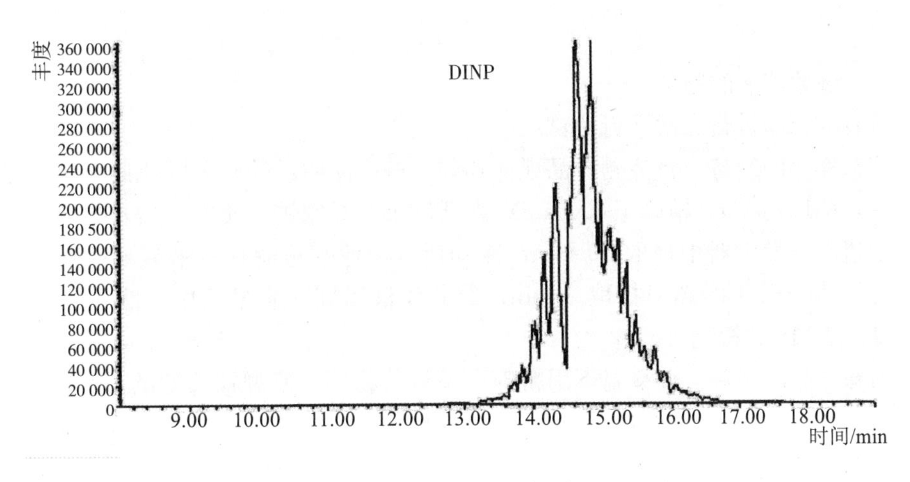

图6.4　DINP的GC-MS选择离子色谱图（SIM）

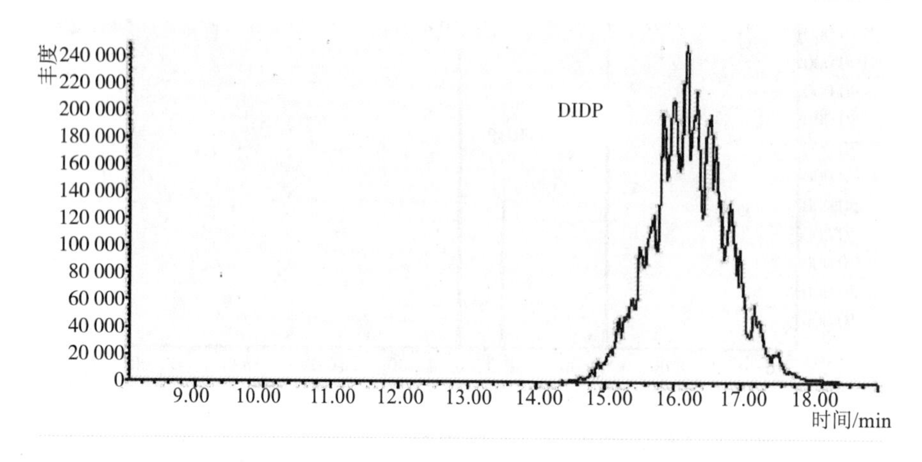

图 6.5 DIDP 的 GC-MS 选择离子色谱图（SIM）

（3）测试步骤

（a）参照（2）的气相色谱测试条件，每次都应该使用已知的校准化合物对仪器进行最优化处理，是仪器的灵敏度、稳定性和分离效果处于最佳状态。

（b）定性分析

将待测样品搅拌均匀。按产品明示的施工配比制备混合试样，搅拌均匀后，称取约 1 g 试样置于样品瓶中，加入适量的丁酮稀释试样，于超声波发生器中提取 10 min。放置 5 min 左右，使不溶物沉淀。也可使用离心机离心分离，使不溶物沉淀，供 GC-MS 分析。

用进样器取 1.0 μL 经处理后的试验溶液的上层清液注入 GC-MS 中，记录总离子流质谱图和选择离子色谱图，定性鉴定试样中有无表 5.2 中的邻苯二甲酸酯类化合物。如果试样中无表 5.2 中的邻苯二甲酸酯类化合物，就无需进行下列步骤的测试。若待测试验溶液和标准工作溶液的总离子流质谱图或选择离子色谱图中，在相同的保留时间有色谱峰出现，则根据每种邻苯二甲酸酯类的种类和丰度比进行确证。粉末样品、固态样品（应先用粉碎设备将其粉碎，使颗粒尺寸的直径小于 5 mm）直接加入 20 mL 丁酮进行超声提取处理。

（c）试验溶液的制备

所有的试验进行二次平行测试。

液态样品的制备：将待测样品搅拌均匀。按产品明示的施工配比制备混合试样，搅拌均匀后，称取约 1 g（精确至 0.1 mg）置于 50 mL 具塞锥形瓶中，加入 20 mL 丁酮稀释试样，于超声波发生器中提取 10 min，冷却后，用滤膜过滤提取液置于 50 mL 容量瓶中。残渣再用 20 mL 丁酮超声提取 5 min，合并滤液于同一容量瓶中。然后用丁酮稀释至刻度，供 GC-MS 分析。

固态样品的制备：在室温下用粉碎设备将其粉碎，使颗粒尺寸的直径小于 5 mm。称取粉碎后的试样约 1 g（精确至 0.1 mg）置于 50 mL 具塞锥形瓶中，加入 20 mL 丁酮，于超声波发生器中提取 10 min，冷却后，用滤膜过滤提取液置于 50 mL 容量瓶中。残渣再用 20 mL 丁酮超声提取 5 min，合并滤液于同一容量瓶中。然后用丁酮稀释至刻度，供

GC-MS 分析。

粉末状样品，直接进行样品处理。

（d）标准工作曲线的绘制

系列标准工作溶液峰面积的测定：在与测试试样相同的气相色谱的气相色谱-质谱测试条件下，按（a）的规定优化仪器参数。用进样器分别取 1.0μL 系列标准工作溶液注入 GC-MS 中，对定量选择离子（参见表 5.2）进行峰面积积分，DINP 和 DIDP 应分别将其所有同分异构体的色谱峰组的基线拉平后积分，计算其峰面积的总和。

每一种标准工作溶液进样 2 次，取其平均值，其相对偏差应≤5%。

以峰面积 A 为纵坐标，相应浓度 c（mg/L）为横坐标，绘制标准工作曲线。标准工作曲线至少包括一个空白样品和三个标准工作溶液，其相关系数应≥0.995，否则应重新制作新的标准工作曲线。

（e）定量测定

按测试标准工作溶液时的最优化条件设置仪器参数。用进样器取经（c）处理后的滤液 1.0 μL 注入 GC-MS 中，记录总离子流质谱图和选择离子色谱图。根据待测试验溶液中被测化合物含量情况，对待测试验溶液的定量选择离子（参见表 5.2）进行峰面积积分，按式（5.1）采用外标法定量。

标准工作溶液和待测试验溶液中每种邻苯二甲酸酯类的响应值均应在仪器检测的线形范围内。若待测试验溶液中被测化合物的含量超出线形范围，应适当稀释后再测定。

（f）结果计算

直接从标准工作曲线上读取待测试验溶液中每种邻苯二甲酸酯类的浓度。

按式（6.1）分别计算试样中每种邻苯二甲酸酯类的含量：

$$\omega_i = \frac{\rho_i \times V \times F}{m \times s \times 10\ 000} \tag{6.1}$$

式中：ω_i—试样中邻苯二甲酸酯 i 的含量，%；

ρ_i—从标准工作曲线上读取的邻苯二甲酸酯 i 的浓度，单位为毫克每升（mg/L）；

V—试验溶液中的定容体积（mL）；

F—试验溶液的稀释因子；

m—试样的质量，单位为克（g）；

S—试样的不挥发含量，以质量分数表示，单位为克每克（g/g）；

10 000—转换因子。

试样的不挥发物含量 GB/T 1725－2007 中的规定进行测定。测试时按产品明示的配比混合各组分样品，搅拌均匀后，称取试样量（1±0.1）g，试验条件：(105±2)℃/1 h。

粉末状样品和固态样品的不挥发物含量按质量分数为 1［单位为克每克（g/g)］计算。

6.7.3　气相色谱法

气相色谱仪是一种用于分离复杂样品中的化合物的化学分析仪器。气相色谱能够在几分钟内有效分离几十种混合物，具有较高的灵敏度[26]，但检测器易受其他有机物的污染，因而灵敏度变化较大，对样品的前处理要求较高[27]。常用的可用于检测邻苯二甲酸酯类化合物的气相色谱仪检测器有氢火焰离子化检测器（FID）和电子俘获检测器（ECD）。氢火焰离子化检测器（FID）是利用氢火焰作电离源，是有机物电离、产生微电流而响应的检测器。电子俘获检测器（ECD）是利用放射源或非放射源产生大量低能热电子，亲电子的有机物如多卤化合物进入检测器，俘获电子而使基流降低信号。

牛增元等[28]采用气相色谱法测定了涂料中的苯、甲苯、二甲苯异构体、邻苯二甲酸酯类化合物（DEP、DBP、BBP、DEHP、DNOP）多种有毒有害成分。用化学和吸附/脱附惰性膜除去样品中的大部分树脂成膜物质、颜填料及各种微粒助剂，用毛细管柱气相色谱分离，氢火焰离子化检测器检测，以正十四烷为内标，内标法定量。邻苯二甲酸酯类增韧剂的线性范围为0.05～20 μg，回收率为96%～102%，相对标准偏差（RSD）的范围为0.92%～2.46%。陈海东等[29]选用85 μm PA纤维，在磁力搅拌条件下，65 ℃萃取富集60 min，解析5 min，用带电子捕获检测器的毛细管气相色谱分离测定，外标法定量分析水体中邻苯二甲酸酯。该方法的检出限低，DBP的检出限为0.003 μg/L，DEHP的检出限为0.05 μg/L。

6.7.3.1 应用实例[28]

采用气相色谱法同时测定涂料中的苯系物和邻苯二甲酸酯类环境激素。

（1）仪器与试剂

Agilent 6890N气相色谱仪，配有火焰离子化检测器（FID）和Agilent 7683自动进样器及HP化学工作站；HP5989A色质联用仪（美国惠普公司）；0.45 μm孔径，直径13 mm和26 mm的PTFE过滤膜（迪马公司）。

苯、甲苯、邻，间，对-二甲苯标准品（纯度≥99.5%，天津市光复精细化工研究所）；正戊烷、正十二烷、正十四烷、1，2，4-三氯代苯（色谱纯>99%，Fluka Chemika公司）；邻苯二甲酸二乙酯（DEP）、邻苯二甲酸二丁酯（DBP）、邻苯二甲酸丁基苄基酯（BBP）、邻苯二甲酸二（2-乙基己基）酯（DEHP）、邻苯二甲酸二正辛酯（DNOP）标准品（Riedel-de Han公司）；乙酸乙酯（色谱纯，中国医学科学院天津协和公司）；硝基漆（德国哈蔓制漆有限公司）。

PAEs在环境中普遍存在，本实验所使用的所有器皿必须杜绝塑料制品，全部使用玻璃器皿，所用的玻璃器皿需要首先用清洁剂洗，再水洗、丙酮洗，然后用重蒸的正己烷和二氯甲烷清洗两次，在400 ℃至少焙烘10 h，然后保存在干净的铝箔中备用，以防外界的PAEs污染样品，造成假阳性结果。

（2）试验方法

（a）内标溶液的配制

准确称取内标物正十四烷标准品2.5 g（精确至0.2 mg），置于50 mL棕色容量瓶中，用乙酸乙酯稀释并定容至刻度，充分摇匀，备用。

（b）色谱条件

GC-FID条件：色谱柱：HP-1石英毛细管柱（30.0 m×0.53 mmi.d. ×0.88 μm）；DB-35石英毛细管柱（30.0 m×0.53 mmi.d. ×0.5 μm）；载气（N_2）流速3.5 mL/min；燃气（H_2）流速40 mL/min；助燃气（Air）流速400 mL/min；柱温：初温50 ℃，停留1 min，以8 ℃/min升至150 ℃，再以25 ℃/min升至260 ℃，停留12 min。进样口温度280 ℃；检测器温度290 ℃；进样量1 μL；分流进样，分流比20∶1。

气相色谱-质谱条件 色谱柱：Ultra 1石英毛细管柱（25 m×0.32 mmi.d. ×0.52

μm)；进样口温度 270 ℃；柱温：初温 50 ℃，停留 1min，以 8℃/min 升至 150 ℃，再以 25 ℃/min 升至 260℃，停留 12 min。质谱接口温度：280 ℃；载气高纯氦气 1.2 mL/min；柱前压 34.45 kPa；EI 源 70 eV。

（c）涂料样品的预处理

准确称取涂料样品 1 g 左右于 40 mL 透明样品瓶中，然后用移液管加入乙酸乙酯 10 mL，为防止苯系物等待测物挥发，将样品瓶盖拧紧后用注射器准确加入内标正十四烷 0.05 g 左右或用移液管加入内标溶液 1 mL，混匀，静置后用注射器取上清液过 0.45 μm PTFE 过滤膜至小样品瓶中，在气相色谱仪上测定。

（3）条件选择

（a）色谱柱的选择

本实验选择 $HP\text{-}50^{+}$(30 m×0.53 mmi.d. ×0.50 μm)、HP-1(30.0 m×0.53 mmi.d. ×0.88 μm)、DB-35(30.0 m×0.53 mmi.d. ×0.50 μm)石英毛细管色谱柱分离苯系物和 PAEs。实验发现：BBP 和 DEHP 在 $HP\text{-}50^{+}$ 色谱柱上重叠为 1 个色谱峰，且 HP-50＋为中等极性柱，操作温度不宜过高。因此选择 HP-1、DB-35 色谱柱，各化合物的分离效果较好，且可用作双柱定性。

（b）内标的选择

选择了正戊烷、正十二烷、正十四烷、1，2，4-三氯代苯 4 种化合物进行实验，实验结果表明：正十四烷作为内标最好，1，2，4-三氯代苯在不拖尾的情况下也是一种较好的内标。

（5）分析结果

按试验方法对苯、甲苯、邻，间，对-二甲苯、DEP、DBP、BBP、DEHP、DNOP 标准溶液进行测定，以被测物与内标峰面积之比为纵坐标，被测物的绝对进样量（μg）为横坐标建立回归曲线，并计算检出限。邻苯二甲酸酯类增韧剂的线性范围为 0.05～20 μg，回收率为 96%～102%，相对标准偏差（n=9）的范围为 0.92%～2.46%。按本方法对进口的涂料样品进行测定，内标法定量，可以很方便地对苯系物和 PAEs 进行检测，测得甲苯、（间，对）-二甲苯、邻-二甲苯、DEHP 的含量分别为 9.563%、14.183%、4.574%、4.139%，设定 GC-MS 条件来进一步确证。苯、甲苯、二甲苯、DEP、DBP、BBP、DEHP、DNOP 的特征离子峰 m/z 分别为 78＼51，91＼65，91＼106，149＼177，149＼205＼223，91＼149＼206，57＼71＼113＼149＼279，149＼279，根据保留时间和分子离子碎片定性，样品中确实含有甲苯、二甲苯和 DEHP。

参考文献：

[1] Calafat A. M. ,Brock J. W. ,Silva M. J. ,et al. Urinary and amniotic fluid levels of phthalate monoesters in rats after the oral administration of di（2－ethylhexyl）phthalate and di－n－butylphthalate[J]. Toxicology,2006,217(1)：22-30.

[2] Silva M. J. ,Kato K. ,Gray E. L. ,et al. Urinary metabolites of di－n－octyl phthalate in rats[J]. Toxicology,2005,210(2-3)：123-133.

[3] Ema M. ,Miyawaki E.. Effects on development of the reproductive system in male offspring of rats given butyl benzyl phthalate during late pregnancy[J]. Reproductive Toxicology,2002,16 (1)：71-76.

[4] Foster P. M. D., Cattley R. C., Mylchreest E.. Effects of di-n-butyl phthalate (DBP) on male reproductive development in the rat: implications for human risk assessment[J]. Food and Chemical Toxicology, 2000, 38(1): 97-99.

[5] Saillenfait A. M., Payan J. P., Fabry J. P., et al. Assessment of the Developmental Toxicity, Metabolism, and Placental Transfer of Di-n-butyl Phthalate Administered to Pregnant Rats[J]. Toxicological Sciences, 1998, 45(2): 212-214.

[6] Ema M., Miyawaki E., Kawashima K.. Effects of dibutyl phthalate on reproductive function in pregnant and pseudopregnant rats[J]. Reproductive Toxicology, 2000, 14 (1): 13-19.

[7] WHO/IPCS Di-n-butyl Phthalate, Environmental Health Criteria 189, Geneva: World Health Organization 1997.

[8] 张敏,吴素芳,邱建辉,等. 几种主要塑料添加剂的毒性规律[J]. 应用化工,2006,35(9):712-715.

[9] 章杰. 禁用染料和环保型燃料[M]. 北京:化学工业出版社,2001:93-94.

[10] Melnick R. L.. Is peroxisome proliferation an obligatory precursor step in the carcinogenicity of Di(2-ethylhexyl) phthalate DEHP[J]. EnvironmentalHealth Perspectives, 2001, 109(5): 437-442.

[11] Hauser R., Calafat A. M.. Phthalates and human health[J]. Occupational and Environmental Medicine, 2005, 62(11): 806-818.

[12] Wormuth M., Scheringer M., Vollenweider M, et al. What are the sources of exposure to eight frequently used phthalic acid esters in Europeans[J]. Risk Analysis, 2006, 26(3): 803-824.

[13] 张静,陈会明. 邻苯二甲酸酯类增塑剂的危害及监管现状[J]. 现代化工,2011,31(12):1-6.

[14] 高崇婧,刘丽艳,马万里,等. 哈尔滨市油漆工人尿液中 PAEs 代谢物污染水平[J]. 哈尔滨工业大学学报,2016,48(2):44-49.

[15] 汪蓉,卢志刚,孙蓓玲,等. 手机涂料及涂膜中邻苯二甲酸醋类有害物质的测定[J]. 涂料工业,2011,41(10):62-65.

[16] 王翠,刘佳,吴舢. 液液萃取-气相色谱-质谱联用测定水中的邻苯二甲酸酯类化合物[J]. 山东化工,2016,45(11):87-88.

[17] 黄素华,何日安,田霆. 正己烷液液萃取-超高压液相色谱法测定令苯二甲酸酯[J]. 广西科学院学报,2012,28(4):253-255.

[18] 戚文炜,朱培瑜,吴薇. 液液萃取/气相色谱法测定环境水中邻苯二甲酸酯类化合物[J]. 干旱环境监测,2006,20(4):196-199.

[19] 张海霞,朱彭龄. 固相萃取[J]. 分析化学,2000,28(9):1172-1180.

[20] 刘付建,冼燕萍,郭新东,等. 气相色谱-质谱联用法检测水性墙体涂料中 20 种邻苯二甲酸酯[J]. 分析测试学报,2014,33(4):437-441.

[21] 刘芃岩,高丽,申杰,等. 固相微萃取-气相色谱法测定白洋淀水样中的邻苯二甲酸酯类化合物[J]. 色谱,2010,28(5):517-520.

[22] 王超英,李碧芳,李攻科. 固相微萃取高效液相色谱联用分析水样中邻苯二甲酸酯[J]. 分析测试学报,2005,24(5):35-38.

[23] 贾丽,夏敏,尹建武,等. 高效液相色谱法测定硝基涂料中的增塑剂邻苯二甲酸酯类[J]. 分析试验室,2004,23(12):28-30.

[24] 叶曦雯,王卉卉,牛增元,等. 高效液相色谱法对水性涂料中 11 种邻苯二甲酸酯类的同时测定[J]. 分析测试学报,2009,28(5):550-554.

[25] 张凡,刘倩,梁庆优. GC-MS 同时测定涂料中 6 种邻苯二甲酸酯类化合物[J]. 广州化工,2009,37(3):157-158,168.

[26] 刘振岭,肖春华,吴采樱,等. 固相微萃取气相色谱法测定水相中邻苯二甲酸二酯[J]. 色谱,2000,

18(6):568-570.

[27]陈晓秋.大气和废气中邻苯二甲酸的测定方法[J].中国环境监测,1998,14(6):21-23.

[28]牛增元,房丽萍,孙健,等.气相色谱法同时测定涂料中的苯系物和邻苯二甲酸酯类环境激素[J].分析测试学报,2004,23(3):106-109.

[29]陈海东,鲜啟鸣,邹惠仙,等.固相微萃取气相色谱法(SPME-GC)测定水体中邻苯二甲酸酯[J].分析实验室,2006,25(3):32-36.

第7章　防火涂料及其卤素阻燃剂的检测技术

7.1　概述

随着城市人口的密集化、住宅建筑的高层化和新型建筑材料尤其是装饰材料的广泛使用，引起火灾的可能性不断增加，火灾事故成为主要的土木工程灾害之一，严重危害人民生命财产安全。近年来，全国各地频频发生火灾事故，造成大量人员伤亡和财产损失。这些火灾的造成除与管理、建筑结构有关外，在很大程度上也与建筑材料的防火性能有很大的关系。特别是高层建筑，防火材料的选用尤为关键，一旦发生了火灾，防火材料可以增加人员逃亡时间与救援时间，也可以有效保护建筑结构，大大减少维修费用，缩短工程修复时间，并且避免造成更多的人员伤亡与财产损失。

防火涂料又称阻燃材料，是一种措施型的防火材料，一直都受到了广泛的应用，并取得了良好的防火效果。防火涂料常被用来涂覆于可燃性基材表面，能降低被涂材料表面的可燃性，阻滞火灾的迅速蔓延，或是涂覆于结构材料表面，用于提高构件耐火极限。防火涂料的阻燃原理：防火涂料本身具有难燃或不燃性，使被保护的基材不直接与空气接触而延迟基材着火燃烧，遇火受热分解出不燃性的惰性气体，冲淡被保护基材受热分解出的易燃气体和空气中的氧气，抑制燃烧；防火涂料遇热能生成减缓及终止燃烧连锁反应的自由基，遇热膨胀，形成隔热隔氧的膨胀碳层，阻止基材着火燃烧。

卤系阻燃剂作为防火涂料有机阻燃剂中的一个重要品种，也是使用最早的一类阻燃剂。由于其价格低廉、添加量少、与合成材料的相容性和稳定性好，能保持阻燃剂制品原有的理化性能，是目前世界上产量和使用量最大的有机阻燃剂，被广泛应用于防火涂料中。卤素阻燃剂同时也是持久性有机污染物的一种，它在环境中的残留周期长，难分解，不易挥发，易在生物以及人体脂肪中蓄积，对人体的主要危害为影响免疫系统、致癌、损伤大脑及神经组织等。而且含卤素阻燃剂的废弃物在被焚化处理时，会释放出极易致癌化合物溴化二英和溴化呋喃。由于卤素阻燃剂具有持久性有机污染物的特性，全球研究人员对其越来越重视，对其源汇、残留含量、存在形式、发展趋势、以及环境行为、对人类健康和环境的影响、排放量的减少和消除等问题的研究已成为当前环境科学的一大热点。

本章介绍了防火涂料种类及组成、卤系阻燃剂在防火涂料中的应用、卤系阻燃剂的阻燃机理及对健康和环境危害，重点介绍了防火涂料中卤系阻燃剂的前处理方法及检测技术。

7.2　防火涂料分类及组成

7.2.1　防火涂料分类

7.2.1.1　根据组成分类

防火涂料按其组成可分为非膨胀型和膨胀型防火涂料两类。非膨胀型防火涂料也叫阻燃涂料，一般是以硅酸盐、水玻璃作基料，掺入云母、硼化物等难燃或不燃材料。当其暴露于火源和强热时，其本身不燃烧并能形成一层隔绝氧气的釉状保护层，对物体起到一定的保护作用，但隔热性能较差，对可燃基材的保护效果有限。膨胀型防火涂料主要以高分子化合物为基料，加入阻燃剂、发泡剂、助剂、溶剂等材料，经分散而形成。涂层遇火时，可形成一种具有良好隔热性能的致密而均匀的海绵状或蜂窝状碳质泡沫层，能有效地保护可燃性基材。由于非膨胀型防火涂料的防火作用远不如膨胀型防火涂料，所以市面上一般很少采用非膨胀型防火涂料。

7.2.1.2　根据用途分类

防火涂料按用途可分为饰面型防火涂料和钢结构防火涂料。饰面型防火涂料是一种既有装饰效果又有防火作用的新型涂料，当它涂覆在可燃性基材上时，平时起到一定的装饰作用，一旦发生火灾，涂层发生膨胀碳化，形成一层比原来涂膜厚度大几十甚至上百倍的不易燃烧的海绵状碳化层。这种碳化层是很好的隔热体，能使被保护物体在一定时间内保持低温，从而阻止或延缓物体被燃烧。钢结构防火涂料是施涂在建筑物或构筑物钢构件上的涂料，发生火灾时能形成一种耐火隔热保护层，以提高钢结构的耐火极限，从而满足建筑设计防火规范的要求。

7.2.1.3　根据实际应用分类

防火涂料根据实际应用情况又分超薄型（室内和室外）、薄涂型（室内和室外）、厚涂型（室内和室外）防火涂料。超薄型：干膜厚度在 3 mm 以下，一般用于需要涂层附着力好、防腐、耐候为一体的室外钢结构和建筑物的防火保护涂料。耐火极限不大于 2 h，多为溶剂型发泡型饰面防火涂料。薄涂型：干膜厚度在 3 ～ 7 mm，多用于需要有防腐耐候效果的钢铁结构和建筑物墙面的防火涂料，要求有较好的附着力和耐水性，耐火极限不大于 2 h，这种防火涂料分为水性膨胀型防火涂料和溶剂型膨胀型防火涂料两类。前者具有环保、低毒、常温干燥的特点，但防潮性稍差，当环境潮湿时，涂膜易受潮脱落，适用于干燥的场所。后者抗潮性、附着力明显优越，但溶剂挥发有气味，不利于环保。厚涂型：干膜厚度在 7 ～ 45 mm，一般用于建筑物防火墙、楼板和钢结构，或用于保温隔热的建筑物内复合层，耐火极限 0.5 ～ 3.0 h，这种厚涂层的防火涂料多为无机水性的非膨胀型、厚涂层的防火涂料中，还有一种防火保温隔热涂料，除了防火功能外，还具有保温隔热性能，厚涂型涂料的特点还在于涂层较厚，涂膜密度较小，导热系数也很小，综合传热效应低。

7.2.1.4　根据分散介质分类

根据分散介质的种类，防火涂料可分为溶剂型防火涂料和水性防火涂料，都具备阻止或延缓物体燃烧的作用。它们的防火作用都较好，但与溶剂型防火涂料相比，水性防火涂料具有如下特点：

（a）不使用溶剂，生产、使用过程无污染；

（b）以硅酸盐、无机矿物、水等为原料，来源广、能耗省、成本低，易于制备；

（c）燃烧阻火时不产生毒性气体和烟雾；

（d）产生的碳质隔热层强度高，能有效地抵抗燃烧气流的冲击作用，阻火性能突出；

（e）涂层表面硬度高，有较好的耐磨性、耐化学品性和耐老化性；

（f）施工方便，干燥快，贮存、运输安全。

7.2.2 防火涂料的组成

防火涂料一般由基料、分散介质、阻燃剂、填料、助剂（增塑剂、稳定剂、防水剂、防潮剂等）组成。

7.2.2.1 基料

基料是组成涂料的基础，是主要成膜物质，对涂料的性能起决定性的作用。对于防火涂料，其基料还必须能与阻燃剂相匹配，构成一个有机的防火体系。国内外通常使用的基料包括无机成膜物和有机成膜物：（a）无机成膜物质有硅酸盐、硅溶胶、磷酸盐等；（b）有机成膜物质种类繁多，一般为难燃性的有机合成树脂，如酚醛树脂、卤化的醇酸树脂、聚酯、卤代烯烃树脂（如过氯乙烯树脂）、氨基树脂（三聚氰胺树脂、脲醛树脂等）、焦油系树脂、呋喃树脂、杂环树脂（如聚酰胺-酰亚胺、聚酰亚胺等）、元素有机树脂（如有机硅树脂）、橡胶（卤化天然橡胶如氯化橡胶）等；（c）还有名目繁多的以水为溶剂的乳胶，如聚醋酸乙烯乳胶、丙烯酸乳胶、丁苯乳胶；（d）共聚乳胶发展很快、应用也极广，如合成脂肪酸乙烯酯、乙烯、偏二氯乙烯、丙烯酸酯等。

7.2.2.2 阻燃剂

阻燃剂是防火涂料能起到防火作用的关键组分。阻燃剂在受热时能吸收大量的热，释放出捕获燃烧产生的自由基及不燃性气体，或形成隔热隔氧且热导率很低的膨胀碳化层。能作阻燃剂的物质很多，通常的阻燃剂有：（a）卤系阻燃剂，如氯化石蜡、十溴联苯醚、四溴双酚 A 等；（b）磷系阻燃剂，如磷酸酯、亚磷酸酯、含磷多元醇等；（c）卤-磷系阻燃剂，如磷酸三氯乙醛酯和其它卤代有机磷酸酯等；（d）无机阻燃剂，如氢氧化镁、氢氧化铝、硼酸锌、硼酸铝、三氧化二锑、氧化锆、偏硼酸钡、氧化锌、碳酸钙、无机硅酸盐等；（e）膨胀型阻燃剂，它是一个防火体系，这个体系是由脱水剂（酸源）、成碳剂（碳源）、发泡剂（受热分解出不燃性气体）组成。

脱水剂是促进涂层产生不易燃烧的碳化层的物质，在受热分解时产生的磷酸易与涂层中含羟基的有机物作用而脱水碳化，该碳化层的形成起到阻止或减缓火灾延续的作用。国外主要用聚磷酸铵及有机卤代磷酸酯作脱水催化剂，有机卤代磷酸酯如磷酸三甲酚酯、磷酸三苯酯、三氯乙烯基磷酸酯、氯桥酸酐等物质毒性较大，价格昂贵，用得相对较少。国内早期以磷酸铵和偏磷酸铵为主。随着合成技术的发展，目前已广泛采用聚磷酸铵和磷酸三聚氰胺，后者是较好的脱水剂。

成碳剂的主要作用是促进和改变热分解进程，使含有羟基的化合物脱水碳化，形成三维的不易燃烧的泡沫碳化层，对泡沫碳化层起骨架作用。成碳剂通常采用多元醇化合物（如季戊四醇、二季戊四醇、三季戊四醇、山梨醇）；碳水化合物（如淀粉、葡萄糖等），树脂（如蜜胺甲醛树脂、氨基树脂、聚氨酯树脂、环氧树脂等）。发泡剂遇高温受热时能分解释放出氨气、二氧化碳、水、卤化氢等气体，鼓吹起碳质层形成多孔的不燃碳质泡沫。

发泡剂常用三聚氰胺、双氰胺、碳酸铵、聚磷酸铵、尿素等含氮化合物及氯化石蜡、氯化联苯等。磷酸铵、聚磷酸铵、磷酸脲、磷酸蜜胺等既是酸源，也是发泡剂。在火源的作用下，这三者相互作用，发泡组分能在较低的温度下分解、膨胀，形成立体碳质泡沫层。成碳剂为膨胀防火涂层提供碳架，是形成泡沫碳质层的基础，在催化剂与发泡剂的作用下，与提供碳源的高碳化合物作用，使正常的燃烧反应转化为脱水反应，脱水形成不燃的海绵状碳质泡沫层，有效地把碳固定在碳骨架上，形成均匀致密的碳质泡沫层。

7.2.2.3　颜填料

颜填料在防火涂料中与普通涂料一样，它不仅使防火涂料呈现必要的色彩而具有装饰性，更重要的是改善防火涂料的物理机械性能（耐候性、耐磨性等）和化学性能（耐酸碱性、防腐、防锈、耐水性等）。金红石型钛白粉是涂料中广为应用的性能极好的白色颜填料。基料或阻燃剂中含卤素成分的防火涂料，为提高阻燃的协同作用，以锑白粉取代部分钛白粉，既起到颜料的作用，又提高防火效果。膨胀型防火涂料不宜采用抑制膨胀发泡、不利膨胀碳层形成的氧化铁型颜料，以有机型如酞菁系颜料为好。

7.2.2.4　助剂

助剂在防火涂料中作为辅助成分，用量少、作用大。它可以改善涂料的柔韧性、弹性、附着力、稳定性等性能。如为了提高涂层及碳化层的强度，避免泡沫气化造成涂层破裂，可加入少量玻璃纤维、石棉纤维、酚醛纤维作为涂层的增强剂，也可提高涂料的施工厚度和防流挂性能。为改善涂层的柔韧性，常需要加入增塑剂，常用的增塑剂有有机磷酸酯（磷酸三甲酚酯、磷酸三苯酯、三氯乙烯基磷酸酯等）、氯化石蜡、氯化联苯、邻苯二甲酸二丁酯（辛酯）等。有些树脂（如氯化橡胶），在温度不太高的情况下（150 ℃左右）就会发生分解，如涂料在研磨过程中放出氯化氢，或涂层直接暴露在大气中，光、空气、二氧化碳、水以及生物引起成膜物质热降解、氧化降解、光氧化降解及生物降解，导致涂层老化，促使涂料受到破坏。因此，在涂料组分中加入热稳定助剂、抗老化剂、抗紫外光剂、表面活性剂等对涂料是十分必要的。如在涂料组分中加入一些低分子的环氧树脂，它们既能吸收氯化氢，又能与树脂分解所生成的双键结合，起到良好的稳定作用。对于水性防火涂料，助剂可提高涂料的稳定性和施工性，如加入增稠剂（羟甲基纤维素溶液）、乳化剂（OS-15、平平加等）、增韧剂（氯化石蜡、磷酸三甲酚、卤代烷基磷酸酯等）、颜料分散剂（六偏磷酸钠等）。

7.3　卤系阻燃剂

7.3.1　阻燃剂分类

在所有的化学物质中，能够对高聚物材料起到阻燃作用的主要是元素周期表中第Ⅴ族的N、P、As、Sb、Bi和第Ⅶ族的F、Cl、Br、I以及B、S、Al、Mg、Ca、Zr、Sn、Mo、Ti等元素的化合物。常用的是N、P、Br、Cl、B、Al和Mg等元素的化合物。

按阻燃剂的化学结构可将其分为有机阻燃剂和无机阻燃剂两大类。前者主要是磷、卤素、硼、锑和铝等元素的有机化合物，阻燃效果较好；后者阻燃效果通常较差，但由于无毒、廉价，并且对抑制材料的发烟有好处，因而得到较广泛的应用。[1]

按阻燃剂所含的阻燃元素划分，通常可将其分为卤系、有机磷系及磷-卤系、氮系、磷-氮系、锑系、铝-镁系、无机磷系、硼系、钼系等。前五类属于有机阻燃剂，后五类属于无几阻燃剂。[2]

按阻燃剂与被处理基材的关系，可将其分为添加型和反应型两大类。添加型阻燃剂通常是指在加工过程中加入到高聚物中，但与高聚物及其他组分不起化学反应并能增加其阻燃性能的添加剂。反应型阻燃剂一般是在合成阶段或某些加工阶段参与化学反应的用以提高高聚物材料阻燃性能的单体或交联剂。采用作为共聚单体形成的反应型阻燃剂时，一般是在聚合阶段通过聚合反应以聚合物结构单元的形式引入到高聚物中的；而采用交联型的阻燃剂时，阻燃剂将与高聚物大分子链发生化学反应，从而成为高聚物整体的一部分。显然，反应型阻燃剂赋予高聚物的是永久的阻燃性能。

阻燃剂分类如图 7.1 所示。

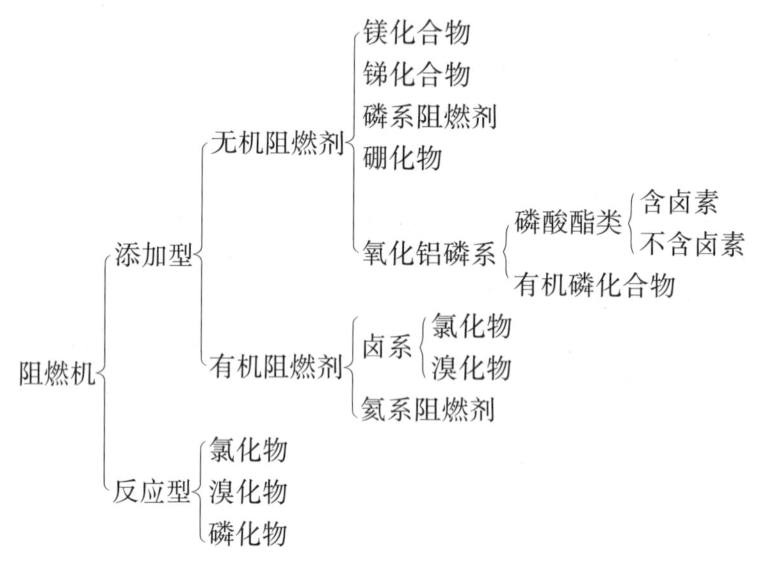

图 7.1　阻燃剂的分类

7.3.2　卤系阻燃剂

卤系阻燃剂是含有卤素元素并以卤素元素起阻燃作用的一类阻燃剂[4]。卤系的 4 种卤系元素氟（F）、氯（Cl）、溴（Br）、碘（I）都具有阻燃性，阻燃效果按 F、Cl、Br、I 的顺序依次增强，以碘系阻燃剂最强。生产上，只有氯类和溴类阻燃剂被大量使用，而氟类和碘类阻燃剂少有应用，这是因为含氟阻燃剂中 C-F 键太强而不能有效捕捉自由基，而含 I 阻燃剂的 C-I 键太弱易被破坏，影响了聚合物性能（如光稳定性），使阻燃性能在降解温度以下就已经丧失[2]。

卤系阻燃剂的阻燃机理可以解析为阻隔降温、终止链反应、切断热源三个方面：（1）由于卤系阻燃剂的 C-X 的键能低，它的分解温度基本与材料的热分解温度一致[3]，阻燃剂受热时分解，其间吸收一部分热量，降低了温度，同时，分解生成的卤化氢气体 HX 的密度大于空气，可以排挤走材料周围的空气，形成氧渗屏障；（2）HX 还可以与聚合物分解的自由基 HO 反应生成卤系自由基 X，X 又可以与高分子链反应生成 HX，如此循环，从而切断了 HO 与氧的反应；(3) 阻燃剂的存在减弱了高分子链之间的范德华力，使材料在受热时处于黏流态，此时的材料具有流动性，而在受热流动时可以带走一部分火焰和热量，从而实现阻燃的效果。

卤素阻燃剂共有近百种，主要是含溴和含氯化合物。含溴阻燃剂有 70 多种，主要包括脂肪族、脂环族、芳香族及芳香-脂肪族的含溴化合物，通常的有十溴二苯醚、十溴二苯乙烷、溴化环氧树脂、四溴双酚 A、六溴环十二烷、八溴醚（见表 7.1）等，这中间尤以十溴二苯醚、四溴双酚 A、六溴环十二烷使用量大。含氯阻燃剂主要是绿化石蜡等。

表 7.1　常见溴系阻燃剂中英文名称及结构简式

中文名	英文名	简称	分子量	分子式（结构简式）	CAS NO
十溴二苯醚	Pentabromophenyl ether	DBDPO	959.2	$C_{12}Br_{10}O$ 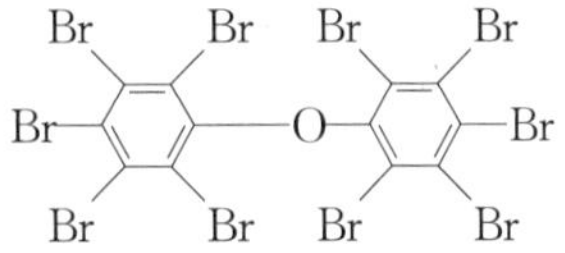	1163-19-5
十溴二苯乙烷	1，2-Bis（2，3，4，5，6-pentabromophenyl）ethane	DBDPE	971.22	$C_{14}H_4Br_{10}$ 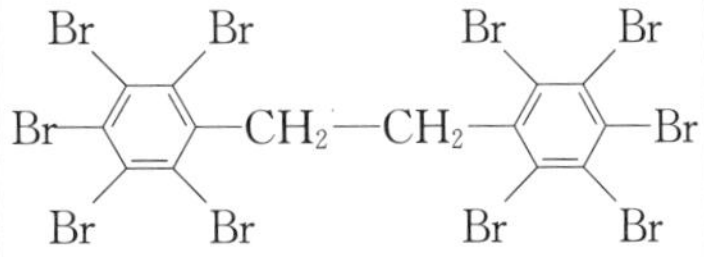	84852-53-9
四溴双酚 A	Tetrabromobisphenol A	TBBPA	543.87	$C_{15}H_{12}Br_4O_2$ 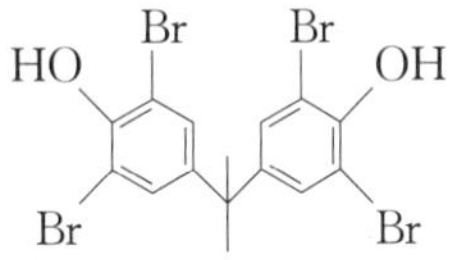	79-94-7
六溴环十二烷	Hexabromocyclododecane	HBCD	642	$C_{12}H_{18}Br_6$ 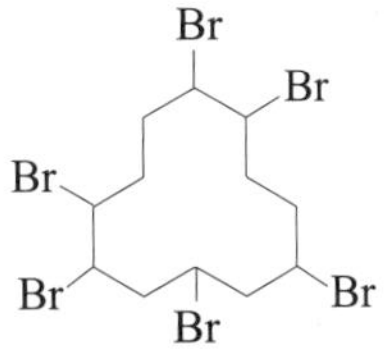	3194-55-6
八溴醚	octabromoether	BDDP	943.61	$C_{21}H_{20}Br_8O_2$ 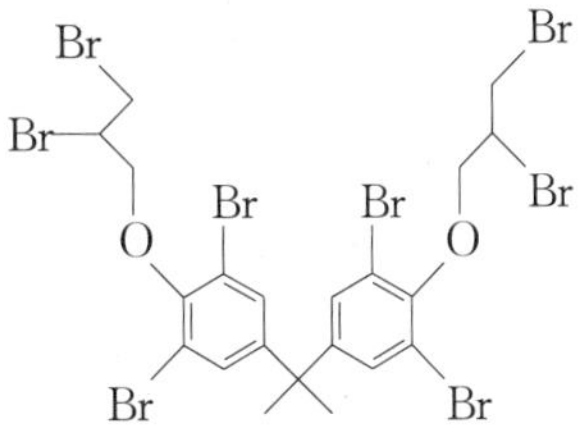	21850-44-2

卤系阻燃剂（特别是溴系阻燃剂）的最大优点是阻燃效率高、用量少、相对成本较低。研究表明，当某种材料的氧指数大于 25%时，该材料不易燃烧，当氧指数大于 27%时，材料具有自熄性[2]。溴系阻燃剂的用量在 10 份（质量分数）左右时，即可使材料的

氧指数达到25%以上[4]，其阻燃效率由此大大提高。此外，溴系阻燃剂与材料的相容性较好。因此，溴系阻燃剂广泛应用于聚丙烯（PP）、聚乙烯（PE）、聚苯乙烯（PS）、聚碳酸酯（PC）、聚对苯二甲酸乙二醇酯（PET）、丙烯腈-丁二烯-丙乙烯（ABS）等高分子材料。

7.3.3 卤系阻燃剂的阻燃机理

单独含卤素的阻燃剂较多，加上卤素与其它阻燃元素共同组成的阻燃剂的品种更多。实践证明，卤系阻燃剂的阻燃效果与其键能有关。碳-卤键的键能见表7.2。

表7.2 碳-卤键的键能

化学键	键能/(kJ/mol)	开始分解的温度/℃
$C_{脂族}$-F	443～450	＞500
$C_{芳族}$-Cl	419	＞500
$C_{脂族}$-Cl	339～352	370～380
$C_{偶苯酰}$-Br	219	150
$C_{脂族}$-Br	285～293	290
$C_{芳族}$-Br	335	360
$C_{脂族}$- $C_{脂族}$	222～235	180
$C_{脂族}$-I	330～370	400
$C_{脂族}$-H	390～436	＞500
$C_{芳族}$-H	469	＞500

由表7.2可以看出，在卤素氟、氯、溴、碘中，氟元素的结合性较强，形成的氟化物较稳定，因而阻燃性效果不好，有时与其他卤素一同使用，可增加化合物的稳定性、降低化合物的毒性。而碘元素形成的化合物又太不稳定，常温下很容易分解，并且价格昂贵，在实际阻燃应用中也极少采用。因此常见的卤系阻燃剂多为溴系阻燃剂与氯系阻燃剂，它们在气相与凝固相都能延缓高聚物的燃烧。通常提出如下阻燃机理。

7.3.3.1 气相阻燃机理

高聚物燃烧时发生热分解所产生的可燃性产物和空气中的氧作用，在火焰中产生一系列的自由基链式反应，并且通过链支化反应使燃烧得以传递：

$$H+O_2 \rightarrow OH+O$$

$$OH+RCH_3 \rightarrow RCH_2 \cdot +H_2O$$

$$O+H_2 \rightarrow OH+H$$

$$RCH_2+O_2 \rightarrow RCHO+OH$$

其中，主要的放热反应是：

$$OH+CO \rightarrow CO_2+H$$

显然，为了减缓燃烧或终止燃烧，需终止链支化反应。而卤系阻燃剂的阻燃作用主要就是通过终止链支化反应的气相阻燃机理来完成的。若卤系阻燃剂中不含有氢（如十溴二苯醚），受热时首先会分解出卤素自由基，它再与分解产物反应生成卤化氢（HX）；若卤系阻燃剂中含有氢，通常受热后直接分解出卤化氢（HX）。

$$MX \rightarrow M + X$$

$$M'X \rightarrow M + HX$$

式中：MX—不含氢的卤系阻燃剂；

M′X—含氢的卤系阻燃剂。

在只有卤系阻燃剂（无锑）阻燃的高聚物中，卤系阻燃剂受热分解时只会产生 HX。因为挥发性可燃物得氧化反应是在火焰中进行的，这种反应是一种自由基链式反应过程，所以反应速率和产生的热量是自由基浓度及其反应性的函数。氢自由基与羟基自由基间进行的氧化反应表示氧是消耗在碳氢化合物中的：

$$H + O_2 \rightarrow OH + O$$

CO 氧化生成 CO_2 的高放热反应是在它和羟基自由基之间发生的：

$$OH + CO \rightarrow CO_2 + H$$

HX 在火焰中会发生如下自由基反应：

$$HX + OH \rightarrow H_2O + X$$

$$HX + H \rightarrow H_2 + X$$

$$HX + RCH_2 \rightarrow RCH_3 + X$$

因为 HX 捕获了火焰中传递燃烧链式反应的活性自由基（OH、O、H 等）生成了活性较低的卤素自由基，所以使气相中活性自由基的浓度降低，造成燃烧减缓或终止，从而达到阻燃的目的。

火焰中的碳氢化合物因为氢转移反应生成 HX：

$$X + RH \rightarrow HX + R$$

生成的 HX 又能够参与捕获火焰中活性自由基的反应。

此外，因为 HX 的密度较大，且为难燃性气体，不但稀释了空气中的氧，还覆盖在高聚材料表面，取代了空气，形成保护层隔绝热量，造成高聚物的燃烧速度降低或实现自熄。

从表 7.2 可以看出，C-Br 键的键能较低。事实上，大部分溴系阻燃剂的分解温度都在 200～300℃，此温度范围和很多常用高聚物的分解温度相重叠，所以其阻燃效率很高。就阻燃效率而言，脂肪族系阻燃剂要远远高于芳香族系，但是芳族溴素阻燃剂的热稳定性更高。

氯系阻燃剂的阻燃机理与溴系类似，但从 H-X 键的键能来看：

H-Cl：434.54 kJ/mol

H-Br：365.80 kJ/mol

因为 HCl 的结合能比 HBr 大，所以它与火焰中活性自由基的反应速率较慢。此外，HBr 和 HCl 的质量比为 1∶2.2。按这一机理解释溴系阻燃剂的效能应是氯系阻燃剂的 2.2 倍，这已被实验所证实了。但从其他方面来说，溴化物的耐热性低，无熔滴效果不明显；氯化物的耐热性好，无熔滴效果明显。并且氯系阻燃剂阻燃的高聚物的电绝缘性能也强于溴系阻燃剂阻燃的高聚物，因此暂时这两类阻燃剂的应用还无法相互取代。

7.3.3.2 凝聚相阻燃机理

高聚物的热分解过程一般是先形成非挥发性、低迁移性的大分子自由基，当温度进一步上升后，不同结构的卤系阻燃剂开始挥发或分解。在含有卤素的有机化合物中，C-X 键首先断裂，反应产物是一个卤素自由基与一个有机自由基。

$$R\text{-}X \rightarrow X + R$$

卤素自由基可以从任一分子中夺取一个氢原子而生成 HX。

$$X + R\text{-}X \rightarrow HX +$$

若氢毗邻一个 C-X 键，那么在卤系阻燃剂中就会形成一个双键。

$$\sim CH_2\text{-}CHX\sim \rightarrow CH_2\text{-}CH\sim + X \rightarrow \sim CH{=}CH\sim + HX$$

双键和 HX 键的存在增加了丙烯基的 C-X 键断裂的可能性。仅有无氢的卤系阻燃剂（如十溴二苯醚）不能从阻燃剂自身分解产生 HX。卤系阻燃剂受热分解产生的自由基与熔融的高聚物反应产生 HX，同时按下面的方式生成大分子的高聚物自由基。

$$X + P\text{-}H \rightarrow HX + P$$

卤系阻燃剂存在时热分解所产生的挥发性产物的组成和没有添加阻燃剂时完全不同，这时产生的产物的可燃性较低。

卤系阻燃剂在气相和凝相都能起阻燃作用。它们可以与高聚物基体反应，所以阻燃作用取决于阻燃剂及高聚物的结构。其阻燃效率可以用多种燃烧试验进行验证，以得到对比结果。

7.3.3.3 卤-锑系统阻燃剂理

三氧化二锑无法单独作为阻燃剂（含卤高聚物除外）使用，但当高聚物中含有卤素（如聚氯乙烯等）时，则阻燃效果显著。卤素和三氧化二锑间具有协同阻燃效应这一重要发现被称为现代阻燃技术中的一个具有划时代意义的里程碑，奠定了现代阻燃剂化学的基础。自从 1930 年被人们认识以来，至今仍然是阻燃技术领域内一个非常活跃的研究课题。

目前得到广泛认同的卤-锑系统阻燃机理为：在高温下，三氧化二锑可以和卤化氢反应生成三卤(氯)化锑或卤(氯)氧化锑，而卤(氯)氧化锑又能够在很宽的温度范围内继续受热分解为三卤(氯)化锑。反应式如下：

$$Sb_2O_3(s) + 6HCl(g) \rightarrow 2SbCl_3(g) + 3H_2O$$

$$Sb_2O_3(g) + 2HCl \rightarrow 2SbOCl(s) + H_2O$$

$$5SbOCl(s) \rightarrow Sb_3O_4Cl(s) + SbCl_3(g)$$

$$3Sb_3O_4Cl(s) \rightarrow 4Sb_2O_3(s) + SbCl_3(g)$$

人们普遍认为卤锑系统的协同效应主要来源于三卤化锑。这是因为热分解形成的卤化锑与三氧化二锑可作为自由基的终止剂，改变燃烧分解及增长的过程。而卤氧化锑起着卤化锑贮藏室的作用。在高聚物受热过程中逐渐释放出来，在燃烧区域中形成挥发性非常小的固体氧化物粒子，在含有空气的这些微粒子和气相的界面上，能量在固体表面就被耗掉了，进而改变了高聚物的燃烧反应机理，这就是所谓的“壁效应”。而且，因为卤氧化锑的热分解反应是在多数高聚物产生热分解的温度范围内发生的，这样阻燃剂分解产生的气体就可以和高聚物的燃烧气体一起产生，有效地降低了可燃性气体产生的浓度。另外，在固相的脱水反应促进了炭化物的生成并使燃烧反应热降低。具体作用机理可归纳为下列几点：

（1）密度大的三卤化锑蒸气可以较长时间停留在燃烧区域，具有稀释和覆盖作用。

（2）卤氧华锑的分解过程为吸热反应，能够有效地降低被阻燃材料的温度和分解速度。

（3）液态和固态三卤化锑微粒的表面效应可以降低火焰的能量。

（4）三卤化锑可以促进固相及液相的成炭反应，而相对减缓生成可燃性气体的高聚物的热分解与热氧分解反应，而且生成的炭层能够阻止可燃性气体进入火焰区域，同时保护下层材料免遭破坏。

（5）三卤化锑在燃烧区域内可按下列反应式与气相中的自由基发生反应，从而改变气相中的燃烧反应模式，降低反应放热量，最终使火焰熄灭。

$$SbX \rightarrow X + SbX$$

$$SbX_3 + H \rightarrow HX + SbX_2$$

$$SbX_3 + CH_3 \rightarrow CH_3X + SbX_2$$

$$SbX_2 + H \rightarrow SbX + HX$$

$$SbX + CH_3 \rightarrow Sb + CH_3X$$

（6）三卤化锑的分解过程也可以逐渐释放出卤素自由基，后者又按下列反应式与气相中的自由基（如 H）结合，因而能够在较长的时间内维持阻燃功能。

$$X + CH_3 \rightarrow CH_3X$$

$$X + H \rightarrow HX$$

$$X + HOO \rightarrow HX + O_2$$

$$X_2 + CH_3 \rightarrow CH_3X + X$$

$$HX + H \rightarrow H_2 + X$$

（7）在燃烧区域，氧自由基能与锑反应生成氧锑自由基，后者能够捕获气相中的 H·及 OH·，而产物水的生成也有利于使燃烧停止和火焰熄灭。反应式如下：

$$Sb + O + M \rightarrow SbO + M$$

$$SbO + M + 2H \rightarrow SbO + H_2 + M$$

$$SbO + H \rightarrow SbOH$$

$$SbOH + OH \rightarrow SbO + H_2O$$

反应式中的 M 是吸收能量的物质。

综上所述，卤锑协同的阻燃作用主要是在气相进行的，同时兼具凝聚相阻燃作用。在这需要注意的是，使卤氧化锑的分解温度范围和被阻燃高聚物的热分解行为相一致是极其重要的。实验证明，添加金属氧化物可以使卤氧化锑的热分解温度向高温或低温偏移。比如，氧化铁能够使分解温度下降 50～100 ℃；氧化钙、氧化锌能够使分解温度升高25～50 ℃。

7.3.4　卤素阻燃剂的危害

卤素阻燃剂在燃烧条件下分解出 HX 气体后的残留可促进聚合物材料的脱水炭化，形成难燃的炭化层，形成难燃的炭化层，减少了低分子量裂解产物的生成量，阻碍燃烧反应的正常进行。卤系阻燃剂阻燃效果好，添加量少，对材料的性能影响较小。这种阻燃剂是普遍使用的工业化学制剂，被广泛地应用于印刷电路板、塑料、涂料、及树脂电子元件中[3]。但是，卤素阻燃剂在燃烧条件下可分解出 HX 气体并伴有浓烟，调查统计数据表明[4]，由卤素燃烧所产生的 HX 气体而导致人体窒息是建筑物火灾中伤亡的最直接因素。

卤素阻燃剂是一种持久性的污染物，其不易分解和挥发，可在生物体内蓄积，对人体和生物造成很大影响，此外，卤素阻燃剂在处理焚烧中会释放出致癌化合物。因此各国纷纷立法限制含卤素阻燃剂的使用，如《东北大西洋海洋环境保护条例》OSPAR 及挪威的 ROHs 指令均将卤素阻燃剂列入危害物质名录，欧洲化学品管理局风险评估委员会将卤素阻燃剂列入欧盟致癌物质分类。而美国华盛顿州的“儿童产品安全法”将这两种化学品同时纳入高关注物质清单，并要求儿童产品经营厂商对于任何浓度高于 100 ppm 的高关注污染物都必须报告。

7.4 卤素阻燃剂的检测

7.4.1 前处理技术

7.4.1.1 索氏提取法

索氏提取（Soxhlet Extraction，SE）技术广泛应用于土壤、沉积物等固体样品中多溴联苯（PBBs）、多溴联苯醚（PBDEs）等卤系阻燃剂的提取，分为常规抽提和热抽提。热抽提即对萃取剂进行加热，使温度保持在其沸点以下，以缩短萃取时间、提高效率。Covaci 等[5]用该法提取 Scheldt 河沉积物中的卤系阻燃剂，以正己烷＋二氯甲烷（3∶1）为溶剂，提取后经酸化硅胶柱，依次用正己烷和二氯甲烷洗脱，浓缩后分析，2 h 就达到较好的提取效果。王亚伟等[6]对沉积物、污泥等样品索氏提取后，利用不同的层析柱来分离 PBDEs、PBBs 和多氯代二苯并二噁英/呋喃（PCDD/Fs），多层硅胶层析柱分离 PBDEs 后经弗罗里硅土柱分离 PBBs，最后用凝胶渗透层析柱分离 PCDD/Fs，并发现在分离 PBDEs 时 AgNO3 硅土具有重要作用，利用不同的层析柱较好地避免了三种物质间的相互干扰。索氏提取技术存在提取时间长，溶剂消耗量大等缺点，但作为经典的提取技术仍被作为标准方法使用，以检验新方法的可靠性。

7.4.1.2 液液萃取法

液液萃取（Liquid/Liquid Extraction，LLE）常用于液体和生物样品的分析测定，其操作简单、易于使用。Kazida[6]用正己烷＋乙醚（1∶1）萃取母乳中 PBDEs，凝胶渗透层析柱净化，采用飞行时间质谱（ GC-TOF/MS ）检测，检出限达 2～5 pg/g 脂肪[7]。液液萃取法的缺点是溶剂界面处容易乳化，需要大量溶剂，多步转移，重复性较差。微型化萃取和连续萃取已成为液液萃取的发展方向。Nuria 等[8]利用多微孔纤维膜富集-液液萃取法（HFMM-LLE）测定水中 PBDEs 的含量，有机溶剂选择十一烷（110 ℃），搅拌速率 1 200 r/min，萃取时间 60 min。该法对自来水、河水和垃圾渗滤液中的 PBDEs 均有较好的提取效果，渗滤液中 PBDEs 平均回收率为 85%～110%，检出限≤1.1 ng/L。

7.4.1.3 固相萃取法

固相萃取（Solid Phase Extraction，SPE）是一种吸附剂萃取方法，常用于液体样品的卤系阻燃剂的提取和净化。当液体样品通过固相萃取剂时，萃取剂吸附待测物，然后用合适的溶剂将待测物洗脱下来。SPE 是液液萃取的有效替代方法，与 LLE 相比具有以下优点：能更有效地从干扰物和基体中分离待测物，回收率高，可处理小体积试样，便于样品的储存和运输，分析时间短，一次可同时处理多个样品，易于实现与 GC 等仪器的自动化在线分析。Sjodin 等[9]利用 SPE 提取血清中 PBBs、PBDEs 后，在固相萃取柱中铺活化硅胶和酸化硅胶层进一步净化，30 min 即完成样品的前处理，加标回收率为 69%～95%。

Covaci 等[10]对 SPE 进行优化，用 OasisHLB 柱萃取后经酸化硅胶柱净化，GC-MS 分析，测得人体血清中 12 种卤系阻燃剂的回收率为 64%～95%，检出限为 0.2～25 ng/L 血清，重现性较好。使用 SPE 对污泥、沉积物等固体物质和生物样品进行处理时，常作为净化技术与微波辅助萃取或索氏提取技术联合使用。

7.4.1.4 超声波辅助萃取法

超声波辅助萃取（Ultrasonic-Asisted Extraction，UAE）是利用超声波辐射压强产生的强烈机械振动、扰动效应、高加速度、乳化、扩散、击碎和搅拌作用等多级效应，增大物质分子运动频率和速度，增加溶剂穿透力，从而加速目标成分进入溶剂，促进提取的进行。UAE 常用于固相物质的 PBDEs 提取。Consueloll [11]利用超声波萃取土壤样品，在玻璃柱底部铺上滤纸，其上放置无水 Na_2SO_4 和样品，乙酸超声萃取。经弗罗里硅土柱净化，用正己烷＋二氯甲烷（体积比 1：2）洗脱，收集洗脱液浓缩后用 GC-MS 分析。样品平均回收率为 81%～104%，检出限达 2～30 pg/g，能够满足快速灵敏的要求，有机试剂用量比索氏提取小。

7.4.1.5 加速溶剂萃取

加速溶剂萃取（Accelerated Solvent Extraction，ASE）是利用溶质在不同溶剂中溶解度的不同，选择合适溶剂，在较高的温度和压力条件下，实现高效、快速萃取固体或半固体样品中有机物的方法。高温条件使待测物的解吸和溶解动力学过程加快，大大缩短提取时间（15～30 min），较强的溶解能力减少了溶剂用量（10 g 样品仅需 15～30 mL 溶剂），萃取过程中保持一定的压力可提高溶剂的沸点，提高萃取效率。ASE 方法简便，可多次循环萃取或改变溶剂，全自动控制，安全性高，已被美国 EPA 确认为标准方法。ASE 常用的溶剂有二氯甲烷或正己烷＋二氯甲烷，萃取温度一般控制在 100～150 ℃，压强 1 000～1 500 psi。Agustina[12]对 ASE 进行了优化并用于沉积物中卤系阻燃剂的测定，选择氧化铝为吸附剂，正己烷＋二氯甲烷（体积比 1∶1）为萃取剂，温度 100 ℃，压强 1 500 psi，检出限达 1～46 pg/g。Saito 等[49]利用该法测定生物组织中的卤系阻燃剂及有机氯农药，溶剂为二氯甲烷＋正己烷（1∶1），GPC 净化后转移至硅胶柱，二氯甲烷＋正己烷洗脱测卤系阻燃剂和其他非极性有机污染物，甲醇＋二氯甲烷洗脱测五氯苯酚等极性有机物。

7.4.2 检测方法

7.4.2.1 气相色谱法

电子捕获检测器（Electron Capture Detector，ECD）对有机卤系化合物具有很强的响应。饶勇等[13]用超声波辅助萃取、GC-ECD 测定土壤中的多溴联苯醚，方法回收率 74.9%～118.1%，检测限在 5.9～9.2 ng/kg；Stratton 等[14]用索氏提取、气相色谱测定土壤沉积物中卤系阻燃剂含量可以达到较低的检测限和较好的回收率等。

其他检测器如电导检测器和原子发射检测器[15]也可用于卤系阻燃剂的检测，但由于灵敏度和选择性低使应用受到限制。阻燃剂的测定要求比较苛刻，检测器的各种配置和条件都对结果有较大影响，检测条件不佳会使灵敏度降低，高溴代联苯醚（如 9、10 溴代联苯醚）则可能完全无法检出[16]。

7.4.2.2 气相色谱-质谱法（GC-MS）

气质联用（GC-MS）是卤系阻燃剂的主要分析方法。Zegem[17]等在研究西欧卤系阻燃剂污染水平时利用索氏提取 12 h 后采用 GC-MS 检测，所得方法回收率 70%～120%，检测限为 0.6 ng/g；Song 等[18]用索氏萃取、GC-MS 分析测定 Great Lakes 中沉积物中的 PBDEs，回收率在 58%～148%，最低检测限达 1.83ng/g；Kajiwara 等[19]在研究日本太平洋沿岸海豹体内 PBDEs 含量水平中，运用索氏提取，GC-MS 分析，方法回收率 60%～120%，最小检出量达 0.01 ng/g；王红等[20]运用超声波萃取，气相色谱-质谱法快速测定电子产品中 10 种溴代阻燃剂，回收率在 90.34%～101.96%，方法检出限在 8～10 μg/g；吴惠琴[21]等在研究卤系阻燃剂的气相色谱-质谱测定方法中，运用超声波震荡前处理，回收率 95%以上，方法定量下限 5 μg/g；刘晓华等[22]用 GC-MS 测定生物样品中多溴联苯类化合物，采用正已烷/二氯甲烷（1∶1）索氏提取 24 h，方法回收率在 50.5%～112.3%，检测限在 7.1～161.8 pg/g。

质谱检测器包括电子捕获负离子源-质谱（ECNI-MS）、电子轰击离子源-低分辨质谱（EI-LRMS）、电子轰击离子源-高分辨质谱（EI-HRMS）。EI-LRMS 对溴代阻燃化合物，特别是高溴代化合物的灵敏度较低，所以目前采用 EI-LRZMS 检测卤系阻燃剂的报道不多，但这种离子化方法能够得到更多的碎片离子峰，更有利于分子结构分析。Dodder 等[23]采用 EI-LRMS 分析了鱼样品中卤系阻燃剂，取得较好结果。ECNI-MS 技术被广泛用于低含量溴代阻燃剂样品的检测，检测的主要离子是^{79}Br（50.5%）和^{81}Br（49.5%），偶尔也有其他离子碎片。其优点是可以使亲电分子有效离子化，产生的碎片离子要比 EI 源少，因此对溴代阻燃剂有更高的灵敏度。EI-HRMS 高分辨质谱灵敏度高，选择性强，但由于操作复杂且仪器价格昂贵，所以这种技术并没有得到广泛应用。

7.4.2.3 高效液相色谱法（HPLC）

高效液相色谱法（HPLC）可以分析高沸点、热不稳定、非挥发性的物质，是一种有害物质检测的重要方法。HPLC 的检测器一般有紫外吸收检测器（UV）、荧光检测器（（FLD）、二极管阵列检测器（DAD）等。与 GC 相比，HPLC 的流动相参与分离机制，其组成比例和 pH 值可灵活调节，这样更有利于分离，但其只能检测对紫外线有吸收和本身发射荧光的物质，限制了 HPLC 的使用。王成云[24]等采用高效液相色谱法建立了一种测定塑料制品中溴系阻燃剂的方法。该方法以甲醇/缓冲溶液为流动相，在反相 C18 色谱柱上进行梯度淋洗。方法的回收率为 91.0%～101.2%，精密度实验（$n=7$）的 RSD 值均小于 3.0%，检测限为 1～5 mg/kg。周霁等[25]对传统的多溴联苯醚（PBDEs）高效液相色谱分析法做了改进。以异丙醇作为溶剂，索氏提取待处理样品，用 Acclaim 120 C18（5 μm×250 mm×4.6 mm）色谱柱，以 Na_2HPO_4、KH_2PO_4 缓冲液和甲醇作为流动相进行梯度洗脱，检测波长为 225 nm，该法检出限为 1～4 mg/L，平均回收率为 99.3%～100.70%，RSD 为 0.03%～0.52%。Michael Riess[26]等也用反相高效液相色谱-紫外检测器测定了溴代阻燃剂。

液相色谱-质谱联用（LC-MS）具有检测灵敏度高、选择性好、定性定量同时进行和结果可靠等优点。金军[27]等通过超高效液相色谱-电喷雾离子源-串联三重四极质谱（UPLC-ESI-MS/MS ）分析土壤中六溴环十二烷。该方法在 9 rnin 内即可完成 a-HBCD、 β-HBCD 和 γ-HBCD 3 种同分异构体的分离，检出限分别为 20 pg、45 pg 和 15 pg，回收率为 79.3%～109.9%，在 2.5%～150 ng/mL，范围内具有较好的线性，R2 为 0.991～0.998。

7.4.3　应用实例：气相色谱-质谱法检测涂料中的六溴环十二烷[28]

介绍了防火涂料中阻燃剂六溴环十二烷（HBCD）的气相色谱-质谱（GC-MS）分析方法。涂料样品用二氯甲烷进行萃取，萃取液经有机滤膜过滤后，用气相色谱-质谱联用仪进行测定。在选择离子检测模式下以 m/z 157、239、319、401 为定性离子，m/z 239 为定量离子进行结构确证和定量检测。HBCD 标准溶液在 5～100 mg/L 的质量浓度范围内线性关系良好，相关系数大于 0.999。对市售的空白丙烯酸树脂涂料样品及环氧树脂涂料样品进行加标回收试验，方法的平均回收率为 92.9～116.3%，RSD 不超过 8%。方法的检出限（S/N=3）为 30 μg/g，定量限（S/N=10）为 100 μg/g。

7.4.3.1　色谱和质谱条件

色谱条件：DB-5MS 毛细管柱（30 m×0.25 mm×0.25 μm）；柱温：初始温度 60 ℃，保持 2 min，以 30 ℃/min 升至 150 ℃，然后以 30 ℃/min 升至 300 ℃，保持 10 min；载气：He（纯度为 99.999%）；流速：1.0 mL/min；进样量：1 μL；进样口温度：230 ℃；GC-MS 接口温度：280 ℃；进样方式：不分流进样。

质谱条件：EI 源：70 eV；离子源温度：230 ℃；四极杆温度：150 ℃；质谱检测方式：选择离子扫描模式（SIM）；定性离子为 m/z 157，239，319，401；丰度比：100∶89.2∶55.3∶19.3；定量离子为 m/z 239。

7.4.3.2　样品前处理

称取样品约 0.5 g（精确到 0.001 g），置于 10 mL 具塞比色管内，用二氯甲烷稀释至刻度。在涡旋混合器上混匀后，超声波萃取 5 min。取上清液经 0.22 μm 有机滤膜过滤，滤液待测。

7.4.3.3　样品前处理条件的优化

（1）提取溶剂的选择

分别选择二氯甲烷、正己烷、甲苯作为提取溶剂进行优化。结果表明采用二氯甲烷作为提取溶剂的提取效果较好，溶解度好，基线干扰小；用正己烷作为提取溶剂时溶解性不好；用甲苯作为提取溶剂时基线干扰大。

（2）提取方式的选择

含 HBCD 的阳性样品分别用旋涡和超声萃取法进行检测。实验结果表明，经旋涡混匀后超声萃取 5 min 即可将各种涂料样品完全溶解，且效果较好，故选用旋涡混匀后超声 5 min 对试样进行萃取。

7.4.3.4　检测结果与讨论

使用优化后的条件对 HBCD 标准溶液进行了分析，其选择离子色谱图和特征离子峰如图 7.2 所示。HBCD 在 5～100 mg/L 内，浓度与峰面积线性关系良好。

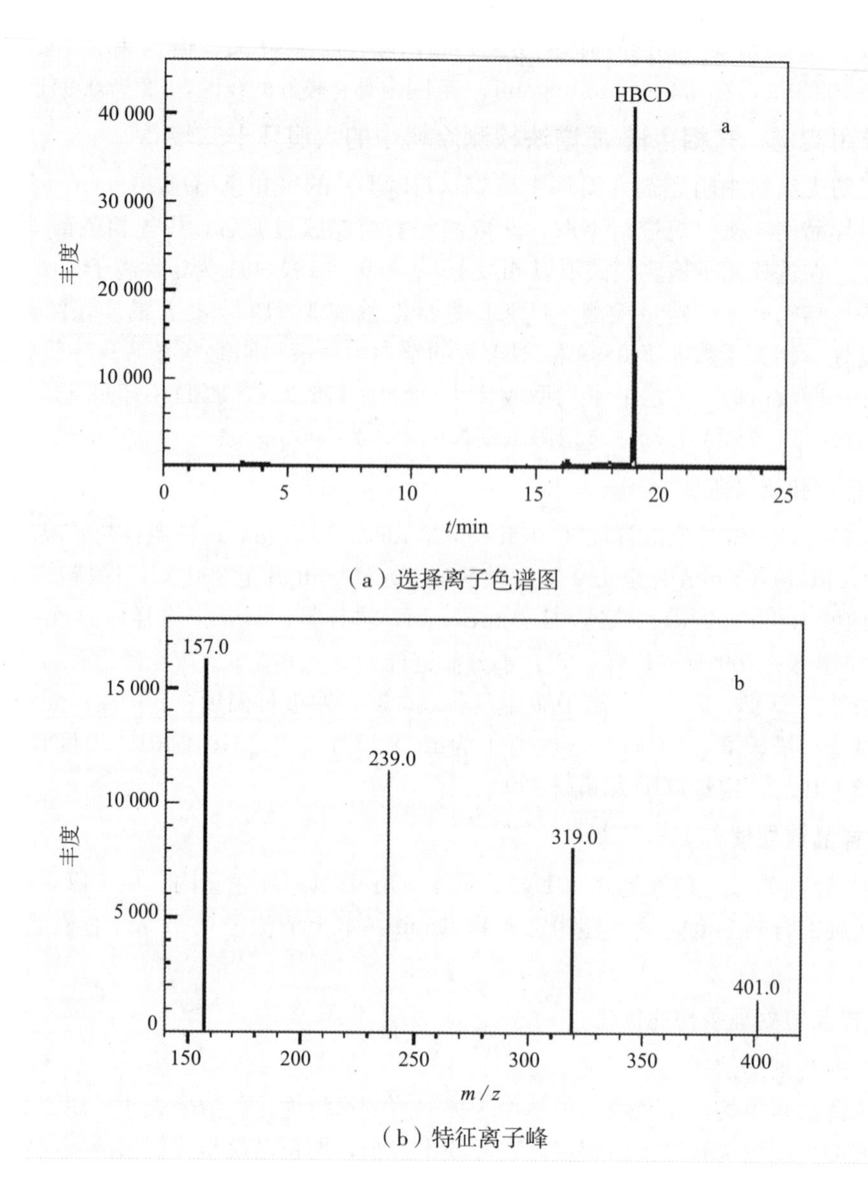

（a）选择离子色谱图

（b）特征离子峰

图 7.2　HBCD 标准溶液

对 HBCD 的回收率、精密度等指标进行考察。对两个不同涂料样品（市售的空白丙烯酸树脂涂料以及环氧树脂涂料）进行加标回收试验，结果见表 7.3。

表 7.3　两种空白涂料样品加标回收率试验结果及 RSD（n=8）

样品	加标/（mg/L）	检测结果/（mg/L）	平均回收率/%	RSD/%
丙烯酸树脂涂料	50	47.8	95.7	6.11
环氧树脂涂料	50	58.1	116.7	3.89

同一涂料样品在低、中、高 3 个加标水平的平均回收率与 RSD 如表 7.4 所示（每个加标浓度平行测定 8 次）。

表 7.4　丙烯酸树脂涂料在不同添加水平的回收率试验结果及 RSD（$n=8$）

加标水平/（mg/L）	检测结果/（mg/L）	平均回收率/%	RSD/%
30	28.1	93.7	7.22
50	47.8	95.7	6.11
70	65.0	92.9	6.90

选取市售的 6 种防火涂料样品，用本文建立的方法进行检测。结果在其中一种涂料中测出阻燃剂 HBCD，平行测定 8 次，其平均质量浓度为 58.5 mg/L，相对标准偏差为 4.17%，其选择离子色谱图见图 7. 3。

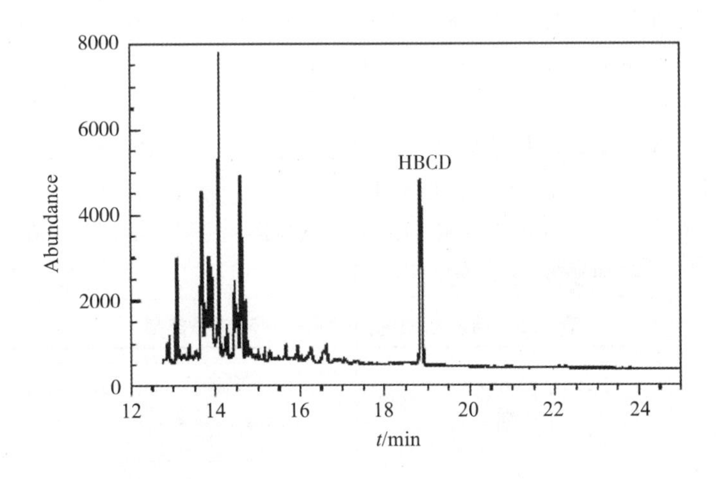

图 7.3　实际样品的选择离子色谱图

该方法选择性好、准确度高、分析速度快、操作简便、重复性好，能够满足检测工作的实际要求。

7.4.4　应用实例：LC-MS/MS 对水基涂料四溴双酚 A 及磷酸三（1，3-二氯丙基）酯的测定[29]

介绍了涂料中四溴双酚 A（TBBPA）和磷酸三（1，3-二氯-2-丙基）酯（TDCPP）测定的超高效液相色谱-质谱检测方法。水基型涂料采用乙酸乙酯超声萃取，通过氮吹将溶剂置换为乙腈，溶剂型涂料直接用乙腈超声萃取。提取液经过滤后，选择苯基修饰的 C18 柱梯度洗脱排除基体干扰。待测物质在 2 个数量级浓度范围内呈良好的线性关系。方法定量限（S/N=10）为 0.05～1 mg /kg。三水平的添加回收率介于 84.4%～103.1%之间，相对标准偏差（$n=6$）在 5%以内。方法选择性好，灵敏度、回收率高，能满足实际工作的要求。

（1）样品制备

水性涂料：称取经混匀后的试样约 0. 25 g（精确到 0.000 1 g），置于 25 mL 具塞比色管，用乙酸乙酯稀释至刻度。在旋涡混合器上混匀后，超声波清洗器萃取 15 min，转移至 25 mL 具塞离心管，以 4 000 r /min 的速度离心 8 min。准确移取上清液 1 mL，吹干，准确加入 1 mL 乙腈溶解。用 0. 22 μm 有机相滤膜过滤，滤液供液相色谱-串联质谱仪测定。

溶剂型涂料：称取经混匀后的试样约0.25 g（精确到0.000 1 g），置于25 mL具塞比色管，用乙腈稀释至刻度。在旋涡混合器上混匀后，超声波清洗器萃取15 min，转移至25 mL具塞离心管，以4 000 r /min的速度离心8 min，取上清液用0.22 μm有机相滤膜过滤，滤液供液相色谱-串联质谱仪测定。

（2）测定条件

（a）色谱参考条件

色谱柱：C18柱，50 mm×2.1 mm（内径），1.8 μm，或相当者；柱温：35 ℃；进样量：1 μL；流动相：A-水，B-乙腈；梯度洗脱条件见表7.5；流速：0.3 mL/min。

色谱柱：ZORBAX SB-PHENYL C18柱，50 mm×2.1 mm，1.8 μm；柱温：35 ℃；进样量：1 μL；流动相：A-水，B-乙腈；梯度程序：0～1.5 min，B 30%；1.5～5 min，B 30%～70%；5.01 min B 90%；流速：0.3 mL/min。

（b）质谱参考条件

离子源：电喷雾（ESI）；扫描模式：多反应离子监测（MRM），负离子模式；毛细管电压：3.0 kV（+），2.0 kV（－）；喷嘴电压：0 V（+），2.0 kV（－）；干燥气温度：350 ℃；干燥气流量：5 L/min；雾化气：275.8 kPa；鞘气温度：350 ℃；鞘气流量：11 L/min；监测离子对和碰撞能量等见表7.5。

表7.5　待测物质的监测离子对和碰撞能量

物质	母离子/（m/z）	碰撞诱导解离电压/V	子离子/（m/z）	碰撞能量CEV	极性
四溴双酚A	542.8	180	445.7*	33	负
			417.5	42	负
			290.6	39	负
磷酸三（1，3-二氯异丙基）酯	428.9	80	35*	3	负
			280.8*	1	负
			283	1	负

注：带“*”的为定量离子。

（3）定性分析

按照上述条件测定试样和标准工作溶液，如果试样的质量色谱峰保留时间与标准品一致，允许偏差小于±2.5%；定性离子对的相对丰度与浓度相当的标准工作溶液的相对丰度一致，相对丰度允许偏差不超过表7.6规定的范围，则可判断样品中存在相应的被测物。

表7.6　定性确证时相对离子丰度的最大允许偏差

相对离子丰度%	>50	>20～50	>10～20	≤10
允许的最大偏差%	±20	±25	±30	±50

（4）检测结果

根据试样中被测物的含量，选取响应值相近的标准工作溶液进行分析。以目标化合物的峰面积为纵坐标，浓度为横坐标绘制标准工作曲线，外标法定量。标准工作溶液和样液中待测物的响应值均应在仪器线性响应范围内，如果含量超过标准曲线范围，应用乙腈稀释到适当浓度后分析。TBBPA 和 TDCPP 的检测线性范围和定量限见表 7.7，表明在 2 个数量级范围内，线性相关系数均在 0.999 以上，定量限（LOQ，S /N=10）为 0.05～1 mg/kg，完全满足检测需要。

表 7.7 工作曲线、线性范围与定量限

目标物	线性范围	线性相关系数/R^2	线性范围/（ng/mL）	检出限/（μg/kg）	定量限/（μg/kg）
TBBPA	Y=5.2761X+60.7956	0.9993	10～1000	0.015	0.05
TDCPP	Y=0.5539X+3.8914	0.9993	50～1000	0.3	1

选择不含待测物质的水基型和溶剂型涂料样品，分别进行 3 水平的添加回收率实验（n=6）。结果表明，回收率在 84.4%～103.1% 之间，相对标准偏差均小于 5%，完全满足检测要求。

参考文献：

[1] 张亮. 防火材料及其应用[M]. 北京：化学工业出版社，2016.

[2] 杜克敏. 防火涂料的现状及发展，现代涂料与涂装，2010，13(7)：11-14.

[3] 陆云. 卤系阻燃剂在防火材料中的应用及前景，消防技术与产品信息，2009，(10)：41-42.

[4] 施养杭，吴泽进. 建筑防火涂料的研究与发展，四川建筑学研究，2012，38(2)：187-190.

[5] Covaci A，Gheorghe A，Voorspoels S，etc. Polybrominated diphenyl ethers，polybrochlorinated biphenyls and organochlorine pesticides in sediment cores from the Western Scheldt river (Belgium)：analytical aspects and depth profiles. Environment International，2005，31(3)：367-375.

[6] 王亚伟，张庆华，刘汉霞，等. 高分辨气相色谱-高分辨质谱测定活性污泥中的多溴联苯醚．色谱，2005，23(5)：492-495.

[7] Andre F.，Cariou R.，Antignac J.，etc. Development of a multi-residue analytical method for TBBP-A and PBDEs in various biological matrices using unique reduced size sample. Organohalogen Compounds，2004，66：26-29

[8] Nuria F.，Barr T. Bergstrom S.，etc. Determination of polybrominated diphenyl ethers trace levels in environmental waters using hollow-fiber microporous membrane liquid-liquid extraction and gas chromatography-mass spectrometry. Journal of Chromatography A，2006，1133(1-2)：41-48.

[9] Sjodin A.，Richard S. J.，Lapeza C. R.，etc. Semiautomated high-throughput extraction and cleanup method for the measurement of polybrominated diphenyl ethers，polybrominated biphenyls and polychlorinated biphenyls in human serum. Anal. Chem.，2004，76(7)：1921-1927.

[10]Covaci A.，Voorspoels S. Optimization of the determination of polybrominated diphenyl ethers in human serum using solid-phase extraction and gas chromatography-electron capture negative ionization mass spectrometry. Journal of Chromatography B，2005，827(2)：216-223.

[11]Consuelo S.，Esther M.，Jose L. T. Determination of polybrominated diphenyl ethers in soil by ultrasonic assisted extraction and gas chromatography mass spectrometry. Talanta，2006，70(5)：1051-1056.

[12]Agustina de la Cal，Ethel E.，Damia B. Determination of 39 polybrominated diphenyl ether congeners in sediment samples using fast selective pressurized liquid extraction and purification. Journal of Chromatography A，2003，1021(1-2)：165-173.

[13]饶勇，毕鸿亮，孙香等．超声波辅助萃取测定土壤中多嗅联苯醚．环境污染与防治，2007，29(9)：704-707。

[14]Stratton C. L, Mousa J. J, Bursey J. T. Analysis for Polybrominated Biphenyls (PBBs) in Environmental Samples, US EPA, report no. 560/13-79-001, 1979.

[15]Johnson A. , Olson N. Analysis and occurrence of polybrominated diphenylethers in Washington state freshwater fish. Arch. Environ. Contain. Toxicol. , 2001, 41: 339-344.

[16]Bjbrklund J. , Tollback P. , Hiarne C. , etc. Influence of the injection technique and the column system on gas chromatographic determination of polybrominated diphenyl ethers. Journal of Chromatography A, 2004, 1041: 201-210.

[17]Zegem B. N. , Lewis W. E. , Boo K. , etc. Levels of Polybrominated Diphenyl Ether Flame Retardants in Sediment Cores from Western Europe. Environ. Sci. Technol. , 2003, 37(17): 3803-3807.

[18]Song W. , Ford J. C. , Li A. , etc. Polybrominated Diphenyl Ethers in the Sediments of the Great Lakes. Environ. Sci. Technol. , 2005, 39(15): 5600-5605.

[19]Kajiwara N, Ueno D, Takahashi A, etc. Polybrominated biphenyl Ethers and rganochlorines in Archived Northern Fur Seal Samples from the Pacific Coast of Japan 1972-1998. Environ. Sci. Technol. , 2004, 38 (14): 3804-3809.

[20]王红，张晓黎，文红等．气相色谱-质谱法快速测定电子产品中 10 种多溴联苯醚，中国卫生检验杂志，2006，16(12)：1457-1458.

[21]吴惠琴，黄晓兰，黄芳等. 气相色谱-质谱法测定多溴联苯醚及多溴联苯．分析测试学报，2005，24：160-163.

[22]刘晓华，高子桑，于红霞. GC-MS 测定生物样品中多溴联苯类化合物. 环境科学，2007，28(7)：1595-1599.

[23]Dodder N. , Strandberg B. , Hites R. A. Concentrations and spatial variations of polyrominated diphenyl ethers in fish and air from the North-East-ern United States. Environ. Sci. Technol. , 2002, 36: 146-151.

[24]王成云，杨左军，张伟亚. 塑料中溴系阻燃剂的高效液相色谱法测定[[J]. 深圳职业技术学院学报，2006 (1)：31-35.

[25]周霁，向建敏，高效液相色谱法测定多溴联苯醚含量的研究[[J]. 武汉工程大学学报，2008，30(3)：18-21.

[26]Michael R, Rudivan E. Identification of brominated flame retardants in polymeric materials by reversed-phase liquid chromatography with ultraviolet detection [J]. J. Chromatgr. A. , 1998, 8(27): 65-71.

[27]金军，杨从巧，王英，等. 超高效液相色谱-电喷雾离子源-串联三重四极质谱分析土壤中六溴环十二烷 [J]. 分析化学，2009，37(4)：585-588.

[28]王惠，薛秋红，陶琳，等. 气相色谱一质谱法检测涂料中的六溴环十二烷，色谱，2013，31(8)：791-794.

[29]赖莺，黄旖珏，黄宗平，等. 超高效液相色谱一 质谱法测定涂料中四溴双酚 A 和磷酸三(1,3-二氯-2-丙基) 酯，分析试验室，2017，36 (8)：881-885.

第8章　涂料中重金属检测技术

8.1　概述

一般的重金属是指金属密度（ρ）大于 5 g/cm³ 的金属元素。在目前元素周期表所列的元素种类中大概有 45 种元素是属于重金属元素的。在这些元素中，有许多是常见的元素，比如 Cu、Pb、Zn、Co、Fe、Ni、Mn、Cd、Hg、Wu、Mo、Au、Ag 等。这些重金属元素大多数会对人类和其他的生物产生生理危害，在涂料检测领域，目前最引人关注的是 Pb、Cd、Cr、Hg 等有明显生物毒性的重金属。

为了保证国民健康，国家陆续出台了多项相关强制性标准，对建筑用外墙涂料、汽车涂料、室内装饰装修材料中溶剂型木器涂料、室内装饰装修材料中内墙涂料、室内装饰装修材料中水性木器涂料以及玩具涂料等中有害重金属含量均作出了限制。

本章介绍涂料中重金属的来源、危害及各国的法规标准，详细分析了涂料中重金属检测的样品前处理技术及主要检测手段，可为检测机构的检验人员以及生产企业的质控人员提供技术参考。

8.1.1　涂料中重金属的来源

涂料中的重金属主要来自于着色用的无机颜料，这类颜料是由一种金属的氧化物或其结构很复杂的盐类组成的，如红丹、铅铬黄、铅白等。由于无机颜料通常是从天然矿物质中提炼并经过一系列化学物理反应制成，因此难免夹带微量的重金属杂质[1]。此外，也来自于生产时加入的各种助剂，如催化剂、防污剂、消光剂和各种填料中所含杂质。例如：铅是最常用的聚合催化剂，在大多数醇酸漆中能促进漆膜底层干燥，而得坚韧而硬的薄膜，并能提高漆膜的附着力及耐侯性。此外，有机铅还是有效的防污剂。

8.1.2　重金属的毒性

铅 Pb 单质是银白色（带微蓝）的重金属，熔点 327.502 ℃，密度 11.343 79 g/cm³，沸点 1 740 ℃。在当今众多危害人体健康和儿童智力的“罪魁”中，铅是危害不小的一位。铅进入儿童体内后，会影响小儿的大脑发育，造成小儿智力低下。小儿正常智商为 90～110，但检测小儿体内血铅表明，含 Pb 量越高智商水平越低。另外 Pb 的过多吸收也可能造成小儿注意力涣散、记忆力减退、理解力和阅读能力的降低以及造成小儿学习困难和多动症。Pb 会妨碍维生素 D 在肾脏中的活化，从而影响到对钙的吸收，进一步影响到儿童生长发育，Pb 还会阻止生长激素在肝脏中转化成具有生理作用的生长激素介质，因此，体内 Pb 过多的小儿身材往往矮小。Pb 中毒的主要症状通常表现为食欲不振、失眠、头疼等一系列的症状。另外一些多发性神经炎和中毒性脑病、中毒性肾炎、肾萎缩、心肌损伤等也是由于人的神经系统受 Pb 的影响而使大脑的兴奋与抑制过程发生紊乱造成的。Pb 中毒还会导致感觉功能障碍，如弱视、视网膜水肿、球后视神经炎、盲点、眼外展肌麻痹、视神经萎缩、眼球运动障碍、瞳孔调节异常、弱视或视野改变；或嗅觉、味觉障碍等。Pb 还有致突变作用，使细胞癌变的危险性增加。

镉不是人体的必要元素。镉的毒性很大，可在人体内积蓄，主要积蓄在肾脏，引起泌尿系统功能变化；镉能够取代骨中钙，使骨骼严重软化，骨头寸断，会引起胃脏功能失调，干扰人体和生物体内锌的酶系统，导致高血压症上升。过量摄入镉将对人体的肾、肝、骨、心、肺及生殖系统造成严重损害，能致癌、致畸、致突变[2]。

铬中毒一方面是指六价铬，它的毒性极大，强于三价铬，可渗入红细胞，抑制谷胱甘肽还原酶的活性，从而使血红蛋白变为高铁血红蛋白，导致缺氧致残致死。另外，六价铬过量还可引起核酸、核蛋白沉淀及干扰酶系统等破坏作用。另一方面是指三价铬的富集，NRC(1980)指出家禽对铬的最高耐受量 3 000 mg/kg（以氧化铬的形式提供）和 1 000 mg/kg（以氯化铬的形式提供）。铬中毒主要表现为：接触性皮炎、鼻中隔溃疡或穿孔、甚至可能产生肺癌；急性中毒主要表现是胃发炎或充血，反刍动物瘤胃或皱胃产生溃疡[3]。

汞作为常见的无机毒性物质，由于其分布的特点和自身优异的性质，广泛伴生于地球化学循环并经常出现在人类日常生产生活中，可以说是与人类形影不离。汞侵入机体后与细胞内糖元分解系统、三羧酸循环及氧化还原系统起重要作用的酶及各胱甘肽-SH 基结合而形成硫醇盐，使酶的活性受到抑制，从而破坏细胞的代谢，损害肝脏合成蛋白质的功能和其他功能。

8.1.3 国内外对涂料中重金属限制相关法规

8.1.3.1 中国相关法规标准

我国对涂料中重金属检测的标准主要针对 Pb、Cd、Cr、Hg 这几种目标物，仅国家强制性标准就多达 9 项，具体见表 8.1。我国于 2001 年出台了 GB 18582《室内装饰装修材料 内墙涂料中有害物质限量》标准，对室内装饰装修材料中内墙涂料中的可溶性重金属的测定作了详细的规定，并于 2008 年再次进行了修订。该标准用 0.07 mol/L 的盐酸溶液处理制成的涂料干膜，再用火焰原子吸收光谱法测定试验溶液中可溶性铅、镉、铬元素的含量，用氢化物发生原子吸收光谱法测试试验溶液中可溶性汞元素的含量。标准的检出限为：铅 Pb≤9 mg/kg，镉 Cd≤7.5 mg/kg，铬 Cr≤6 mg/kg，汞 Hg≤6 mg/kg。强制性国家标准 GB 18581－2009《室内装饰装修材料 溶剂型木器涂料中有害物质限量》和 GB 24410－2009《室内装饰装修材料 水性木器涂料中有害物质限量》中可溶性重金属含量的测试按 GB 18582－2008 中附录 D 的规定进行。

2009 年出台的 GB 24408《建筑用外墙涂料中有害物质限量》和 GB 24409《汽车涂料中有害物质限量》，对建筑用外墙涂料和汽车涂料中的总的重金属含量的测定作了详细的规定。这两个标准均将待测试样经 X 射线荧光光谱仪（XRF）定性筛选，根据元素特征谱峰确定待测样品中是否含铅、镉、汞。若含有铅、镉、汞元素，则将干燥的涂膜，采用干灰化法、湿酸消解法或微波消解法除去所有有机物质，最后采用合适的分析仪器，如原子吸收光谱仪或等离子体原子发射光谱仪等测定处理后试验溶液中的铅、镉、汞含量。值得注意的是干灰化法和湿酸消解法不适用于测定试样中的汞含量。在测定建筑用外墙涂料和汽车涂料中六价铬含量时，均使用碱性消解液从试样中提取六价铬化合物，使用分光光度法测定试验溶液中的六价铬含量。

强制性国家标准 GB 24613—2009《玩具涂料涂料中有害物质限量》对玩具涂料中的可溶性元素含量的测定作了详细的规定。该标准用 0.07 mol/L 的盐酸溶液处理干燥后的涂料干膜，采用合适的分析仪器，如原子吸收光谱仪或电感耦合等离子体原子发射光谱仪等测定处理后试验溶液中的锑、砷、钡、镉、铬、铅、汞和硒含量。

强制性国家标准 GB 18584—2001《室内装饰装修材料 木家具中有害物质限量》对家具表面色漆涂层中的可溶性铅、镉、铬、汞重金属的含量做了具体的规定，检测方法按 GB/T9758—1988 进行。强制性国家标准 GB 8771—2007《铅笔涂层中可溶性元素最大限量》和 GB 6675—2014《国家玩具安全技术规范》规定了铅笔涂层、玩具材料和玩具部件中的可溶性元素（锑、砷、钡、镉、铬、铅、汞、硒）的最大限量要求、样品制备和测试方法。标准中均使用模拟吞咽与胃酸的条件，将可溶性元素溶解出来，再选择合适的分析方法（非特定）定量测定可溶性元素的含量。目前，实验室使用比较多的是电感耦合等离子法、火焰原子吸收光谱法以及氢化物发生法。

表 8.1　我国法规对于涂料中重金属限量的规定

标准编号	标准名称	检测项目		限量要求
GB 18582—2008	室内装饰装修材料 内墙涂料中有害物质限量	可溶性重金属/(mg/kg)≤	铅 Pb	90
			镉 Cd	75
			铬 Cr	60
			汞 Hg	60
GB 18581—2009	室内装饰装修材料 溶剂型木器涂料中有害物质限量	可溶性重金属含量(限色漆、腻子和醇酸清漆)/(mg/kg)≤	铅 Pb	90
			镉 Cd	75
			铬 Cr	60
			汞 Hg	60
GB 18584—2001	室内装饰装修材料 木家具中有害物质限量	可溶性重金属含量(限色漆)/(mg/kg)≤	铅 Pb	90
			镉 Cd	75
			铬 Cr	60
			汞 Hg	60
GB 24408—2009	建筑用外墙涂料中有害物质限量	重金属含量(限色漆和腻子)/(mg/kg)≤	铅 Pb	1000
			镉 Cd	100
			六价铬 Cr^{6+}	1000
			汞 Hg	1000
GB 24409—2009	汽车涂料中有害物质限量	重金属含量(限色漆)/(mg/kg)≤	铅 Pb	1000
			镉 Cd	100
			六价铬 Cr^{6+}	1000
			汞 Hg	1000

（续表）

标准编号	标准名称	检测项目		限量要求
GB 24410—2009	室内装饰装修材料 水性木器涂料中有害物质限量	可溶性重金属含量(限色漆和腻子)/(mg/kg)≤	铅 Pb	90
			镉 Cd	75
			铬 Cr	60
			汞 Hg	60
GB 24613—2009	玩具涂料中有害物质限量	可溶性元素含量/(mg/kg)≤	锑 Sb	60
			砷 As	25
			钡 Ba	1000
			镉 Cd	75
			铬 Cr	60
			铅 Pb	90
			汞 Hg	60
			硒 Se	500
		总铅含量/(mg/kg)≤		600
GB 8771—2007	铅笔涂层中 可溶性元素最大限量	可溶性元素/(mg/kg)≤	锑 Sb	60
			砷 As	25
			钡 Ba	1000
			镉 Cd	75
			铬 Cr	60
			铅 Pb	90
			汞 Hg	60
			硒 Se	500
GB 6675.4—2014	玩具安全 第4部分：特定元素的迁移	玩具材料和玩具部件中可迁移元素 (除造型粘土和指面颜料)/(mg/kg)≤	锑 Sb	60
			砷 As	25
			钡 Ba	1000
			镉 Cd	75
			铬 Cr	60
			铅 Pb	90
			汞 Hg	60
			硒 Se	500

此外，目前涂料标准中进行重金属含量测试的国家推荐性标准还有：

GB/T 23446—2009 喷涂聚脲防水涂料

GB/T 23991—2009 涂料中可溶性有害元素含量的测定；

GB/T 23994—2009 与人体接触的消费产品用涂料中特定有害元素限量；

GB/T 23996—2009 室内装饰装修用溶剂型金属板涂料；

GB/T 9758.1—1988“可溶性”金属含量的测定：第1部分：铅含量的测定 火焰原子吸收光谱法和双硫腙分光光度法；

GB/T 9758.4—1988“可溶性”金属含量的测定：第4部分：镉含量的测定 火焰原子吸收光谱法和极谱法；

GB/T 9758.6—1988“可溶性”金属含量的测定：第6部分：色漆的液体部分中铬总

含量的测定 火焰原子吸收光谱法；

GB/T 9758.5—1988“可溶性”金属含量的测定：第 5 部分：液体色漆的颜料部分或粉末状色漆中六价铬含量的测试 二苯卡巴肼分光光度法；

GB/T 9758.7—1988“可溶性”金属含量的测定：第 7 部分：色漆的颜料部分和水可稀释漆的液体部分的汞含量的测定 无焰原子吸收光谱法；

GB/T 9758.2—1988“可溶性”金属含量的测定：第 2 部分：锑含量的测定 火焰原子吸收光谱法和若丹明 B 分光光度法；

GB/T 9758.3—1988“可溶性”金属含量的测定：第 3 部分：钡含量的测定 火焰原子发射法；

GB/T 6822—2007 船体防污防锈漆体系（有机锡防污剂含量）；

GB/T 13452.1—1992 色漆和清漆 总铅含量的测试；

GB/T 22788—2008 玩具表面涂层中总铅含量的测定。

8.1.3.2　国外相关法规标准

国际上涂料中重金属含量测试标准主要是对一些与人密切接触产品的涂层上的重金属含量的测试，包括玩具涂层，食品包装上的涂层等。涉及的重金属元素主要为锑、砷、钡、镉、铬、铅、汞、硒等，具体见表 8.2。加拿大消费品安全法案 CCPSA 涉及到铅、汞、锑、砷、钡、镉和硒 7 种元素的含量。样品中要求不能检出汞元素，“可溶性”锑、砷、钡、镉和硒的含量小于等于 0.1%。总铅含量不能大于 90 ppm。欧洲玩具安全标准 EN 71-3：2013+A1：2014 玩具安全——第 3 部分：某些元素的转移，规定了玩具的可触及部件或材料中 19 种可迁移元素的最大限量值。ST 2012，日本玩具协会标准，规定了玩具材料的表面涂层中的 8 大重金属元素的限量值。ISO 8124-3：2010 玩具安全——第 3 部分：某些元素的转移，测定 8 种元素的可迁移量，给出了这 8 种元素限量值。ASTM F963-2016 玩具安全标准，规定了 8 种重金属元素的可迁移量以及涂层中的总铅含量小于 90 ppm。此外还有英国的 BS 5665：Part 3/BS EN 71-3 某些元素的转移，德国的 DIN EN71-3 某些元素的转移，法国的 NF EN71-3 某些元素的转移，这三个国家的玩具标准技术内容应用的均是欧盟玩具标准 EN 71 的内容。

表 8.2　国外法规对于涂料中重金属限量的规定

国家/地区	法规标准	检测项目		限量要求
加拿大	加拿大消费品安全法案 CCPSA 加拿大玩具法规 SOR/2016－195≤	涂层中可溶性元素/%	锑 Sb	0.1
			砷 As	0.1
			钡 Ba	0.1
			镉 Cd	0.1
			硒 Se	0.1
		涂层中总铅 Pb 含量/ppm≤		90
		涂层中总汞 Hg 含量/ppm≤		ND（未检出）

（续表）

国家/地区	法规标准	检测项目		限量要求
欧盟	欧洲玩具安全标准 EN 71-3：2013+A1：2014 欧盟玩具安全指令 2009/48/EC	可刮下的玩具涂层的可溶性元素/ppm≤	锑 Sb	560
			砷 As	47
			钡 Ba	18750
			镉 Cd	17
			钴 Co	130
			铅 Pb	160
			汞 Hg	94
			硒 Se	460
			铝 Al	70000
			硼 B	15000
			铬(Ⅲ)Cr(Ⅲ)	460
			铬(Ⅵ)Cr(Ⅵ)	0.2
			铜 Cu	7700
			锰 Mn	15000
			镍 Ni	930
			锶 Sr	56000
			锡 Ti	180000
			有机锡 Ti	12
			锌 Zn	46000
日本	日本玩具安全标准 ST 2012	玩具材料的表面油漆、涂料、油墨中可溶重金属元素/（mg/kg）≤	锑 Sb	60
			砷 As	25
			钡 Ba	1000
			镉 Cd	75
			铬 Cr	60
			铅 Pb	90
			汞 Hg	60
			硒 Se	500
美国	ASTM F963－2016 玩具安全标准	涂层中可溶性迁移元素/(mg/kg)≤	锑 Sb	60
			砷 As	25
			钡 Ba	1000
			镉 Cd	75
			铬 Cr	60
			铅 Pb	90
			汞 Hg	60
			硒 Se	500
		涂层中总铅含量/(ppm)≤		90

（续表）

国家/地区	法规标准	检测项目		限量要求
国际标准化组织	ISO 8124-3 玩具安全—第3部分：某些元素的转移	各种玩具材料，主要涉及玩具涂层中可溶出元素/(mg/kg)≤	锑 Sb	60
			砷 As	25
			钡 Ba	1000
			镉 Cd	75
			铬 Cr	60
			铅 Pb	90
			汞 Hg	60
			硒 Se	500

8.2　涂料中重金属检测前处理技术

8.2.1　可溶性重金属检测前处理技术

“可溶性”重金属含量的测试是指使用与人体胃酸浓度相同的溶液，一般配制成 0.07 mol/L 的稀盐酸溶液（pH 值=1.12）处理涂料干膜（自干或烘干），把涂料中的重金属部分溶解进去，再用适当的方法测定指定元素的含量，其实质是通过萃取进行元素的分离，使被测元素溶解在酸溶液中[4-5]。盐酸是一种非氧化性酸，在溶解过程中表现出弱的还原性。它可以很容易地溶解许多金属碳酸盐以及金属氧化物。在测定过程中，盐酸酸度、酸萃取时间、以及涂膜粉碎后的颗粒的大小等因素，对测定结果的影响比较大。GB 18582《室内装饰装修材料 内墙涂料中有害物质限量》和 GB 18581《室内装饰装修材料 溶剂型木器涂料中有害物质限量》均采用该方法处理制成的涂料干馍，再用火焰原子吸收光谱法测定试验溶液中可溶性铅、镉、铬元素的含量，用氢化物发生原子吸收光谱法测试试验溶液中可溶性汞元素的含量。梁峙等[6]用 0.07 mol/L 的盐酸溶液提取室内装饰装修用水性墙面涂料中可溶性重金属 Pb、Cr、Cd、Hg，再用电感耦合等离子体质谱（ICP-MS）法测定其含量。样品前处理具体方法为将涂料样品搅拌均匀后，按产品规定的要求在玻璃板上制备涂膜，涂膜应尽量制备薄些，待完全干燥后（若烘干，温度不得超过 60 ℃，最好是自然干燥），在室温下将其粉碎，并通过 0.5 mm 金属筛后放入干燥器内待测（如果样品不易粉碎，可不过筛）。将粉碎、过筛后的样品称取 2.0 g（精确到 0.000 1 g），加入 100 mL 0.07 mol/L 的盐酸溶液，搅拌 1 min，用酸度计测定其酸度，如 PH>1.5，用 2 mol/L 溶液逐滴加入并摇匀，使其 PH 值在 1.0～1.5。在室温下连续搅拌混合 1 小时，然后放置 1 小时，立即用 0.45 μm 滤膜过滤，滤液须闭光保存并应在 24 小时内完成测试。该方法的检出限为 0.35～0.68 μg/L，精密度和回收率分别为 4.8%～7.4%和 98.8%～101.2%。

8.2.2　重金属总量检测前处理技术

总的重金属含量测试是指对干燥后的涂膜，采用适宜的前处理方法将被测元素全部转化为适合测定的状态，然后采用合适的分析仪器测定处理后试验溶液中的重金属元素含量。

8.2.2.1 微波消解法

微波消解法是最近 20 年发展起来的一种有效样品消化技术，该技术是根据极性分子（酸或水）在微波电场的作用下，以每秒 24.5 亿次的频率改变正负方向，使分子产生高速的碰撞和磨擦而产生高热以及离子定向流动过程中与周围分子和离子发生高速磨擦和碰撞，使微波能转化为热能。微波消解法溶样即通过涂料样品与酸的混合物对微波能的吸收达到快速加热并消解样品的目的。其优点在于：快速高效，一般只要 3～4 min 便可将样品彻底分解，对食品及生物样品特别有效；消化在密封状态下进行，试剂无挥发损失，既降低了试剂用量，又减少了废酸废气的排放，改善了工作环境；密封消化避免了一些能形成易挥发组分如砷、硒、汞的损失并且外源性污染少；用电量少，大大节省了能源；容易实现自动控制。微波消解的条件探索和仪器的最佳设计等还有待于大量实践来确定。加热的快慢和消解的快慢，不仅与微波的功率有关，还与涂料样品的组成、浓度以及所用试剂即酸的种类和用量有关。要把一个涂料样品在短时间内消解完，应该选择合适的酸、合适的微波功率与消解时间。

目前，微波消解法已广泛用于涂料中重金属测定的前处理中，国家标准 GB 24408－2009《建筑用外墙涂料中有害物质限量》和 GB 24409－2009《汽车涂料中有害物质限量》，均采用微波消解法消解样品，使试样中的有机化合物全部被除去，使被测元素全部溶出，最后采用合适的分析仪器，如原子吸收光谱仪或等离子体原子发射光谱仪等测定处理后试验溶液中的铅、镉、汞含量。曾利娟[7]采用微波消解技术结合原子吸收光谱法测定了涂料中的铅、铬、镉、汞元素含量。0.5 g 样品置于消解罐中加入 H_2O10.0 mL、HNO_3 5.0 mL、H_2O_2 2.0 mL，拧紧罐盖，进行消解。设定控制压力为 400 kPa，微波消解程序为：200 W、120 s → 300 W、300 s → 400 W、480 s。实验结果表明，铅的检出限为 0.020 μg/mL，铬为 0.015 μg/mL，镉为 0.020 μg/mL 和汞为 0.010 μg/mL。此法的回收率在 98.4%～102%之间。胡波年等[8]采用微波消解法对涂料样品进行消解后，试液用电感耦合等离子体质谱（ICP－MS）法同时测定了涂料样品中 Pb、As、Cd、Cr、Ni 等重金属元素。精确称取涂料样品 0.5 g（准确至 0.000 1 g）于消解罐中，分别加人 10.0 mL H_2O、5.0 mL HNO_3、2.0 mL H_2O_2，拧紧罐盖，进行消解。设定控制压力为 400 kPa，微波消解程序为 200 W、120 S，300 W、300 S，400 W、480 S。消解结束，待冷却后取出消解罐，置于红外干燥箱内蒸发至近干，冷却后转移至 50 mL 容量瓶中，用超纯水定容至刻度。在最优化实验条件下直接用 ICP－MS 测定各元素含量。实验结果表明，方法的检出限达 0.001～0.008 μg/L，回收率为 91.90%～104.02%，相对标准偏差小于 1.15%。微波消解是在密闭容器内进行的，由于被测元素铅、砷均属于氢化物元素，受热不稳定，极易挥发，采用常压酸溶和碱熔分解，均有可能造成被测元素的损失而影响测定结果，采用微波消解可有效地防止易挥发性元素的损失。

8.2.2.2 湿酸消解法

用酸把金属元素直接从样品中提取出来也是样品前处理的一种方法，该法操作简便快捷。GB 24408 运用该方法对涂料样品进行前处理，测定涂料中的铅、镉含量。具体操作为：将 0.1～0.3 g 样品置于 50mL 烧杯中，加入 7 mL 硝酸在电热板上加热使溶液保持微沸 15 min 左右，继续加热直到产生白烟。将烧杯从电热板上取下冷却后加 1～2 mL 过氧化氢三次。再次将烧杯放置在电热板上加热，至样品消解完全，如样品消解不完全，再加入适量浓硝酸和过氧化氢一到两次，继续加热使样品消解完全。最后将所得试液稀释、过滤、定容。采用合适的分析仪器，如原子吸收光谱仪或等离子体原子发射光谱仪等测定处理后试验溶液中的铅、镉含量。

8.2.2.3　碱性消解法

该方法取自 US EPA 3060A 和 US EPA 7196A，适合于涂料中六价铬 Cr(Ⅵ)的定量测定。研究证实，对于从水溶性和非水溶性的样品中提取 Cr(Ⅵ)，碱溶液的提取效果比酸溶液的好[9]。碱性提取液有利于降低 Cr(Ⅵ)和 Cr(Ⅲ)间的相互氧化还原反应。为了降低六价铬的化学活性，分析之前样品及其提取物应在 4 ℃保存。由于提取物中 Cr(Ⅵ)的稳定性不能确定，应尽快进行分析。在采用该方法进行试验时需注意：使用碱性提取液前必须检测其 pH 值，pH 值必须大于等于 11.5，如果不符合要求，不能使用。GB 24408 将干燥后的涂膜，使用碱性消解液从试样中提取六价铬化合物，再运用分光光度法测定试验溶液中的六价铬含量。具体的前处理方法为：将待测样品搅拌均匀。按产品说明书规定的比例（稀释剂无须加入）混合各组分样品，搅拌均匀后，在玻璃板或聚四氟乙烯板上制备厚度适宜的涂膜。在产品说明书规定的干燥条件下，待涂膜完全干燥（自干漆若烘干，温度不得超过 (60±2)℃）后，取下涂膜，在室温下用粉碎设备将其粉碎，并用不锈钢金属筛（孔径 0.25 mm）过筛后待处理。称取粉碎后的试样 2.5 g（精确至 0.1 mg）置于消解器中，然后加入约 400 mg 无水氯化镁，用量筒量取 50 mL 消解液和 0.5 mL 缓冲液加入消解器内。消解液应完全浸没试样，可加入 1～2 滴润湿剂以增加试样的润湿性。将消解器盖上塞子或表面皿，置于加热搅拌装置上，搅拌并加热至 90～95 ℃，然后在此温度下连续搅拌至少 3 小时。再将其在持续搅拌下逐渐冷却至室温，用滤膜（孔径 0.45 μm）过滤至干净的烧杯中，用水冲洗消解器和滤膜，所得到的溶液全部收集于同一烧杯中（如果用滤膜过滤时滤膜被堵塞，可选用大孔径的滤纸预先过滤样品）。在搅拌状态下将硝酸滴加于烧杯中，用酸度计将溶液的酸度控制在 pH=7.5±0.5，得到提取液。同时做试剂空白试验，试样应尽快显色测定。

8.2.2.4　干灰化法

马弗炉高温灰化法即干灰化法作为一种经典的样品前处理方法，在涂料中得到了最广泛的运用，如：GB 24408－2009《建筑用外墙涂料中有害物质限量》、GB 24409－2009《汽车涂料中有害物质限量》和 GB 13452.1－1992《色漆和清漆 总铅含量的测定 火焰原子吸收光谱法》等。具体操作为：称取粉碎后的试样约 0.2g～0.3 g 放入坩埚内，将约 0.5 g 碳酸镁覆盖在坩埚内的试样上。将坩埚置于通风橱内的电热板上，逐渐升高电热板的温度（不超过 475 ℃）至样品被消解成一个焦块，且挥发的消解产物已被充分排出，只留下干的碳质残渣。然后将坩埚放入 (475±25)℃的马弗炉内，保温直至完全灰化。在灰化期间应供应给足够的空气氧化，但不允许坩埚内的物质在任何阶段发生燃烧。待盛有灰化物的坩埚冷却至室温后，加入 5 mL 硝酸，然后将坩埚内的溶液用滤膜（孔径 0.45 μm）过滤并转移至 50 mL 容量瓶中，用水冲洗坩埚和滤膜，所得到的溶液全部收集于同一容量瓶中，然后用水稀释至刻度。再用合适的分析仪器对试样溶液进行测试。其原理也很简单，即将涂料样品蒸发至干后，在 500 ℃（大多数情况下）灰化，使样品中含有的有机物分解挥发，仅留下矿物质灰分。该方法的优点是：样品大小无限制，不需经常监视，简单，缺点是样品消化时间长，且回收率比较低，挥发性金属会损失。干法灰化需要掌握好灰化温度和时间，最佳灰化温度和时间是确保样品灰化完全和防止元素挥发损失的关键条件，时间过短样品分解不完全，回收率低；时间过长则易带来元素的挥发损失。应注意易挥发元素不宜用高温灰化法。姚海波等[10]通过马弗炉高温灰化法来处理涂料样品，然后通过原子吸收分光光度计来测定样品中铅、汞、镉、铬元素含量。在灰化温度为 500 ℃，灼烧时间为 4 小时的情况下，各个元素的相对标准偏差均在 1%左右，检出限均小于 0.02 mg/L，回收率在 98%～104%之间。

8.3 涂料中重金属检测技术

目前，对样品中的重金属进行定量分析的方法主要分为化学分析法和仪器分析法。具体上又可再分为分光光度法、原子吸收光谱法、电感藕合等离子发射光谱法、原子荧光光谱法、极谱法、氢化物发生法、X 荧光光谱法等较为常见的几种[11-13]。

8.3.1 原子吸收光谱法

原子吸收光谱法的基本原理[14-17]是利用被测元素基态原子的外层电子对共振线的吸收程度进行定量分析，原子吸收光谱法可以对六十多种金属元素和某些非金属元素进行定量测定。

待测元素在火焰的高温下原子化称为原子化蒸汽的原子吸收光谱法为火焰原子吸收法(FAAS)。FAAS 是一种成熟的分析技术，操作简便，分析成本低廉，并且具有选择性好、精密度高、抗干扰能力强、分析速度快等优点，已被广泛应用于各个学科领域和国民经济的各个部门[18-19]。缺点是，FAAS 不宜测定在火焰中不能完全分解的耐高温元素和碱土金属元素以及共振吸收线在远紫外区的元素。卫碧文等[20]采用双毛细管进样，在线氢化物发生火焰原子吸收法测定汞，通过在线加入 $SnCl_2$ 溶液，提高了汞的吸收灵敏度，并可抑制共存离子的干扰，回收率达到 87.6%～101.9%。

用石墨炉代替火焰即为石墨炉原子吸收分光光度法（GF－AAS)。石墨炉的灵敏度比火焰法大大提高，检出线达到 ppb 级，是一种常用的痕量分析技术，具有取样量少，化学预处理简单，能直接分析固体及高粘度液体试样等优点[21]。缺点是，GF－AAS 法基体干扰较严重，且不适合做多元素分析[22]。Wang Z. H. 等[23]用带有光学温控系统的石墨炉原子吸收光谱仪测定涂料样品中的镉，检出限为 9.6 ng/L，相对标准偏差 R.S.D≤2.5%，回收率在 94.6%～102%之间。

1. 应用实例：GB 18582－2008 附录 D

该标准适用于各类室内装饰装修用水性墙面涂料和水性墙面腻子中可溶性铅、镉、铬、汞元素含量的测试。标准的原理是用 0.07 mol/L 盐酸溶液处理制成的涂料干膜，用火焰原子吸收光谱法测试试验溶液中的可溶性铅、镉、铬元素的含量。

(1) 试剂与仪器

盐酸溶液（0.07 mol/L)、盐酸、硝酸（体积比 1∶1)、铅、镉、铬标准溶液（浓度为 100 mg/L 或 1 000 mg/L)。

火焰原子吸收光谱仪（配备铅、镉、铬空心阴极灯，并装有可通入空气和乙炔的燃烧器)、粉碎设备（粉碎机、剪刀等）、不锈钢金属筛（孔径 0.5 mm)、天平（精度0.1 mg)、搅拌器、酸度计、微孔滤膜（孔径 0.45 μm)、容量瓶、移液管。

（2）试验步骤

（a）涂膜的制备

将待测样品搅拌均匀，按涂料产品规定的比例（稀释剂无须加入）混合各组分样品，搅拌均匀后，在玻璃板或聚四氟乙烯板（需用体积比 1∶1 的硝酸溶液浸泡 24 小时，然后用水清洗并干燥）上制备厚度适宜的涂膜。待完全干燥（自干漆若烘干，温度不得超过(60±2)℃）后，取下涂膜，在室温下用粉碎设备将其粉碎，并用不锈钢金属筛过筛后待处理。

注 1：对不能被粉碎的涂膜如弹性或塑料涂膜，可用干净的剪刀将涂膜尽可能剪碎，无须过筛直接进行样品处理。

注 2：粉末状样品，直接进行样品处理。

（b）样品处理

对制备的试样进行两次平行测试。

称取粉碎、过筛后的试样 0.5 g（精确至 0.1 mg）置于化学容器中，用移液管加入 25 mL浓度为 0.07 mol/L 盐酸溶液。在搅拌器上搅拌 1 min 后，用酸度计测其酸度。如果 pH 值>1.5，用盐酸调节 pH 值在 1.0～1.5 之间。再在室温下连续搅拌 1 小时，然后放置 1 小时。接着立即用孔径 0.45 μm 的微孔滤膜过滤，过滤后的滤液应避光保存并应在一天内完成元素分析测试。若滤液在进行元素分析测试前的保存时间超过一天，应用盐酸加以稳定，使保存的溶液浓度 C（HCl）约为 1 mol/L。

注 1：如改变试样的称样量，则加入的浓度为 0.07 mol/L 的盐酸溶液体积应调整为试样量的 50 倍。

注 2：在整个提取期间，应调节搅拌器的速度，以保持试样始终处于悬浮状态，同时应尽量避免溅出。

（c）标准参比溶液的配置

选用合适的容量瓶和移液管，用浓度为 0.07 mol/L 的盐酸溶液逐级稀释铅、镉、铬标准溶液，配制下列系列标准参比溶液（也可以根据仪器及测试样品的情况确定标准参比溶液的浓度范围）：

铅/(mg/L)：0.0，2.5，5.0，10.0，20.0，30.0；

镉/(mg/L)：0.0，0.1，0.2，0.5，1.0；

铬/(mg/L)：0.0，1.0，2.0，3.0，5.0。

（d）测试

用火焰原子吸收光谱仪测试标准参比溶液的吸光度，仪器会以吸光度值对应浓度自动绘制出工作曲线。火焰原子吸收光谱仪工作条件见表 8.3。

同时测试试验溶液的吸光度。根据工作曲线和试验溶液的吸光度，仪器自动给出试验溶液中待测元素的浓度值。如果试验溶液中被侧元素的浓度超出工作曲线的最高点，则应对试验溶液用浓度为 0.07 mol/L 的盐酸溶液进行适当稀释后再测试。

如果两次测试结果（浓度值）的相对偏差大于 10%。需按（2）试验步骤重做。

表 8.3 火焰原子吸收光谱仪工作条件

元素	测试波长/nm	原子化方法	背景校正
铅（Pb）	283.3	空气-乙炔火焰法	氘灯
镉（Cd）	228.8	空气-乙炔火焰法	氘灯
铬（Cr）	357.9	空气-乙炔火焰法	氘灯

注：实验室可根据所用仪器的性能选择合适的工作参数（如：灯电流、狭缝宽度、空气-乙炔比例、还原剂品种等），是仪器处于最佳测试状况。

（3）结果的计算

（a）试样中可溶性铅、镉、铬元素的含量，按式 8.1 计算：

$$\omega = \frac{(\rho - \rho_0)V \times F}{m} \tag{8.1}$$

式中：ω—试样中可溶性铅、镉、铬元素的含量，单位为毫克每千克（mg/kg）；

ρ_0—空白溶液（0.07 mol/L 的盐酸溶液）的测试浓度，单位为毫克每升（mg/L）；

ρ—试验溶液的测试浓度，单位为毫克每升（mg/L）；

V—0.07 mol/L 的盐酸溶液的定容体积，单位为毫升（mL）；

F—试验溶液的稀释倍数；

m—称取的试样量，单位为克（g）。

（b）结果的校正

由于本测试方法精确度的原因，在测试结果的基础上需经校正得出最终的分析结果。即式（8.1）中的计算结果应减去该结果乘以表 8.4 中相应元素的分析校正系数的值，作为该元素最终的分析结果报出。

表 8.4 各元素分析校正系数

元素	铅（Pb）	镉（Cd）	铬（Cr）
分析校正系数/%	30	30	30

（4）测试方法的检出限

按上述分析方法测试可溶性铅、镉、铬元素含量，其检出限不应大于该元素限量（见表 6.1）的十分之一。分析测试方法的检出限一般被认为是空白样测试值标准偏差的 3 倍，上述空白样测试值由实验室测试。

（5）精密度

（a）重复性

同一操作者两次测试结果的相对偏差小于 20%。

（b）再现性

不同试验室间测试结果的相对偏差小于 33%。

8.3.2 电感耦合等离子体原子发射光谱法

原子发射光谱法，是利用物质在热激发或电激发下，每种元素的原子或离子发射特征光谱来判断物质的组成，而进行元素的定性与定量分析的方法。等离子体是一种由自由电子、离子、中性原子与分子所组成的在总体上呈中性的气体，利用电感耦合高频等离子体

(ICP) 作为原子发射光谱的激发光源，始于20世纪60年代。等离子体原子发射光谱法具有多元素同时检测能力。可同时测定一个样品中的多种元素。电感耦合高频等离子体原子发射光谱 (ICP－AES) 检出限可达 ng/mL 级。准确度较高，一般光源相对误差为5%～10%，ICP－AES 相对误差可达1%以下，试样消耗少。ICP 光源校准曲线线性范围宽可达4～6个数量级等优点。

8.3.2.1　电感耦合等离子体原子发射光谱法在涂料中重金属检测的应用

金献忠等[24]采用电感耦合等离子体原子发射光谱法测定了室内装饰装修用水性墙面涂料中可溶性重金属 Pb、Cd、Cr。将涂料样品涂膜、干燥、粉碎后，用0.07 mol/L 的盐酸溶液提取涂料中可溶性重金属 Pb、Cd、Cr，再用电感耦合等离子体原子发射光谱法测定其含量，此法的检出限，铅为0.011 6 μg/mL，铬为0.001 8 μg/mL，镉为0.000 6 μg/mL，其回收率在94%～101%。该试验还讨论了测试过程中共存元素的干扰和校正。水性墙面涂料样品的提取液中，Pb、Cd、Cr、Hg、Ca、Mg、Fe、Si、Ti、Al、Mn、Sr、Nb、V、Ni、Ba、Zn、Cu 等元素共存。分析线 Pb、Cd、Cr 之间没有干扰，50 μg/mL Mg、10 μg/mL Fe、Al 以及 1 μg/mL Ti、Mn、Sr、V、Ni、Ba、Zn、Cu 对 Pb、Cd、Cr 的测定没有干扰。Nb 对 Cd 和 Cr、Ca、Si 对 Pb 和 Cd 没有干扰，但 Nb 对分析线 Pb 有光谱重叠干扰，Ca、Si 对 Cr 有抑制作用，并且 Ca 对 Cr 的抑制作用更为明显。30 μg/mL Ca 和 10 μg/mL Si 对 Cr 抑制作用已较明显，而样品提取液中 Ca 的浓度高达1 000 μg/mL 之上，Si 的浓度也在 10 μg/mL 以上。本试验采用干扰系数法来校正 Nb 对分析线 Pb 造成的光谱重叠干扰，Nb 的干扰系数为0.23。如采用不同的分析线，完全有可能避免这种干扰。Ca，Si 对 Cr 有抑制作用。由于样品提取液中 Ca 的浓度在1 000 μg/mL之上，Si 的浓度在 10 μg/mL 以上，很难采用元素匹配的方法来消除对 Cr 测定的影响。试验表明，如果标准溶液中不加 Ca，Si 与样品提取液相匹配，Cr 的回收率小于88%，造成结果偏低。为了消除非光谱干扰的影响，本文采用标准加入法进行 Cr 的测定。鲁丹等[25]采用电感耦合等离子体原子发射光谱法同时测定涂料中的可溶性铅、汞、镉和铬。Fitted 拟合方式扣除背景，铅、汞、镉和铬的分析线分别为220.353，188.980，214.439，267.716 nm。铅、汞、镉和铬的检出限分别为0.008、0.012、0.000 9、0.000 8 mg/L，测定下限分别为1.3、2.0、0.15、0.13 mg/kg，方法的回收率在96%～104%。

8.3.2.2　应用实例：GB 24613－2009 附录 B

该标准适用于玩具用涂料中可溶性元素含量的测定。标准的原理是用0.07 mol/L 盐酸溶液处理干燥后涂膜，采用检出限适当的分析仪器测定试验溶液中可溶性元素含量。

(1) 试剂与仪器

盐酸、盐酸溶液 (0.07 mol/L)、盐酸溶液 (2 mol/L)、硝酸溶液 (体积比 1∶1)、锑、砷、钡、镉、铬、铅、汞、硒标准贮备溶液 (浓度为100 mg/L 或1000 mg/L)

检出限适当的仪器 (如原子吸收光谱仪、电感耦合等离子体原子发射光谱仪等)、粉碎设备 (粉碎机、剪刀等)、不锈钢金属筛 (孔径0.5 mm)、天平 (精度0.1 mg)、加热搅拌器、酸度计、微孔滤膜 (孔径0.45 μm)、容量瓶、移液管、玻璃板或聚四氟乙烯板。

所有的玻璃器皿、样品容器、玻璃板或聚四氟乙烯板在使用前都需用硝酸溶液 (体积比 1∶1) 浸泡24 h，然后用水清洗并干燥。

(2) 实验步骤

(a) 涂膜的制备

将待测样品搅拌均匀，按产品明示的施工配比（稀释剂无须加入）制备混和样品，搅拌均匀后，在玻璃板或聚四氟乙烯板（需用体积比 1∶1 的硝酸溶液浸泡 24 h，然后用水清洗并干燥）上制备厚度适宜的涂膜。在产品说明书规定的干燥条件下，待涂膜完全干燥（自干漆若烘干，温度不得超过（60±2)℃）后，取下涂膜，在室温下用粉碎设备将其粉碎，并用不锈钢金属筛过筛后待处理。

注 1：对不能被粉碎的涂膜如弹性或塑料涂膜，可用干净的剪刀将涂膜尽可能剪碎，无须过筛直接进行样品处理。

注 2：粉末状样品，直接进行样品处理。

(b) 样品处理

对制备的试样进行二次平行测试。

使用合适的化学容器，用合适的移液管将相当于测试试样质量 50 倍、温度为（37±2)℃的 0.07 mol/L 盐酸溶液与测试试样混合，在搅拌器上搅拌 1min 后，用酸度计测其酸度。如果 pH 值>1.5，一边搅拌混合液，一边逐滴加入用盐酸（2 mol/L）（如果测试试样含有大量碳酸盐类碱性化合物，可采用逐滴加入盐酸）调节 pH 值在 1.0～1.5。将混合物避光，再在（37±2)℃下连续搅拌 1 小时，然后在（37±2)℃放置 1 小时。接着立即用孔径 0.45μm 的滤膜过滤，过滤后的滤液应避光保存并应在 24 小时内完成元素分析测试。若滤液在进行元素分析测试前的保存时间超过 24 小时，应用盐酸加以稳定，使保存的溶液浓度 C（HCl）约为 1 mol/L。

注：在整个提取期间，应调节搅拌器的速度，以保持试样始终处于悬浮状态，同时应尽量避免溅出。

(c) 测试

按（b）制备的试验溶液采用检出限适当的分析仪器（如原子吸收光谱仪、电感耦合等离子体原子发射光谱仪等）测定可溶性有害元素的含量。

使用任一种分析仪器进行测定时。分析者都应按照仪器说明书或操作手册的规定对其进行操作和测试，并在实验报告中注明采用的分析仪器。

(3) 结果的计算

(a) 按式 8.2 分别计算试样中各种可溶性元素的含量：

$$\omega = \frac{(\rho - \rho_0)V \times F}{m} \tag{8.2}$$

式中：ω—试样中可溶性元素的含量，单位为毫克每千克（mg/kg）；

ρ_0—空白溶液（0.07 mol/L 的盐酸溶液）的测定浓度，单位为毫克每升（mg/L）；

ρ—试验溶液的测定浓度，单位为毫克每升（mg/L）；

V—试验溶液的定容体积，单位为毫升（mL）；

F—试验溶液的稀释倍数；

m—称取的试样量，单位为克（g）。

(b) 结果的校正

由于本测试方法精确度的原因，在考虑实验室之间测试结果时，需经校正得出最终的分析结果。即式（8.2）中的计算结果应减去该结果乘以表 8.5 中相应元素的分析校正系数的值，作为该元素最终的分析结果报出。

表 8.5　各元素分析校正系数

元素	锑（Sb）	砷（As）	钡（Ba）	镉（Cd）	铬（Cr）	铅（Pb）	汞（Hg）	硒（Se）
分析校正系数/%	60	60	30	30	30	30	50	60

（4）测试方法的检出限

按上述分析方法测试可溶性元素的含量，其检出限不应大于该元素限量（见表 8.1）的十分之一。分析测试方法的检出限一般被认为是空白样测试值标准偏差的 3 倍，上述空白样测试值由实验室测定。

（5）精密度

（a）重复性

同一操作者两次测试结果的相对偏差小于 20%。

（b）再现性

不同试验室间测试结果的相对偏差小于 33%。

8.3.3　电感耦合等离子体质谱法

电感耦合等离子体质谱法是以电感耦合等离子体（ICP）为离子化光源的质谱分析法。分析元素的原理为：待检测样品经前处理成溶液后，被引入 ICP 的高温环境下离子化，其中代表样品组成的多种元素离子被 ICP－MS 的接口提取到高真空的质谱仪中，经过质量筛选器（四级杆、飞行时间或磁场）的筛选，具有特定质荷比（m/z）的离子被传输和检测。该法具有 ICP－AES 类似的优点，几乎可分析地球上所有元素，灵敏度更高、检出限更低（检出限可以达到 ng/L）、线性检测范围宽（现在的 ICP－MS 仪器线性检测范围可达 9 个数量级），且可进行多元素分析。该法非常适合超痕量物质分析，被公认为最理想的痕量、超痕量元素检测技术[26-28]。

张锁慧等[29]采用激光剥蚀进样技术与电感耦合等离子体质谱检测器联用分析了涂料中重金属元素的含量。通过逐级优化激光剥蚀进样技术和电感耦合等离子体质谱参数，并采用双气流校正技术，以^{13}C、^{103}Rh 为双内标，有效地改善了信号强度和稳定性，同时对 Hg 的记忆效应进行研究，最终建立了激光剥蚀电感耦合等离子体质谱法测定涂料中 Cr、As、Cd、Sn、Sb、Hg、Pb 元素的定量分析方法。检测结果见表 8.6，检出限为 10～175 ng/g。

表 8.6　7 种元素的检测结果

元素	浓度区间/（mg/kg）	线形相关系数/r	方法检出限/（ng/g）
^{53}Cr	20～114.6	0.9975	175
^{75}As	3.9～30.9	0.9874	33
^{111}Cd	19.6～140.8	0.9587	45
^{118}Sn	15.3～86	0.9952	10
^{121}Sb	6.2～99	0.9915	40
^{202}Hg	4.5～25.3	0.9828	99
^{208}Pb	13.6～137	0.9916	20

8.3.4 X射线荧光光谱法

样品的原子核受到X射线、高能离子束、紫外光照射后，如果其能量与原子核的内层电子的能量达到同一数量级，则内层电子就会吸收能量发生跃迁，留下空穴，而高能态的外层电子则会跳回到空穴，其过剩的能量则以X射线的形式放出，所产生的X射线即为代表各元素特征的X射线荧光谱线。所以只要测出一系列X射线荧光谱线的波长，即能确定元素的种类；测得的谱线强度并与标准样品比较，即可确定该元素的含量，即为X射线荧光光谱分析法。

8.3.4.1 X射线荧光光谱法在涂料中重金属检测的应用

X射线荧光光谱法具有分析迅速、样品前处理简单、可分析元素范围广、谱线简单、光谱干扰少、试样形态多样性及测定时的非破坏性等特点。在涂料中重金属的检测中一般被用于重金属元素总量的定性筛选，操作简便快捷，无须对样品前处理，可以同时测定多种元素，大大缩短了检测流程。国家强制性标准GB 24408－2009《建筑用外墙涂料中有害物质限量》附录E采用X射线荧光光谱仪（XRF）对待侧试样先定性筛选，根据元素特征谱峰确定待测试样中是否含有铅、镉、汞元素。如果试样中铅、镉、汞元素的含量低于定性筛选的检测限，就无需进行其它测试，以定性筛选的检出限报出检验结果。如果试样中铅、镉、汞元素含量高于定性筛选的检出限，则按照GB 24408中测定铅、镉、汞含量规定的步骤进行。周衡刚等[30]用能量色散X射线荧光光谱法同时测定了涂料中的铅、铬、镉、汞含量。实验结果表明，各待测元素在25～200 mg/kg，线性关系良好；铅、铬、镉、汞的检出限分别为13、7、4、9 mg/kg；回收率在91.8%和101.6%之间；相对标准偏差在1.2%和4.3%之间。同国家标准规定的测试方法相比，运用X射线荧光光谱法缩短了测试时间，更简单，但其准确度、检出限完全可以满足涂料中铅、铬、镉、汞含量的半定量分析。张颖等[31]用X射线荧光光谱法快速测定液态涂料中的重金属元素铅、铬和汞。选用不含待测元素的涂料基体，自制参考物质来制作校准曲线，各待测元素在0～400 mg/kg，均呈现良好的线性关系，相对标准偏差为铅4.2%，铬8.3%，汞5.1%，回收率在90.6%～107.1%。朱万燕等[32]用X射线荧光光谱法同时测定涂料中有害重金属铅、铬、硒和钴。考察了样品量不同和样品粒度不同对待测元素测试结果的影响。选用不含待测元素的新鲜涂料作为基体物质制备标准样品，较好地消除了基体的影响。各待测元素在50～1 000 mg/kg，均呈线性关系；Pb、Cr、Se、Co的检出限分别为3.6、1.2、0.5及1.5 mg/kg；方法精密度和仪器精密度的相对标准偏差分别低于1.3%和0.50%；用于实际样品测得的结果与电感耦合等离子体原子发射光谱法法测得的结果基本一致。

8.3.4.2 应用实例：GB 24408－2009附录E

该标准适用于外墙涂料中铅、镉、汞含量的测试。原理是待测试样先经X射线荧光光谱仪（XRF）定性筛选，根据元素特征谱峰确定待测试样中是否含有铅、镉、汞元素。若试样中含有铅、镉、汞元素，则将干燥后的涂膜，采用适宜的方法除去所有有机物质。然后采用合适的分析仪器（如原子吸收光谱仪或电感耦合等离子体原子发射光谱仪等）测定处理后试验溶液中的铅、镉、汞含量。

（1）仪器和设备

X 射线荧光光谱仪：波长色散 X 射线荧光光谱仪（WDXRF）或能量色散 X 射线荧光光谱仪（EDXRF）。

（2）定性筛选

按照 X 射线荧光光谱仪的说明书操作仪器，并按仪器厂商的规定预热仪器直至仪器稳定。

将待测样品搅拌均匀，按产品明示的施工配比（稀释剂无须加入）制备混合试样，搅拌均匀后，将适量的试样放入仪器的样品室内。选择待测元素的特征分析线（见表 8.7），定性鉴定试样中有无铅、镉、汞元素。如果试样中铅、镉、汞元素的含量低于定性筛选的检测限（见表 8.8），就无需进行其它测试，以定性筛选的检出限报出检验结果。如果试样中铅、镉、汞元素含量高于定性筛选的检出限，则按照 GB 24408 中测定铅、镉、汞含量规定的步骤进行。

注：为了使测试结果有效，分析者需参考仪器操作手册或按照仪器厂商所要求的最小尺寸/质量/厚度来制备试样，一般而言，对于液体样品的最小厚度是 15 mm。每个样品的测量时间根据仪器和基体，以及各元素的不同而不同，一般而言，每个样品的测量时间在 30～300 s。

表 8.7　被测元素的特征 X 射线

元素	一级射线	二级射线
铅(Pb)	L_2-M_2(Lβ4)	L_3-$M_{4.5}$($L\alpha_{1.2}$)
镉(Cd)	K-$L_{2.3}$(Kα)	
汞(Hg)	L_3-$M_{4.5}$($L\alpha_{1.2}$)	

表 8.8　被测元素对 XRF 检出限要求

元素	检出限/(mg/kg)
铅（Pb）	30
镉（Cd）	15
汞（Hg）	30

8.3.5　原子荧光法

原子荧光法的原理是将样品溶液中的待分析元素还原为挥发性共价气态氢化物（或原子蒸汽），然后借助载气将其导入原子化器，在氩-氢火焰中原子化而形成基态原子。基态原子吸收光源的能量而变成激发态，激发态原子在去活化过程中将吸收的能量以荧光的形式释放出来，此荧光信号的强弱与样品中待测元素的含量成线性关系，因此通过测量荧光强度就可以确定样品中被测元素的含量。该法基体干扰少，灵敏度高，缺点是应用面窄，测定时受散射光影响较严重。张萍等[33]采用氢化物发生-原子荧光光谱法，以 L-半胱氨酸为预还原剂，对涂料中痕量的砷和锑进行了测定，讨论并确定了试验的最佳测定条件。最佳条件下的测定结果表明：砷和锑的检出限分别为 0.058 μg/L 和 0.075 μg/L，回收率为 98.5%～100.3%，相对标准偏差分别为 0.6% 和 0.9%。郭静卓[34]用酸泡法（GB 18582—2001）处理粉碎的涂料干膜样品，氢化物原子荧光光谱法测定涂料样品中可溶性汞，汞浓度在 0～10 ng/mL 呈线形关系，检出限为 0.001 5 ng/mL，加标回收率为 90.0%～103.3%。王静远等[35]采用微波消解-氢化发生-原子荧光光谱法连续测定涂料中的砷，用硝酸消解样品，探讨了负高压、灯电流、原子化器温度及高度、载气流量、屏蔽气流量、硼氢化钾-氢氧化钾的浓度等的选择。方法的线性范围为0～200 μg/L，检出限为0.365 2 μg/L，相对标准偏差（n=11）为1.23%，回收率为98%～103%。

1. 应用实例[34]

用酸泡法（GB 18582—2001）处理粉碎的涂料干膜样品，氢化物原子荧光光谱法测定涂料样品中可溶性汞。

（1）仪器与试剂

FS-830型双道原子荧光光度计（北京吉天仪器有限公司）

汞标准溶液：0.10 mg/mL [江苏省疾病预防控制中心GBW（E）080384]。

载流溶液：5% HNO_3（优级纯，体积百分比）

硼氢化钾溶液：0.05% KBH_4，称取2.5 g的KOH，溶于500 mL水中，再称取0.25 g的KBH_4，溶于上述KOH溶液中，混匀。此溶液现用现配。

所有玻璃器具每次使用前于20%硝酸溶液中浸泡24 h以上，自来水冲净后，二次去离子水清洗。

（2）试验方法

（a）仪器工作条件

负高压260 V，灯电流30 mA，原子化器高度8.0 mm，原子化器温度室温，载气流量500 mL/min，进样体积1.0 mL；测量方法为校准曲线法，读取方式为峰面积，读数时间为13 s，读数延迟时间为1.0 s；采样泵速为100 r/min，采样时间10 s；注入泵速为120 r/min，注入时间16 s。

（b）样品预处理

按GB 18582—2001附录C“重金属（可溶性铅、可溶性镉、可溶性铬和可溶性汞）的测定”中涂膜制备与样品处理的方法，在玻璃板上制备涂膜，干燥后取样，粉碎并通过0.5 mm筛。称取0.5 g样品，加入0. 07 mol/L盐酸溶液，调pH值在1.0～1.5，室温下连续搅拌混合液1 h，静置1 h，滤膜器过滤后，4 h内测试。

（c）校准曲线

配制汞系列标准溶液，用重铬酸钾硝酸溶液（0.05% $K_2Cr_2O_7$）逐级稀释汞标准溶液，得到0.1 μg/mL汞标准使用液。吸取0.0、2.0、4.0、6.0、8.0、10.0 mL于6只100 mL容量瓶中，用5% HNO_3定容，得到汞标液0.0、2.0、4.0、6.0、8.0、10.0 ng/mL。开机，设定工作条件，预热仪器20 min后使用。先测载流空白，待读数稳定后，开始测系列标准溶液。

（d）样品测定

先用载流溶液测量几次，待数值稳定，即仪器管路清洗干净后，开始测样品空白，然后通过仪器自动扣除空白，测量样品溶液。

（3）试验条件选择

（a）负高压选择

随负高压的增大，信号强度增大，但噪音也相应增大。负高压过高、过低时信号强度值都不稳定。本文中PMT负高压试验范围为200～320 V，在260～300 V范围汞荧光强度出现平台，因此选260 V，此时，信号强度值重现性好。

（b）空心阴极灯灯电流选择

一般灯电流越大，灵敏度越高，但太大会产生自吸，影响检出限和稳定性，并缩短灯寿命。所以在满足灵敏度要求下，选较小的灯电流。汞荧光强度在汞灯灯电流 30～50 mA 时呈减小趋势，在 5～30 mA 比较稳定，本法选择灯电流为 30 mA。

（c）原子化器高度选择

原子化器高度与待测元素的荧光信号的摄取有关，过高会导致灵敏度和测定精度的下降，过小将导致气相干扰，并使空白信号增高。原子化器高度选择范围 5～12 mm，此时汞的荧光强度有不太明显的增大趋势，但信噪比明显增强。故原子化器高度选用 8.0mm。

（d）载气流量选择

载气流量对火焰的稳定性有较大影响，可直接影响分析灵敏度和重现性。载气流量小时，由于火焰摆动，重现性差；载气流量大时，气化的原子被冲稀，灵敏度下降。本法载气流量选择 500 mL/min。

（e）延迟时间的选择

因为仪器读取方式为峰面积，所以峰形在时间段内是否完整很重要。增大延迟时间可使峰形左移，减少延迟时间可使峰形右移。

（f）酸类的选择

因为有些酸中含有杂质，导致本底值较高，所以在实验工作之前必须挑选使用酸的种类及生产厂家，即使同一家生产的同一类产品酸的纯度也不相同。可将待使用的酸按载流空白的酸度在仪器上进行测试，检查其空白值的高低，应尽量选用空白值较低的酸，然后通过仪器自动扣除空白。本实验室选用固定厂家生产的优级纯硝酸。

（g）还原剂浓度的选择

由于国内主要生产硼氢化钾，国外生产硼氢化钠，所以本实验室采用硼氢化钾。硼氢化钾：要求含量≥98％。硼氢化钾溶液中要含有一定量的氢氧化钾，是为了保证溶液的稳定性。建议氢氧化钾的浓度为 0.2％～0.5％，过低的浓度不能有效防止硼氢化钾的分解，过高的浓度会影响氧化还原反应的总体酸度。配制后的硼氢化钾溶液应避免阳光照射，密闭保存，以免引起还原剂分解产生较多的气泡，影响测定精度。现用现配。本法硼氢化钾溶液浓度选为 0.05％。

（4）分析结果

本方法的检出限按三倍空白样品荧光值的标准偏差除以校准曲线斜率计算为 0.001 5 ng/mL，汞浓度在 0～10 ng/mL 范围内呈线性，相关系数为 0. 999 6。选定 6 个生产厂家的涂料样品，制备样品后各测定 6 次，求得相对标准偏差在 5.0％以内，然后加入 0.60 ng/mL 的汞标准溶液，进行回收率试验，回收率为 90.0％～103.3％。

8.3.6　分光光度法

紫外可见分光光度法在涂料元素测定中应用不是很多，目前主要用于测定涂料中重金属元素含量，如 GB/T 9758.1－1988 色漆和清漆中的可溶性铅的测定、GB/T 9758.5－1988 色漆和清漆中的六价铬的测定、GB/T 9758.2－1988 色漆和清漆中的可溶性锑的测定以及 GB 24408－2009 建筑用外墙涂料和 GB 24409－2009 汽车涂料都规定了用此方法来测定六价铬含量。分光光度法的原理是利用显色剂和待测元素形成络合物，然后在其特定吸收波长处测定其吸光率，在一定测量条件及浓度范围内，吸光度与待测元素浓度呈线性关系，根据此关系来计算其含量。分光光度法以其灵敏度高、成本低廉、操作简单、易于推广使用而成为目前检测六价铬最常用的方法，具有较强的实用价值。但是由于许多金属元素性质接近且有些显色剂选择性差，使得这种方法不得不考虑如何控制显色条件，如采用加入掩蔽剂或萃取剂等多种方法来消除干扰，这就使得该法应用受到限制。

8.3.6.1　应用实例：GB 24408－2009 附录 F

该标准适用于外墙涂料中六价铬含量的测试。标准的原理是将干燥后的涂膜使用碱性消解液从试样中提取六价铬化合物，提取液中的六价铬在酸性溶液中与二苯碳酰二肼反应生成紫红色络合物，在波长 540 nm 处用分光光度法测定试验溶液中的六价铬含量。

（1）试剂与仪器

硝酸、硫酸、氢氧化钠、无水碳酸钠、磷酸氢二钾、磷酸二氢钾、二苯碳酰二肼、无水氯化镁、丙酮、硝酸溶液：1∶1（体积比）、硫酸溶液：1∶9（体积比）、消解液（称取 20.0 g 氢氧化钠和 30.0 g 无水碳酸钠，用水溶解后移入 1 000 mL 的容量瓶中并稀释至刻度，摇匀，转移至塑料瓶中保存。此提取液应在 20～25 ℃下密封保存，且每月要重新制备。使用前必须检测其 pH 值，且 pH 值应在 11.5 以上（含 11.5），否则应重新制备。）、缓冲液（溶解 87.09 g 磷酸氢二钾和 68.04 g 磷酸二氢钾于水中，移入 1 000 mL 的容量瓶中并稀释至刻度。此缓冲液 pH＝7。）、

二苯碳酰二肼显色剂（称取 0.5 g 二苯碳酰二肼溶于 100 mL 丙酮中，保存于棕色瓶中。溶液退色时，应重新配制。）、六价铬标准贮备溶液（浓度为 100 mg/L）、六价铬标准溶液（浓度为 5 mg/L，用移液管移取 5 mL 六价铬标准贮备溶液于 100 mL 容量瓶中，用水稀释至刻度。此溶液应在使用当天配制。）

分光光度计（适合于在波长 540 nm 处测量，配有光程为 10 mm 的比色池）、粉碎设备（粉碎机，剪刀等）、不锈钢金属筛（孔径 0.25 mm）、加热搅拌装置（该装置能使消解液在 90～95 ℃恒温并连续自动搅拌，搅拌子外层应为聚四氟乙烯或玻璃；也可使用能在 90～95 ℃恒温的振荡水浴锅）、酸度计、天平、滤膜（适用于水溶液，孔径 0.45 μm）、消解器（250 mL 具塞锥形瓶或配有表面皿的 250 mL 烧杯）、容量瓶、移液管、量筒、烧杯、玻璃板或聚四氟乙烯板。

所有的玻璃器皿、样品容器、玻璃板或聚四氟乙烯板在使用前都需用硝酸溶液（体积比 1∶1）浸泡 24h，然后用水清洗并干燥。

（2）试验步骤

（a）涂膜的制备

将待测样品搅拌均匀。按产品说明书规定的比例（稀释剂无须加入）混合各组分样品，搅拌均匀后，在玻璃板或聚四氟乙烯板上制备厚度适宜的涂膜。在产品说明书规定的干燥条件下，待涂膜完全干燥［自干漆若烘干，温度不得超过（60±2)℃］后，取下涂膜，在室温下用粉碎设备将其粉碎，并用不锈钢金属筛（孔径 0.25 mm）过筛后待处理。

注 1：对不能粉碎的涂膜（如弹性或塑性涂膜），可用干净的剪刀将涂膜尽可能剪碎，无须过筛直接进行样品处理。

注 2：粉末状样品，直接进行样品处理。

（b）样品处理

对制备的试样进行两次平行测试。

称取粉碎后的试样 2.5 g（精确至 0.1 mg）置于消解器中，然后加入约 400 mg 无水氯化镁，用量筒量取 50 mL 消解液和 0.5 mL 缓冲液加入消解器内。消解液应完全浸没试样，可加入 1～2 滴润湿剂以增加试样的润湿性。将消解器盖上塞子或表面皿，置于加热搅拌装置上，搅拌并加热至 90～95 ℃，然后在此温度下连续搅拌至少 3 小时。再将其在持续搅拌下逐渐冷却至室温，用滤膜（孔径 0.45 μm）过滤至干净的烧杯中，用水冲洗消解器和滤膜，所得到的溶液全部收集于同一烧杯中（如果用滤膜过滤时滤膜被堵塞，可选用大孔径的滤纸预先过滤样品）。在搅拌状态下将硝酸滴加于烧杯中，用酸度计将溶液的酸度控制在 pH=7.5±0.5，得到提取液。同时做试剂空白试验。试样应尽快显色测定。

（3）测试

（a）显色及试验溶液的制备

在提取液中滴加硫酸溶液，使其 pH=2±0.5，如果出现絮状沉淀，需再次过滤，然后加入 2 mL 二苯碳酰二肼显色剂，混匀，并将其全部转移至 100 mL 容量瓶中，用水稀释至刻度。摇匀，静止 5～10 min 后尽快测定。

（b）系列标准工作溶液的配制

分别吸取 0.0、2.0、4.0、6.0、8.0、10.0 mL 六价铬标准溶液（浓度为 5 mg/L）至 100 mL 容量瓶中，加水 50 mL，加 2.0 mL 二苯碳酰二肼显色剂，滴加硫酸溶液（体积比 1∶9），使其 pH=2±0.5，用水稀释至刻度。摇匀，静止 5～10 min 后尽快测定。此标准溶液系列含六价铬的浓度分别为 0.0、0.1、0.2、0.3、0.4、0.5 mg/L。

系列标准工作溶液应在使用的当天配制。

标准溶液和提取液的显色反应要同时进行。

（c）试样中六价铬含量的测定

分别将适量的系列标准工作溶液放入 10 mm 比色池内，在分光光度计上于 540 nm 波长处测定其吸光度，以吸光度值对应浓度值绘制校正曲线。校正曲线应至少包括一个空白样和三个标准工作溶液，其校正系数应≥0.99。否则应重新制作新的校正曲线。

在同样条件下，测试试验溶液的吸光度，根据校正曲线计算试验溶液中六价铬的浓度。如果试验溶液中吸光度值超出校正曲线最高点，则应对试验溶液进行适当稀释后再进行测试。

显色后的溶液应在当天测定完毕。

（4）结果的计算

试样中六价格的含量，按式（8.3）计算：

$$C=\frac{(c-c_0)\times V\times F}{m} \tag{8.3}$$

式中：C—试样中六价格的含量，单位为毫克每千克（mg/kg）；

c—试验溶液的测试浓度，单位为毫克每升（mg/L）；

c_0—空白溶液的测试浓度，单位为毫克每升（mg/L）；

V—试验溶液的定容体积，单位为毫升（mL）；

F—试验溶液的稀释倍数；

m—称取的试样量，单位为克（g）。

（5）精密度

（a）重复性

同一操作者两次测试结果的相对偏差小于 20%。

（b）再现性

不同试验室间测试结果的相对偏差小于 33%。

8.3.7 极谱法

极谱法是一种特殊的电解方法，电解池由滴汞电极与参比电极组成。其工作电极使用表面作周期性连续更新的滴汞电极，工作电极面积较小，分析物的浓度也较小，浓差极化的现象比较明显；其参比电极常采用面积较大、不易极化的电极。极谱法根据电解过程中的电流-电位曲线即极谱波或极谱图来进行分析测定的。在外加电压还未达到被测物质分解电压时，有一很小的电流通过电解池，此电流称之为残余电流 ir，电解开始后。随着外加压增大，电流迅速增大，最后当外加电压增大到一定值时，电解电流不再增加，而达到一个极限电流 il。il-ir 称之为极限扩散电流 id，也叫波高。在一定条件下，波高与被测浓度成正比。该方法的优点是汞滴的不断下滴，电极表面吸附杂质少，表面经常保持新鲜，测定的数据重现性好；在酸性溶液中也可进行极谱分析。缺点是汞易挥发且有毒；汞能被氧化，滴汞电极不能用于比甘汞电极正的电位；滴汞电极上的残余电流较大，限制了测定的灵敏度。

8.3.7.1 应用实例：GB /T 9758.4—1988（极谱法）

该标准适用于可溶性镉含量为 0.05%～5%（m/m）的色漆。标准的原理是在极谱池中电解试验溶液并测量相应的波高。

（1）试剂与仪器

硫酸、过氧化氢、碱溶液（溶解 27 g 氯化铵和 0.05 g 明胶于水中，并加入 32 mL 氨水溶液，用水稀释至 500 mL，并充分摇匀）、氮气、每升含 1 g 镉的标准储备溶液、每升含 10 mg 镉的标准溶液。

合适的带记录仪的极谱仪、测量电极（滴汞电极）、参比电极（铂电极或饱和甘汞电极）、辅助电极（钨电极或铂电极）、洗气瓶、移液管、滴定管（10 mL）、容量瓶（25 mL）。

（2）试验步骤

（a）标准曲线的绘制

标准参比溶液的配制，这些应在使用当天配制。由滴定管分别向 7 个 100 mL 烧杯中注入标准镉溶液，其注入体积如下表所示。

标准参比溶液 No.	标准镉溶液的体积/mL	标准参比溶液中镉的相应浓度/（μg/mL）
0	0	0
1	1.0	0.4
2	2.0	0.8
3	4.0	1.6
4	6.0	2.4
5	8.0	3.2
6	10.0	4.0

分别对每个烧杯中的溶液作如下处理：

加 2 mL 硫酸溶液蒸发至冒白烟，若残渣有色，则用过氧化氢氧化，直至无色。将硫酸完全蒸干，并将残渣溶解在碱溶液中，将其转移至 25 mL 容量瓶中，加碱溶液至刻度，并充分摇匀。

分别将各标准参比溶液转移至极谱池中，先使氮气通过装有碱溶液的洗气瓶后，再通过标准溶液以除去每一溶液中的空气。

在电压为−0.5 V～−2.5 V，灵敏度为 2×10^{-8} A/min 的条件下电解极谱池中的溶液，半波电势为−1.45 V～−1.50 V，测量波高。

以标准参比溶液镉的浓度（以 μg/ mL 计）为横坐标，相应的波高减去空白试验溶液波高的值为纵坐标绘制曲线。

（b）试验溶液

液体色漆中的颜料部分和粉末状色漆按 GB 9760 第 8.2.3 条规定的方法制备溶液。

色漆的液体部分按 GB 9760 第 9.3 条规定的方法制备溶液。

（c）测定

将准确测量过体积的每个试验溶液分别转移到烧杯中，以使产生的波高将在标准曲线的范围内。

对每个烧杯中的溶液作如下处理：

加 2 mL 硫酸溶液蒸发至冒白烟，若残渣有色，则用过氧化氢氧化，直至无色。将其转移至 25 mL 容量瓶中，加碱溶液至刻度，并充分摇匀。转移溶液到极谱池中，脱去空气、电解和测量波高。

（3）结果的表示

（a）液体色漆的颜料部分

按 GB 9760 第 8.2.3 条所规定方法得到的盐酸萃取物中“可溶性”镉的质量按式（8.4）计算：

$$m_0=\frac{a_1-a_0}{10^6}\times\frac{V_1}{V_3}\times25 \tag{8.4}$$

式中：a_0—空白试验溶液镉的浓度，μg/ mL；

a_1—由标准曲线上查得的试验溶液镉的浓度，μg/ mL；

m_0—盐酸萃取物中可溶性镉的质量，g；

V_1—萃取所用的乙醇与盐酸的体积之和，mL；

V_3—试验所取盐酸和乙醇萃取液等分试样的体积，mL。

液体色漆的颜料部分“可溶性”镉的含量按式 8.5 计算：

$$C_{cd_1}=m_0\times\frac{10^2}{m_1}\times\frac{P}{10^2}\times\frac{m_0\cdot P}{m_1} \tag{8.5}$$

式中：C_{cd_1}—液体色漆的颜料部分中“可溶性”镉的含量，%（m/m）；

m_1—按 GB 9760 的第 8.2.3 条的规定制备溶液所用试样的质量，g；

P—按 GB 9760 的第 6 章规定的适当方法所得到的液体色漆中颜料的含量，%（m/m）。

（b）色漆的液体部分

按 GB 9760 第 9.3 条所规定方法得到的溶液（萃取物）中镉的质量按式（8.6）计算：

$$m_2=\frac{b_1-b_0}{10^6}\times\frac{V_2}{V_4}\times25 \tag{8.6}$$

式中：b_0—按 GB 9760 的第 6.5 条所规定的方法制备的空白试验溶液镉的浓度，

$\mu g/mL$；

b_1—从标准曲线上查得的试验溶液镉的浓度，$\mu g/mL$；

m_2—液体色漆的液体部分中镉的质量，g；

V_2—按 GB 9760 的第 9.3 条所规定的方法制得的溶液的体积，mL；

V_4—试验所取溶液的等分试样的体积，mL。

液体色漆的液体部分镉的含量按式（8.7）计算：

$$C_{cd_2}=\frac{m_2}{m_3}\times 10^2 \tag{8.7}$$

式中：C_{cd_2}—液体色漆中液体部分的镉含量，%（m/m）；

m_3—按 GB 9760 的第 6.4 条的规定，组成“一组”的色漆的总质量，g。

（c）液体色漆

液体色漆中“可溶性”镉的总含量按式 8.8 计算：

$$C_{cd_3}=C_{cd_1}+C_{cd_2} \tag{8.8}$$

式中：C_{cd_3}—液体色漆中“可溶性”镉的总含量，%（m/m）。

（d）粉末状色漆

按（a）所规定的计算方法加以适当修改即可得粉末状色漆中“可溶性”镉的总含量。

参考文献：

[1] 陈尧根，谢灵杨. 涂料中重金属元素的危害及检测方法的概述[J]. 福建分析测试，2005，14(3)：2247-2247.

[2] 刘晓庚. 环境激素对食品安全的危害及防治[J]. 食品科学，2003，24(8)：196-200.

[3] 刘兵，张雪峰，卢德勋，等. 微量元素铬在动物营养上的研究与应用[J]. 江西饲料. 2006，(4)：9-10.

[4] 鲁丹，阮毅. 端视 ICP-OES 法同时测定玩具涂料中可溶性铅、镉、汞、砷、铬、锑、硒和钡[J]. 化学分析计量，2008，17(2)：51-53.

[5] 刘唐书. 解读室内装饰装修材料有害物质限量标准中重金属元素限量及其分析校正系数[J]. 中国标准化，2005(3)：48-50.

[6] 梁峙，张桂珍. 应用 ICP-MS 法测定室内装饰装修用水性墙面涂料中可溶性重金属 Pb、Cr、Cd、Hg[J]. 分析实验室，2009，28 增刊：269-270.

[7] 曾利娟. 涂料中重金属的快速测定方法的研究[J]. 计量与测试技术，2005，32(8)：48-49.

[8] 胡波年，谢华林，胡汉祥，等。ICP-MS 法测定涂料中痕量重金属的研究[J]. 涂料工业，2004，24(12)：46-48.

[9] 张啸东，季军宏. 涂料中重金属测定的前处理方法概述[J]. 上海涂料，2006，44(3)：32-36.

[10]姚海波，张先杰. 马弗炉灰化法测定涂料中微量元素的研究[J]. 广州化工，2016，44(13)：113-115.

[11]赵金伟，程薇. 涂料中有毒有害物质的检测技术研究现状. 涂料工业，2003，9：44-47.

[12]吕彩云. 重金属检测方法研究综述. 资源开发与市场，2008(10)：25-26.

[13]童国忠. 现代涂料仪器分析. 北京：化学工业出版社，2006.

[14]夏玉宇. 化验员实用手册. 北京：化学工业出版社，1999. 842-878.

[15]刘珍. 化验员读本(下). 北京：化学工业出版社，1996. 128-160.

[16]何以侃. 光谱分析. 分析化学手册. 第 3 分册. 北京：化学工业出版社，1998. 332-461.

[17]范健. 原子吸收分光光度法(理论与应用). 长沙：湖南科学技术出版社，1981. 1-153.

[18]Ghaedi M.，Farshid，Shokrollahi A.. Simultaneous preconcentration and determination of copper,

nickel, cobalt and lead ions content by flame atomic absorption spectrometry. Journal of Hazardous Materials , 2007,(142):272-278.

[19]郭文录,张洪杰.火焰原子吸收光谱法测定色漆中铅的含量[J].电镀与涂饰,2005,25(4):57-59.

[20]卫碧文,缪俊文,龚治湘.双毛细管火焰原子吸收法快速测定涂料中的汞[J].检验检疫科学,2005,15(1):46-48.

[21] FabrinaR. S. Bentlin, DircePozebon, Paola A. Mello, Erico M. M. Flores. Determination of trace elements in paints by direct sampling graphite furnace atomic absorption spectrometry. Elservier 2007.

[22]石杰,李力,胡清源,等.烟草中微量元素和重金属检测进展[J].烟草化学,2006(2):41.

[23]Wang Z. H. , Wang S. J. , Cai M. . Determination of cadmium in paint samples by graphite furnace atomic absorption spectrometry with optical temperature control. Talanta,2007(72):1723-1727.

[24]金献忠,郑曙昭,李容专,等. ICP-AES测定室内装饰装修用水性墙面涂料中可溶性重金属Pb、Cd、Cr[J].光谱学与光谱分析,2004,24(9):1127-1129.

[25]鲁丹,阮毅.电感耦合等离子体原子发射光谱法测定进口水性涂料中可溶性铅、汞、镉和铬[J].理化检验-化学分册,2009,45:1130-1131.

[26]Al-Swaidan H. M. The determination of lead, nickel and vanadium in Saudi Arabian Crude oil by sequential injection analysis/inductively-coulpled plasma mass spectrometry. Talanta 1996, 43: 1313-1319.

[27]Ndung'u K. , Hibdon S. , Russell F. A. Determination of lead in vinegar by ICP-MS and GFAAS: evaluation of different sample preparation procedures. Talanta 2004, 64, 258-263.

[28]Sandeep A. B. , Dulasiri A. Closed-vessel microwave acid digestion of commercial maple syrup for the determination of lead and seven other trace elements by inductively coupled plasma-mass spectrometry. Microchem. J. 2000, 64, 73-84.

[29]张锁慧,楚民生,周韵,等.激光剥蚀电感耦合等离子体质谱在涂料重金属分析中的应用[J].分析实验室,2013,32(4):36-41.

[30]周衡刚,邓思娟.能量色散X射线荧光光谱法同时测定涂料中的铅、铬、镉、汞[J].合成材料老化与应用,2012,41(5):29-31.

[31]张颖,李宁涛,于艳军,等.X射线荧光光谱法快速测定液态涂料中的铅、铬和汞[J].光谱实验室,2011,28(6):2901-2904.

[32]朱万燕,刘心同,薛秋红,等.X射线荧光光谱法同时测定涂料中的铅、铬、硒和钴[J].分析实验室,2009,28(9):95-97.

[33]张萍,贺惠,谢华林.原子荧光光谱法测定涂料中痕量砷和锑的研究[J].武汉化工学院学报.2003,25(1):11-13.

[34]郭静卓,陈扬.氢化物原子荧光光谱法测定涂料中可溶性汞[J].光谱实验室.2008,25(4):534-537.

[35]王静远,王建森.微波消解-氢化发生-原子荧光光谱法测定涂料中的砷[J].甘肃科技.2015,31(10):22-23.

第9章 我国进口涂料检验监管措施及建议

9.1 概述

涂料是由多种物质组成的混合物，组分复杂，既有无机物，又有小分子有机物及高分子物质，其种类繁多，存在以其形态、组分、功能、应用领域、干燥原理、喷涂方式等为依据的多种分类方法[1]。根据 GB/T 2705—2003《涂料产品分类和命名》中第一种分类方法，以涂料产品的用途为主线，并辅以主要成膜物的分类方法，将涂料分为建筑涂料、工业涂料和通用涂料及辅助材料 3 个主要类别，其中建筑涂料包括墙面涂料、防水涂料、地坪涂料和功能性建筑涂料；工业涂料包括汽车涂料、木器涂料、铁路和公路涂料、轻工涂料、船舶涂料、防腐涂料和其他专用涂料；通用涂料及辅助材料包括调和漆、清漆、底漆、稀释剂固化剂等。

涂料用途不同，其使用环境接触人群也会产生相应差异，室内涂料主要通过吸入接触来危害居民的健康；外墙涂料主要通过挥发迁移危害环境介质，进而危害人群生物的健康；玩具涂料，由于其接触人群的特殊性，会通过吸入接触摄入等多种方式伤害使用者；汽车涂料，则会因为使用环境温度等差异，在释放上表现出特定的规律。涂料使用过程中接触对象及危害方式上的差异将导致不同的风险，在其制造、运输、使用过程中会引发多种危害[2-7]。涂料引发的危害是由其内在的有害物质引起的，这些有害物质主要有：

(1) 挥发性有机物（VOC）：大多国家和组织对 VOC 的定义是指“沸点低于或等于 250 ℃的任何有机化合物”，VOC 主要是芳香烃、卤化烃、氧烃、脂肪烃、氮烃等，多达 900 多种物质。VOC 会危害环境，挥发到大气中后会在低空产生臭氧及形成固体颗粒，而后两者又是形成烟雾的必需要素。VOC 释放是溶剂型涂料对环境产生危害的主要方式，其释放环节包括：生产、施工、涂层正常使用期限、脱漆、处理过程等。

(2) 芳烃化合物（苯、甲苯、乙苯、二甲苯等）：多种芳烃化合物已被列为致癌物，是 VOC 中危害较严重的一类物质，其可能分布范围几乎囊括了所有的涂料、油漆。

(3) 甲醛：甲醛具有强烈的致癌和促癌作用，已经被世界卫生组织确定为致癌和致畸形物质，在我国有毒化学品优先控制名单上高居第二位。即使接触低剂量甲醛，也可引起慢性呼吸道疾病、眼部疾病、女性月经不调和紊乱、妊娠综合症、新生儿畸形、精神抑郁症，另外，还会促使新生儿体质下降，造成儿童心脏病。甲醛释放污染是造成 3～5 岁儿童哮喘病增加的主要原因。甲醛是水性涂料中最为突出的危害源之一。

(4) 二异氰酸酯：当前各国控制的二异氰酸酯主要有甲苯二异氰酸酯（TDI）和二苯基甲烷二异氰酸酯（MDI），这些物质对皮肤、眼睛有强烈刺激作用，并可引起湿疹与支气管哮喘，是聚氨酯漆类中的典型危害源[8]。

(5) 乙二醇醚及醚酯（乙二醇甲醚、乙二醇乙醚、乙二醇甲醚醋酸酯、乙二醇乙醚醋酸酯、乙二醇丁醚醋酸酯）：乙二醇醚类溶剂在体内经代谢后会形成剧毒的化合物，对人体的血液循环系统和神经系统造成永久性损害，长期接触高浓度的乙二醇醚类溶剂会致癌。另外，乙二醇醚类溶剂会对女性生殖系统造成永久性的损害，造成女性不育。

(6) 重金属（Pb、Cd、Cr、Hg）：由于使用的颜料、填料易含有重金属离子（铅、镉、铬、汞），而室内装修的木器漆如醇酸漆等却往往含有较多的重金属离子。重金属成分的有害性是接触性的，在涂料成膜以后不会产生任何挥发、迁移和扩散。重金属对人体的危害主要出现在生产、施工、清理等过程中。生产配料的粉尘、施工过程与操作人员的身体接触以及清理打磨所产生的粉末等均能造成重金属被吸入人体的各种机会。

(7) 邻苯二甲酸酯类物质：邻苯二甲酸二异辛酯（DEHP）、邻苯二甲酸二丁酯（DBP）、邻苯二甲酸丁苄酯（BBP）、邻苯二甲酸二异壬酯（DINP）、邻苯二甲酸二异癸酯（DIDP）和邻苯二甲酸二辛酯（DNOP）。邻苯二甲酸酯类化合物是一类环境激素，它可通过呼吸、饮食和皮肤接触进入人体内，对人体健康造成危害。

(8) 其他可溶性有害元素如锑(Sb)、砷(As)、钡(Ba)、硒(Se)等：这些可溶性元素部分较残留在涂有涂料的玩具等产品之中，这些元素的危害与其存在价态密不可分，As(III)、Sb(III)和 Se(IV)的危害最为突出。

由此可见，涂料中的多种组分为致癌、致畸诱发基因突变的物质（CMR 物质），具有高度危害，必须对其进行严格控制，并建立风险评估机制，以进一步保障涂料的安全卫生环保，保护人民生命健康。

本章重点介绍了我国进口涂料检验监管措施及管理办法，讨论了实际监管中存在的问题，并对进一步完善检验监管措施提出了建议，便于我国广大涂料进口商和使用企业了解检验检疫机构监管政策，积极应对涂料风险，促进涂料行业健康发展。

9.2 我国强制性标准体系分析

我国涉及涂料产品安全卫生指标的强制性国家标准和其他国家标准共有 16 项，涵盖食品用涂料、建筑涂料、工业涂料、涂料包装和危险特性检验等标准。其中食品用涂料相关的强制性国家标准 2 项，建筑涂料强制性国家标准 5 项，工业涂料强制性国家标准 5 项，涂料包装和危险特性检验安全规范强制性国家标准 2 项，具体见表 9.1，涉及工业涂料中消费产品用涂料安全卫生指标的其他国家标准 2 项，具体见表 9.2。

表 9.1　涂料产品强制性国家标准体系列表

涂料类别	标准号	标准名称
食品用涂料	GB 5369－2008	船用饮水舱涂料通用技术条件
	GB 4806.10－2016	食品安全国家标准 食品接触用涂料及涂层
建筑涂料	GB 12441－2005	饰面型防火涂料
	GB 14907－002	钢结构防火涂料
	GB 18582－2008	室内装饰装修材料 内墙涂料中有害物质限量
	GB 24408－2009	建筑用外墙涂料中有害物质限量
	GB 30981－2014	建筑钢结构防腐涂料中有害物质限量

（续表）

涂料类别	标准号	标准名称
工业涂料	GB 16359—1996	放射性发光涂料的放射卫生防护标准
	GB 18581—2009	室内装饰装修材料 溶剂型木器涂料中有害物质限量
	GB 24410—2009	室内装饰装修材料 水性木器涂料中有害物质限量
	GB 24409—2009	汽车涂料中有害物质限量
	GB 24613—2009	玩具用涂料中有害物质限量
涂料包装和危险特性检验安全规范	GB 19457—2009	危险货物涂料包装检验安全规范
	GB 21177—2007	涂料危险货物危险特性检验安全规范

表 9.2 涉及涂料产品安全卫生指标的其他国家标准

工业涂料	GB/T23994 2009	与人体接触的消费产品用涂料中特定有害元素限量
	GB/T 22374—2008	地坪涂装材料

9.3 进口涂料检验监管工作依据

9.3.1 有关规章、规范性文件

（1）国家质检总局、外经贸部、海关总署 2001 年第 14 号公告；

（2）进口涂料检验监督管理办法（国家质检总局 2001 年第 18 号令）；

（3）国家质检总局国质检验［2002］134 号《关于印发〈进口涂料检验监管工作操作程序〉和〈进口石材检验监管工作操作程序〉的通知》附件 1《进口涂料检验监管工作操作程序》。

9.3.2 检验标准

（1）GB 18581—2009 室内装饰装修材料溶剂型木器涂料中有害物质限量；

（2）GB 18582—2008 室内装饰装修材料内墙涂料中有害物质限量；

（3）GB 24408—2009 建筑用外墙涂料中有害物质限量；

（4）GB 24409—2009 汽车涂料中有害物质限量；

（5）GB 24410—2009 室内装饰装修材料水性木器涂料中有害物质限量；

（6）GB 24613—2009 玩具用涂料中有害物质限量；

（7）GB 30981—2014 建筑钢结构防腐涂料中有害物质限量；

（8）GB/T 1250 极限数值的表示方法和判断方法；

（9）GB /T 1725—2007 色漆、清漆和塑料 不挥发物含量的测定；

（10）GB /T 3186—2006 色漆、清漆及色漆与清漆用原材料 取样；

（11）GB /T 6750—2007 色漆和清漆 密度的测定 比重瓶法；（k）GB /T 9750 涂料产品包装标志；

（12）GB /T 18446—2009 色漆和清漆用漆基 异氰酸酯树脂中二异氰酸酯单体的测定；

（13）GB/T 23993—2009 水性涂料中甲醛含量的测定 乙酰丙酮分光光度法；

（14）GB/T 6682 分析实验室用水规格和试验方法。

9.4　进口涂料检验监管方法

9.4.1　进口涂料检验监管方法

进口涂料的检验监管采用登记备案、专项检测制度与口岸到货检验相结合的方式。

登记备案：进口涂料生厂商、进口商或进口代理商在进口前向备案机构申请登记备案以保证其进口涂料符合国家有关标准的要求。

专项检测：由专项检测实验室按照中国国家标准及相关法律法规要求对进口涂料中有害物质进行规定项目检测。

口岸到货检验：进口涂料在到货口岸实施检验。

9.4.2　登记备案

9.4.2.1　备案申请

进口涂料的生产商、进口商或进口代理商（以下简称备案申请人）根据需要，可以向备案机构申请进口涂料备案；备案申请人应该在涂料进口之前至少 2 个月向备案机构申请备案；申请进口涂料备案时，备案申请人应填写《进口涂料备案申请表》（格式见附件 9.1）。备案申请人可从备案机构或国家质检总局相关网站（http://www.aqsiq.gov.cn）上获得申请表。备案申请人递交备案申请表时，需提交以下材料并做出相关声明：

（1）提交备案申请人的《企业法人营业执照》的复印件，复印件需加盖公司公章，复印件无公章或传真件均无效。

（2）提交《进口涂料技术信息表》。（格式参见附件 9.2）

（3）提交国外涂料生产厂商对其产品中有毒有害物质符合中华人民共和国的有关的法律法规的声明（以中文本为准），国外厂商的外文声明。进口申请人应将资料翻译成中文，同时加盖公章。此项声明件必须提供正本原件。

（4）提交所进口涂料产品的基本成分、品牌、型号、产地、外观、标记、中文标签样张及产品使用说明书等相关资料，如为外文资料，进口申请人应将资料翻译成中文，同时加盖公章。复印件无公章或传真件均无效。

（5）要求提供的其他材料。

9.4.2.2　备案受理

备案机构收到备案申请后，应在 5 个工作日内审查备案申请人资格、备案申请表和所附资料，并发出《进口涂料备案申请受理情况通知书》（格式参见附件 9.3）。符合规定要求的，接受备案申请；不符合规定要求的，备案申请人应按照《进口涂料备案申请受理情况通知书》要求进行补充和整改相关材料后，可重新提出申请。

备案申请人在备案机构受理备案申请后，应将与申请内容一致、具有代表性的样品委托国家质检总局指定的专项检测实验室进行专项检测，样品数量应满足实验室专项检测和留样等要求。

9.4.2.3　备案登记

备案机构收到专项检测报告后，应在 3 个工作日内，根据检测结果，在备案申请表中签署意见。经专项检测合格的，则签发《进口涂料备案书》（格式参见附件 9.4）；经专项检测不合格的，则签发《进口涂料备案情况通知书》(格式参见附件 9.5)。

《进口涂料备案书》自签发之日起生效，有效期为 2 年。有效期内，当有重大事项发生，可能影响涂料性能时，应对进口涂料重新申请备案。《进口涂料备案书》仅限于在涂料进口报检时使用。

当发生以下任意一种情况的，备案机构吊销其《进口涂料备案书》，并且在半年内停止其备案申请资格：

(1) 涂改、伪造《进口涂料备案书》。

(2) 累计 2 次经检验检疫机构检验发现报检商品与备案商品严重不符。

(3) 累计 3 次经检验检疫机构抽查检验不合格的。

国家质检总局通过其网站（http://www.aqsiq.gov.cn）等公开媒体公布进口涂料备案机构、专项检测实验室、已备案涂料等信息。

9.4.3 进口涂料报检及口岸到货检验

9.4.3.1 报检审单

进口涂料报检时，按《出入境检验检疫报检规定》办理。报检人员按要求填写报检单所列内容；书写工整，字迹清晰，不得涂改；报检日期按检验检疫机构受理报检日期填写。报检单应加盖报检印章。报检时须提供的单证：

(1) 合同、提单、发票、装箱单等外贸单证。

(2) 提供收货单位对其产品用途符合中华人民共和国强制性标准的声明。

(3) 经备案的进口涂料，应同时提交《进口涂料备案书》或其复印件。

(4) 要求提供的其他材料，如产品的技术信息等。

9.4.3.2 口岸到货检验

进口涂料在进口时应加贴中文标识，内容包括：名称、品牌、型号、生产厂商、产地及安全警示等。

(1) 已备案进口涂料的检验

口岸检验检疫部门的检验人员逐批核查货物与《进口涂料备案书》的符合性。核查内容包括：进口涂料的品名、品牌、型号、生产厂商、产地、标签等信息并填写《进口涂料现场核查检验记录》。核查发现货证不符的，及抽检发现不合格的，应及时以重大事项上报检验鉴定监管处；若在核查中发现不符，但能及时补齐或更正，则视为符合。

对于有国家强制性标准有害物质限量规定的涂料，同一备案申请人的同一品牌涂料年度抽查比例控制在进口批次的 10%左右，每个批次抽查控制在进口规格型号种类的 10%左右；对于无国家强制性标准有害物质限量规定的涂料，根据涂料用途和进口量情况酌情进行抽检；如抽查不合格，则对该品牌、型号的进口涂料逐批抽取样品进行检测，至连续 5 批抽查专项检测合格后，再按照原定比例抽查。

(2) 未经备案进口涂料的检验

对未经备案涂料应该加大抽检比例。对于有国家强制性标准有害物质限量规定的涂料，应实施批批检验；对于无国家强制性标准有害物质限量规定的涂料，则酌情抽检。口岸检验检疫人员现场核查到货与有关单证的符合性并填写《进口涂料现场核查检验记录》。抽取代表性样品，送专项检测实验室进行专项检测。

9.4.4　进口涂料专项检测

专项检测分为进口涂料登记备案专项检测和进口检验抽查专项检测。

9.4.4.1　进口涂料专项检测

指由专项检测实验室按照中国国家标准《GB 18581—2009 室内装饰装修材料溶剂型木器涂料中有害物质限量》《GB 18582—2008 室内装饰装修材料内墙涂料中有害物质限量》《GB 24408—2009 建筑用外墙涂料中有害物质限量》《GB 30981—2014 建筑钢结构防腐涂料中有害物质限量》《GB 24409—2009 汽车涂料中有害物质限量》《GB 24410—2009 室内装饰装修材料水性木器涂料中有害物质限量》和《GB 24613—2009 玩具用涂料中有害物质限量》及相关法律法规要求对进口涂料中有害物质进行的规定项目检测工作。

9.4.4.2　专项检测样品

登记备案专项检测样品一般由进口涂料备案申请人送专项检测实验室，原则上需要原包装；进口检验样品由口岸检验检疫部门提供。

9.4.4.3　专项检测项目和方法标准

目前备案采用的检测方法：

（1）室内装饰装修材料溶剂型木器涂料

（a）挥发性有机物（VOC）：按照 GB 18581—2009 附录 A 的规定进行。

（b）卤代烃：二氯甲烷、二氯乙烷、三氯甲烷、三氯乙烷和四氯化碳总量，按照 GB 18581—2009 附录 C 的规定进行。

（c）苯系物：苯含量、甲苯、乙苯和二甲苯总量，按照 GB 18581—2009 附录 B 的规定进行。

（d）可溶性重金属（Pb、Cd、Cr、Hg）：按照 GB 18582—2008 附录 D 的规定进行。

（e）游离二异氰酸酯总和（TDI、HDI）：限聚氨酯类涂料，按照 GB/T 18446—2009 的规定进行。

（f）甲醇：限硝基类涂料，按照 GB 18581—2009 附录 B 的规定进行。

（2）室内装饰装修材料内墙涂料

（a）挥发性有机物（VOC）：按照 GB 18582—2008 附录 A 和附录 B 的规定进行。

（b）苯系物：苯、甲苯、乙苯和二甲苯总量，按照 GB 18582—2008 附录 A 的规定进行。

（c）可溶性重金属（Pb、Cd、Cr、Hg）：按照 GB 18582—2008 附录 D 的规定进行。

（d）游离甲醛：按照 GB 18582—2008 附录 C 的规定进行。粉状腻子直接用粉体测试。

（3）建筑用外墙涂料

（a）挥发性有机物（VOC）：水性外墙涂料按照 GB 24408—2009 中附录 A 和附录 B 的规定进行；溶剂型外墙涂料按照 GB 24408—2009 中附录 C 的规定进行。

（b）乙二醇醚及醚酯总和：乙二醇甲醚、乙二醇乙醚、乙二醇甲醚醋酸酯、乙二醇乙醚醋酸酯和二乙二醇丁醚醋酸酯总和，水性外墙涂料按照 GB 24408—2009 中附录 A 的规定进行；溶剂型外墙涂料按照 GB 24408—2009 中附录 D 规定进行。

（c）苯系物：苯含量、甲苯、乙苯和二甲苯总量，限溶剂型外墙涂料，按照 GB 24408—2009 中附录 D 的规定进行。

（d）游离甲醛：限水性外墙涂料，按照 GB/T 23993—2009 的规定进行。

（e）游离二异氰酸酯总和（TDI、HDI）：限溶剂型外墙涂料，按照 GB/T 18446—2009 的规定进行。

（f）铅、镉、汞：按照 GB 24408—2009 中附录 E 的规定进行。

（g）六价铬：按照 GB 24408—2009 中附录 F 的规定进行。

（4）建筑钢结构防腐涂料

（a）挥发性有机物（VOC）：按照 GB 30981—2014 中附录 A 的规定进行。

（b）苯、甲醇、乙二醇醚含量：按照 GB 30981—2014 中附录 B 的规定进行。

（c）卤代烃含量：按照 GB 30981—2014 中附录 C 的规定进行。

（d）重金属含量：按照 GB24408—2009 中附录 E 的规定进行。

（5）汽车涂料

汽车涂料分为两类：A 类为溶剂型涂料，B 类为水性（含电泳涂料）、粉末和光固化涂料。

（a）挥发性有机物（VOC）：限 A 类涂料，按照 GB 24409—2009 中附录 A 的规定进行。

（b）苯系物：苯含量、甲苯、乙苯和二甲苯总量，限 A 类涂料，按照 GB 24409—2009 中附录 B 的规定进行。

（c）乙二醇醚及醚酯总和：乙二醇甲醚、乙二醇乙醚、乙二醇甲醚醋酸酯、乙二醇乙醚醋酸酯和二乙二醇丁醚醋酸酯总和，A 类涂料按照 GB 24409—2009 中附录 B 的规定进行；水性涂料按照 GB 24409—2009 中附录 C 的规定进行；粉末和光固化涂料不需要检测这个项目。

（d）铅、镉、汞：按照 GB 24409—2009 中附录 D 的规定进行。

（e）六价铬：按照 GB 24408—2009 中附录 E 的规定进行。

（6）室内装饰装修材料水性木器涂料

（a）挥发性有机物（VOC）：按照 GB 24410—2009 中附录 A 的规定进行。

（b）苯系物含量：苯含量、甲苯、乙苯和二甲苯总量，按照 GB 24410—2009 中附录 A 的规定进行。

（c）乙二醇醚及醚酯总和：乙二醇甲醚、乙二醇乙醚、乙二醇甲醚醋酸酯、乙二醇乙醚醋酸酯和二乙二醇丁醚醋酸酯总和，按照 GB 24410—2009 中附录 A 的规定进行。

（d）游离甲醛：按照 GB 24410—2009 中附录 C 的规定进行。

（e）可溶性重金属（Pb、Cd、Cr、Hg）：按照 GB 18582—2008 附录 D 的规定进行。

（7）玩具用涂料

（a）挥发性有机物（VOC）：按照 GB 24613—2009 中附录 D 的规定进行。

（b）铅：按照 GB 24613—2009 中附录 A 的规定进行。

（c）可溶性元素（镉、铬、铅、汞、硒）：按照 GB 24613—2009 中附录 B 的规定进行。

（d）邻苯二甲酸酯类：邻苯二甲酸二丁酯（DBP）、邻苯二甲酸丁苄酯（BBP）和邻苯二甲酸二异辛酯（DEHP）的总量、邻苯二甲酸二辛酯（DNOP）、邻苯二甲酸二异壬酯（DINP）和邻苯二甲酸二异癸酯（DIDP）的总量，按照 GB 24613—2009 中附录 C 的规定进行。

（e）苯系物：苯含量、甲苯、乙苯和二甲苯总量，按照GB 24613—2009中附录E的规定进行。

9.4.4.4 检测要求

（1）若产品由双组份或多组分组成，应按产品明示的施工配比制备混合样，在进行取样检测。

（2）专项检测实验室接受专项检测委托后，一般应在15个工作日内出具进口涂料专项检测报告。

（3）专项检测实验室应定期进行实验室内部的方法验证和结果验证，按照CNAS有关规定参与能力验证。

9.4.5 进口涂料检验结果处理及后续监管

（1）检验合格

进口备案涂料经专项检测合格的，则签发《进口涂料备案书》；已备案和未经备案的进口涂料，经内容核查和抽查专项检测合格的进口涂料，口岸检验检疫机构签发《入境货物检验检疫证明》。

（2）检验不合格

进口备案涂料经专项检测不合格的，则签发《进口涂料备案情况通知书》；已备案和未经备案的进口涂料，经内容核查和抽查不合格的进口涂料，口岸检验检疫机构出具《检验证书》。

（3）不合格产品的后续监管

（a）已经备案的进口涂料，经抽查不合格的，对该品牌、型号的进口涂料逐批抽取样品进行专项检测，至连续5批抽查专项检测合格后，再按照原定比例抽查。

（b）累计3次经检验检疫机构抽查检验不合格的，备案机构吊销其《进口涂料备案书》，并且在半年内停止其备案申请资格。

（c）对专项检测不合格的进口涂料，收货人须将其退运出境或按有关部门要求妥善处理。

9.5 进口涂料检验监管建议

9.5.1 我国对进口涂料的检验监管措施概述

目前我国对进口涂料采取备案登记与专项检测口岸核查、抽验相结合的检验监管模式。其中对进口涂料进行监督评价主要是针对室内装饰装修材料、建筑用涂料、汽车涂料和玩具用涂料开展的，基于以下7项强制性国家标准：GB18581 2009《室内装饰装修材料 溶剂型木器涂料中有害物质限量》、GB18582 —2008《室内装饰装修材料 内墙涂料中有害物质限量》、GB24408—2009《建筑用外墙涂料中有害物质限量》、GB24409—2009《汽车涂料中有害物质限量》、GB24410—2009《室内装饰装修材料 水性木器涂料中有害物质限量》、GB24613—2009《玩具用涂料中有害物质限量》、GB 30981—2014《建筑钢结构防腐涂料中有害物质限量》，检测项目主要针对有害物质，对于其他用途的涂料，目前缺少针对性监管。对进口涂料检验监管措施的实施，使我国对进口涂料的质量有了系统掌握，通过将有害物质超标的涂料拦截在国门之外，提升了我国对环境、居民健康和安全的保护水平[9]。

9.5.2 进口涂料监管过程中的问题

实施对进口涂料的检验监管虽取得了显著成果，但也出现了一些问题，既有技术支撑体系方面的问题，又有实际执行的问题，导致进口涂料的风险因素得不到充分控制，也为检验监管工作带来了一定的困难与风险。

（1）涂料中有害物质限量标准体系尚不完善

2010 年，随着 GB18581－2009、GB18582－2008、GB24408－2009、GB24410－2009 的正式实施，规范了对室内用溶剂型木器涂料、室内用内墙涂料、建筑用外墙涂料、室内用水性木器涂料的监管，有效避免了以往建筑涂料中分类不明确，标准使用范围不明确的情况。但是，食品用与人体接触的消费产品用涂料的强制性标准体系尚不完善。

进口涂料中很大一部分用于工业产品喷涂，如手机、眼镜、装饰品、印刷品、办公用品、家电、高尔夫用品等，此类产品都与人们日常生活息息相关，却没有相应的强制性标准。这些涂料往往存在 VOC 重金属和游离甲醛超标的问题，其中喷涂产品和人体密切接触，会对人体造成很大危害，对环境的影响也不容忽视。目前国内仅有推荐性国家标准 GB/T 23994－2009《与人体接触的消费产品用涂料中特定有害元素限量》，该标准仅对该类涂料中重金属元素含量加以限制，而并未涉及 VOC 重金属和游离甲醛等项目。

（2）对强制性标准的贯彻执行中存在的问题

在强制性标准的贯彻执行中存在的问题主要体现在以下，几个方面：

（a）对进口涂料的检验监管主要是针对于室内装饰装修材料、建筑用外墙涂料、建筑钢结构、汽车涂料和玩具用涂料开展的，而对地坪、船舶等功能性涂料等产品尚无相应的检验监管措施；

（b）对于强制性国家标准的宣贯与培训还不够，致使生产和使用企业对标准的理解和重视不足，检验监管机构的具体措施和执行能力有待进一步加强；

（c）检验监管机构之间以及监管机构与企业之间缺乏沟通机制，效率不高；

（d）检验监管机构对涂料产品的备案主要依据企业的声明，应该加强专项检测和抽查检验力度。

（3）原有法令规程不适应目前进口涂料检验监管工作的需要

随着 GB 18581－2009、GB 24408－2009、GB－24409、GB24410 2009 和 GB24613 2009 于 2010 年正式生效，纳入强制性国标监管的涂料范围极大地扩展，要求也更加严格，原有的进口涂料检验管理办法和进口涂料检验监管工作操作程序已不适应目前进口涂料检验监管工作，需要及时更新和完善。由于种种原因，新标准执行后，国家质检总局原有的法令规程未及时变更，导致部分机构仍沿用室内-非室内的二元监管模式，与现行的强制性标准体系不符，易造成监管漏洞。

9.5.3 完善进口涂料检验监管建议

（1）进一步完善涂料的强制性国家标准体系

在我国现行涂料强制性国家标准的基础上，充分考虑涂料的品质性能及安全卫生环保指标，对用于炊具餐具、移动手机等方面的与人体密切接触的涂料，与室内建筑密切相关的通用涂料及辅助涂料，建立相应的国家强制性标准，逐步将所有涉及安全卫生环保的涂料商品纳入到国家强制性标准监管范围内。

（2）完善检验监管体系，增强执法能力

随着我国诸多涂料类强制性国家标准的颁布实施，目前对进口涂料的检验管理办法已不适应形势的发展，要做到对进口涂料的有效监管必须要有完善的监管体系，要有业务精湛的执法人员以及良好的沟通机制，为此需要加强以下几个方面的工作：

（a）针对不同的涂料分类体系，建立检验监管。

随着涂料强制性国家标准体系的不断发展完善，在检验监管过程中，将涂料的分类机制从现有的二元化转变为多元化，根据涂料的不同用途类别，分别建立相应的检验监管措施，提高监管的针对性、有效性。

（b）建立国家级涂料数据库，减少对企业信息的依赖，增强独立性、公正性、严肃性。

鉴于当前涂料用途依赖企业提供这一现状，建议涂料检验监管机构共同开发涂料数据库，为涂料检验引入判断依据。监管机构可根据此数据库判断备案商品的用途，扭转依赖企业提供材料从而选择限量标准的不利局面，防止企业的不法行为，该数据库的建设也将为后续监管提供便利。

（3）建立企业分类管理机制，完善快速通关程序。

针对快速通关操作引发后续监管困难的问题，建议对相关企业建立分类管理机制，分类过程中应考虑以下要素：

（a）根据前期备案工作中累积的经验：对于备案经常不合格及新企业等风险较大的企业应采取先备案后放行的方式；而对于信用良好的企业可以延续快速通关的做法。

（b）评估企业填写申报表格的质量及真实性：利用涂料数据库对企业提交备案申请时所填写的信息进行评估，并由此评估企业的能力、信誉等，对企业进行评级，对于评估良好的企业可以采用快速通关，而对于数据不清、信息模糊的企业则采取严格措施，从而在风险控制和快速服务间达到良好的平衡。

（c）依法施检，加强与企业技术沟通

针对备案中企业在得到备案书之前使用货物等情况，各备案相关机构应当在发现该问题的第一时间通报检验检疫业务主管部门，并由口岸机构对企业进行行政处罚。如果专项检测实验室测试数据表明企业产品不符合法规的强制性规定，则应在环境评估的基础上进行追加处罚，以此推动备案制度的健康发展。另外，应加强检验检疫部门与生产及使用企业的技术沟通，延伸检验监管的领域到生产使用的各个环节，切实保障进口涂料产品的工艺及质量安全，既注重安全环保，又严把质量关。

9.5.4　小结

进口涂料关系到我国环境安全和人民的生命健康，我国一系列有关涂料的强制性国家标准的颁布实施对于保障人类健康环境、安全卫生及反欺诈具有十分重要的意义。国家出入境检验检疫机构对进口涂料采取的备案登记、专项检测及口岸抽查等制度的实施，有效保障了进口涂料的品质及环保安全，同时促进了贸易的更好发展，但是目前涂料的强制性国家标准体系尚不完善，对与人体密切接触的涂料与室内建筑密切相关的通用涂料及辅助涂料的监管不足，导致在涂料的进口检验监管执法过程中出现了一些问题。建议进一步完善基于用途的涂料分类机制，并在此基础上建立涂料中有害物质的限量标准体系，加大国家政策法规的宣传力度，加强与生产企业的技术沟通，建立国家级涂料安全数据库，同时加强涂料后续使用监管，建立进口涂料的安全风险评估机制，更好地保障人民的生命健康和人类的环境安全。

附件 9.1

中华人民共和国国家质量监督检验检疫总局

进口涂料备案申请表（格式）

<table>
<tr><td rowspan="5">申请单位</td><td>名 称</td><td colspan="5"></td></tr>
<tr><td>地 址</td><td colspan="5"></td></tr>
<tr><td>法人代表</td><td colspan="2"></td><td>联系人</td><td colspan="2"></td></tr>
<tr><td>电 话</td><td></td><td>传真</td><td></td><td>邮政编码</td><td></td></tr>
<tr><td>营业执照编号</td><td colspan="5"></td></tr>
<tr><td rowspan="5">生产厂商</td><td>名 称</td><td colspan="5"></td></tr>
<tr><td>地 址</td><td colspan="5"></td></tr>
<tr><td>产</td><td colspan="5"></td></tr>
<tr><td>厂</td><td colspan="5"></td></tr>
<tr><td>商</td><td colspan="5"></td></tr>
<tr><td rowspan="7">产品</td><td>名 称</td><td colspan="5"></td></tr>
<tr><td>型 号</td><td colspan="5"></td></tr>
<tr><td>品 牌</td><td colspan="5"></td></tr>
<tr><td>产 地</td><td colspan="5"></td></tr>
<tr><td>HS 编码</td><td colspan="5"></td></tr>
<tr><td>主要进口口岸</td><td colspan="5"></td></tr>
<tr><td>用 途</td><td colspan="5"></td></tr>
<tr><td colspan="3">随附单据（划“√”）
□ 申请单位营业执照（复印件）
□ 国内分装厂商名单及营业执照(复印件)
□ 生产厂商声明和有关证明
□ 产品描述和有关文字说明</td><td colspan="4">郑重声明：
1. 备案申请人被授权申请备案。
2. 上列填写内容及随附单据正确属实。

法人代表签名 ________ 申请人签名 ________</td></tr>
<tr><td colspan="4">以下由备案机构填写</td><td colspan="3">编号 ____________</td></tr>
<tr><td colspan="7">备案机构意见：

备案书编号：____________

（盖 章）

年 月 日</td></tr>
</table>

附件 9.2

涂料产品技术信息表（需申请人加盖公章）

<table>
<tr><td rowspan="10">( )室内装饰装修材料</td><td>( )水性内墙涂料</td><td colspan="3">( )墙面涂料 ( )腻子</td></tr>
<tr><td>( )水性木器涂料</td><td colspan="3">( )木器涂料 ( )腻子</td></tr>
<tr><td></td><td>( )聚氨酯类</td><td colspan="2">( )底漆</td></tr>
<tr><td></td><td></td><td rowspan="2">( )面漆</td><td>( )光泽 (60°) ≥ 80</td></tr>
<tr><td></td><td></td><td>( )光泽 (60°) < 80</td></tr>
<tr><td></td><td colspan="3">( )醇酸类</td></tr>
<tr><td></td><td colspan="3">( )硝基类</td></tr>
<tr><td></td><td rowspan="3">( )腻子</td><td colspan="2">( )聚氨酯类</td></tr>
<tr><td></td><td colspan="2">( )硝基类</td></tr>
<tr><td></td><td colspan="2">( )其它</td></tr>
<tr><td rowspan="6">( )建筑用外墙涂料</td><td rowspan="3">( )水性外墙涂料</td><td colspan="3">( )底漆</td></tr>
<tr><td colspan="3">( )面漆</td></tr>
<tr><td colspan="3">( )腻子</td></tr>
<tr><td rowspan="3">( )溶剂型外墙涂料，包括底漆和面漆</td><td colspan="3">( )色漆</td></tr>
<tr><td colspan="3">( )清漆</td></tr>
<tr><td colspan="3">( )闪光漆</td></tr>
<tr><td rowspan="12">( )汽车涂料</td><td rowspan="9">( )溶剂型涂料</td><td colspan="3">( )热塑型</td></tr>
<tr><td rowspan="4">( )单组分交联型</td><td colspan="2">( )底漆</td></tr>
<tr><td colspan="2">( )中涂</td></tr>
<tr><td colspan="2">( )底色漆</td></tr>
<tr><td colspan="2">( )罩光清漆，本色面漆</td></tr>
<tr><td rowspan="4">( )双组分交联型</td><td colspan="2">( )底漆，中涂</td></tr>
<tr><td colspan="2">( )底色漆</td></tr>
<tr><td colspan="2">( )罩光清漆</td></tr>
<tr><td colspan="2">( )本色面漆</td></tr>
<tr><td colspan="4">( )水性涂料（含电泳涂料）</td></tr>
<tr><td colspan="4">( )粉末涂料</td></tr>
<tr><td colspan="4">( )光固化涂料</td></tr>
<tr><td rowspan="3">( )玩具涂料</td><td colspan="4">( )水溶性涂料</td></tr>
<tr><td colspan="4">( )溶剂型涂料</td></tr>
<tr><td colspan="4">( )粉末涂料</td></tr>
<tr><td rowspan="2">( )其它用途涂料</td><td colspan="4">( )水溶性</td></tr>
<tr><td>( )非水溶性</td><td colspan="3">( )硝基漆类 ( )聚氨酯漆类 ( )醇酸漆类 ( )其它</td></tr>
<tr><td colspan="5"></td></tr>
<tr><td rowspan="2">涂料组份和配比</td><td colspan="4">( )单组分</td></tr>
<tr><td>( )多组分</td><td colspan="3">配比：主剂( )：固化剂( )：稀释剂( )</td></tr>
<tr><td>固化方式</td><td colspan="4">( )常温 ( )高温 ( )紫外固化 ( )其它</td></tr>
<tr><td>备注</td><td colspan="4"></td></tr>
</table>

附件 9.3

中华人民共和国国家质量监督检验检疫总局
进口涂料备案申请受理通知书

兹于________年______月______日收到__________________（备案申请人）对

____

____

的备案申请，经审查，决定：

受理你方申请，请到__________________________（专项检测实验室）进行专项检测。

□ 联系人：　　　　　　　　　　　联系电话：

□ 地 址：

□ 不受理你方申请，原因：____

□ ____

□ ____

特此通知。

（盖 章）

年　　月　　日

注：请在 内打“√”或“×”，“√”表示选择此项，“×”表示不选择此项。

附件 9.4

中华人民共和国国家质量监督检验检疫总局
进 口 涂 料 备 案 书

申 请 人：

产品名称：

产品品牌：

产品型号：

生产厂家：

产　地：

分装厂商：

专项检测结果：　　　　　检测项目　　　　　结果数据

上述产品已经备案。

有效期：　　年　月　日至　年　月　日

签发机构：

（备案专用章）

附件 9.5

中华人民共和国国家质量监督检验检疫总局
进 口 涂 料 备 案 书

编号：________

申 请 人：________________________________

产品名称：________________________________

产品品牌：________________________________

产品型号：________________________________

生产厂商：________________________________

分装厂商：________________________________

专项检测结果：______________________________

____

____

结论：上述产品所送样品中项目______不符合标准______之规定。

上述产品不予备案。

备注：本通知仅对所送样品负责。

备案机构________________________。

（盖 章）

年 月 日

参考文献：

[1] 赵全生.浅议我国的涂料产量统计与涂料分类，中国涂料，2008，23(9)：3-6.

[2] 杜君俐，赖华，李五一.涂料产品有害物质限量标准浅析，现代涂料与涂装，2011，14(9)：36-40.

[3] 王德智，郝成文，林洪运.涂料中有毒有害元素检验检测技术研究进展，涂料工业，2011，41(8)：57-60.

[4] 赵建国，杨利娴，陈晓珊，等.美国涂料行业 VOC 污染控制政策与技术研究，涂料工业，2012，42(2)：44-48.

[5] 陈尧根，谢灵杨.涂料中重金属元素的危害及检测方法的概述，福建分析测试，2005，14(3)：2247-2248.

[6] 张士胜，陶学明，郑玉艳，等.国内外涂料中甲苯二异氰酸酯安全限量标准研究，现代涂料与涂装，2010，13(10)：20-22.

[7] Anderson D. Coatings，Analytical Chemistry，2001，73：2701-2704.

[8] Marczynski B. Indicationof DNA strand breaks in human white blood cells after invitro exposure to toluene disocyanate(TDI)，ToxicIndHealth，1992，8(3)：157-169.

[9] 李文青，陈震宇.进口工业用涂料检验监管对策初探，检验检疫科学，2005，15(5)：38-40.